ターニングセンタのNCプログラミング入門

伊藤 勝夫 著

NC Programming Guide for Turning Center

Taiga Shuppan

大河出版

挿絵・伊藤　太一

はじめに

工作機械の中でNC旋盤やマシニングセンタなどの自動機械はよく見かけますが，ターニングセンタというと，「はて？」と首をかしげる読者も多いと思います．JISによればターニングセンタは，「回転工具を備え，割出し可能な主軸を備えたNC旋盤」と定義されています．さらに，「工具マガジンから自動工具交換するような付加機能を持つ機械も含む」とも書いてあります．

このようにNC旋盤という機械をベースにして，これにフライスやエンドミル加工などができる回転工具装置を付加した加工機と思えば，むずかしいマシンではありません．

30～40年前に機械加工の現場に普及し始めたNC旋盤は，いまやあらゆる分野で生産性の向上に貢献していますが，現在ではさらに品質向上，稼動率向上を目指して自動化のレベルを上げる努力が絶えず行なわれています．その目的に沿った設備の一つとして，旋削加工とフライス加工を兼ね備えたターニングセンタが現場で注目を浴びています．

NC旋盤はいわゆる丸もの加工機といわれるように，工作物の断面が円形であるのが普通ですが，旋盤加工だけの部品というのは非常に少なく，その他に平面加工や穴あけを行なうなど，いくつかの加工工程を経て完成品となるワークが多くあります．多工程にわたって加工することは加工待ち時間が発生し，またリチャッキングによる加工精度の低下なども起きやすく，非能率な生産作業になりやすいものです．

ターニングセンタはこれらの多工程にわたる加工を，1度のチャッキングで加工を行なう機械で，加工終了とともに完成品に仕上がる機械ともいえます．

ターニングセンタというと4軸，5軸制御加工というのが通例ですが，この多軸制御機能を駆使して加工を行なうにはCAD（コンピュータ支援設計）/CAM（コンピュータ支援生産）システムを駆使するのが当然・・・，などの論評が多く見受けられます．

しかしこれはほんの一部の分野における製品であって，読者の皆さんのまわりを見渡した時に，ほとんどの機械部品はCAD/CAMの支援がなくとも，2軸，3軸制御で十分加工できるワークが多いのではないでしょうか．

この本はNC旋盤加工を習得されている中堅技術者を対象に，NC旋盤のプログラムの知識があれば容易に理解できるよう，ターニングセンタ加工の実務に即したプログラムについて説明しています．

ターニングセンタの機械構成は本文に説明しているように，いろいろな形態がありますが，あらゆる機械構成のマシンを総括的に網羅すると理解しにくいと考え，ここではDMG森精機のご承諾を得て，NC装置に「FANUC 31iA」を装備したターニングセンタ「NT3200 DCG」のプログラムについて，詳しく説明することにしました．

第1章では，ターニングセンタの形態と特徴について学びます．ここで，機械の仕様とNC装置の仕様を確認してください.

第2章では,旋削工具の種類と切削条件について解説しています.この内容は通常のNC旋盤にも共通です.

第3章では,フライスやエンドミルなど,回転工具の種類と切削条件について学習します.

第4章では,NC加工機の座標系について説明しています.この本のターニングセンタの座標軸は,X,Y,Z,B,Cの5軸で,それらの関係を述べるとともにターニングセンタ特有の3次元座標変換についても解説しています.

第5章では,通常のNC旋盤と同じようなプログラミングの基礎,さらにターニングセンタで頻繁に用いられるB軸,C軸について学びます.

第6章では,G00やG01などの基本的な移動指令,さらに2つの刃物台の座標系が異なることによって円弧補間の方向が異なることを学びます.

第7章では,刃先Rの補正機能について説明してます.ここでも2つの刃物台の座標系が異なることによって刃先R補正の機能が異なることを学びます.

第8章では,工具径の補正について解説しています.回転工具を装備しているので,マシニングセンタのような工具径補正を用いたプログラムについて述べています.

第9章では,ターニングセンタによる特殊な加工を紹介しています.

第10章では,旋削加工におけるねじ切りについて学びます.

第11章では,旋削加工,回転工具による固定サイクルについて学びます.回転工具による固定サイクルはMCマの固定サイクルとは異なりますので,それについてくわしく述べています.

第12章では,これまで学習したプログラムをもとにして,実際のワークを加工するプログラムを作成した例を紹介しています.

第13章が最後になりますが,加工の段取りを解説しています.

これらがこの本の内容ですが,本書を十分に理解され,将来のステップアップの一助になれば幸いです.

なおNCのプログラムについてもっと基礎的なことを知りたい読者には,「NCプログラミングの基礎のきそ」(日刊工業新聞社),またカスタムマクロをもっと詳しく学びたい読者には,「MCのカスタムマクロ入門」をお勧めいたします.

なおこの本の作成にあたり,DMG森精機株式会社の皆様には多大なるご支援をいただき,心より厚く御礼申し上げます.

2015年1月

伊藤　勝夫

Contens

第1章 ターニングセンタの構成と機能

第2章 旋削工具と切削条件

第3章 回転工具の種類と切削条件

第4章 座標軸と座標系

第5章 NCプログラミングの基礎

第6章　基本的な移動指令

第7章　刃先R補正

第8章　工具径補正機能

第9章　いろいろな加工法

第10章　旋削加工のねじ切り

第11章　固定サイクル

第12章 NC加工プログラムの作成例

第13章 加工の段取り

第1章 ターニングセンタの構成と機能

NC旋盤は，普通旋盤で作業者の手動による操作する部分がNC装置に置き換わった旋盤である．その制御はX軸とZ軸の2軸を同時に制御しているNC加工機である．つまり一つの平面内（X-Z平面）において，工具（バイト）をX軸とZ軸方向にを同時に移動させることによって，テーパを含む直線補間や円弧補間を行なわせ，自由な形状をつくることができる．ただしこの場合の断面形状は，すべて円形である．

ターニングセンタとは，そのNC旋盤にさらに制御軸を増やし，NC旋盤の加工はもちろん，チャックに工作物を取り付けたまま，つまりワンチャッキングで端面や側面に穴加工やミリング加工などができるようにした機械であり，CNC複合加工旋盤などともいわれている．

このように高付加価値生産や，加工時間を短縮し，稼働率を向上するなどの要望により，最近の加工現場で注目されている．

ターニングセンタとは多数の制御軸を持ったNC旋盤ということであるが，どの程度の機械をいうのであろうかということを述べる前に，NC旋盤からターニングセンタにいたる加工の変遷について述べる．

1.1　NC旋盤からターニングセンタにいたる加工の変遷

図1.1はNC旋盤からターニングセンタに至る加工の変遷を表わしたものである．

（1）第1段階

第1段階はX，Zの2軸同時制御によるNC旋盤加工であり，普通旋盤と同じ丸物形状に加工する．丸物加工とは主軸中心に直角の断面形状が円形ということである．

同時2軸制御のNC旋盤の基本的な構造を**図1.2**に示す．

基本構成はチャック，刃物台，心押台である．

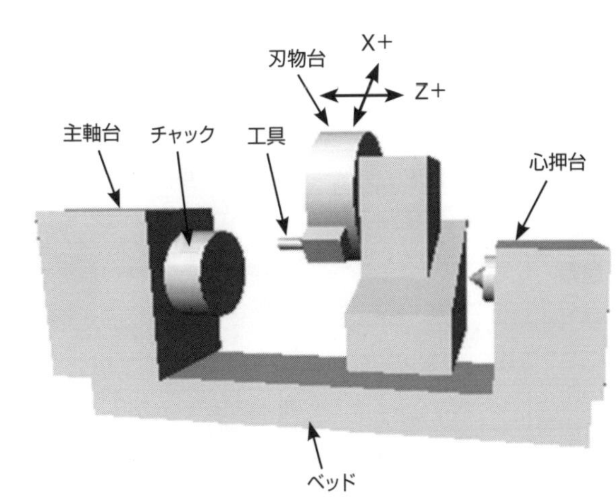

図1.2　NC旋盤の基本構造

加工の進展	制御軸数と軸構成	加工内容
第1段階	・旋削(X,Z同時2軸)	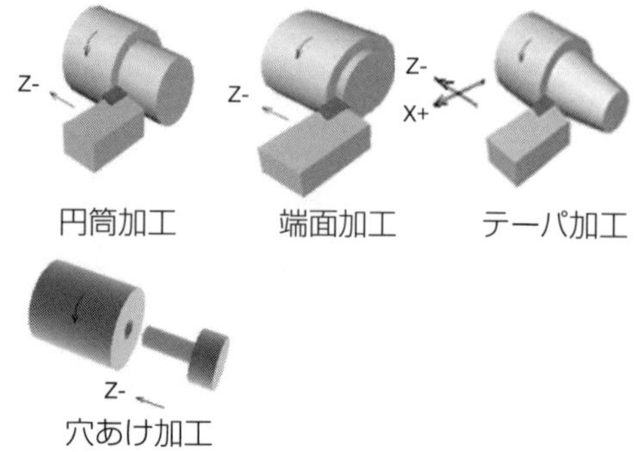 Z- Z- Z- X+ 円筒加工　端面加工　テーパ加工 Z- 穴あけ加工
第2段階	・旋削(X,Z同時2軸) ・回転工具 ・主軸5°割出しまたは1°割出し位置決め	第1段階プラス主軸の限定割出角度におけるミリング加工 Z- X- Z- C+ 外径溝加工　端面溝加工　端面穴あけ加工 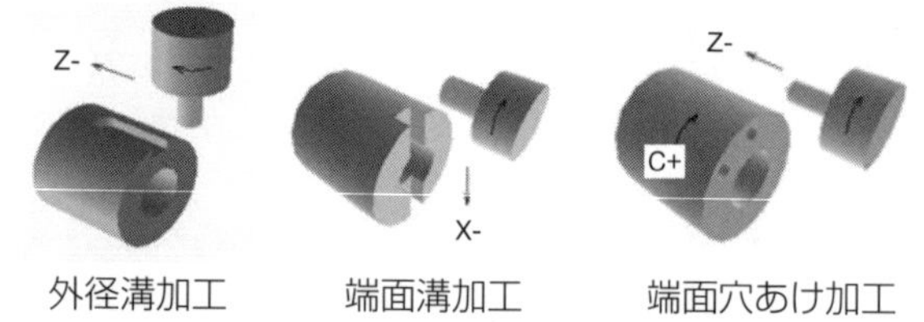
第3段階	・旋削(X,Z同時2軸) ・回転工具 ・C軸(連続制御) ・工具マガジンとATC	第1段階プラスC軸により主軸の連続割出し角度におけるミリング加工．回転工具は主軸中心線上を移動する 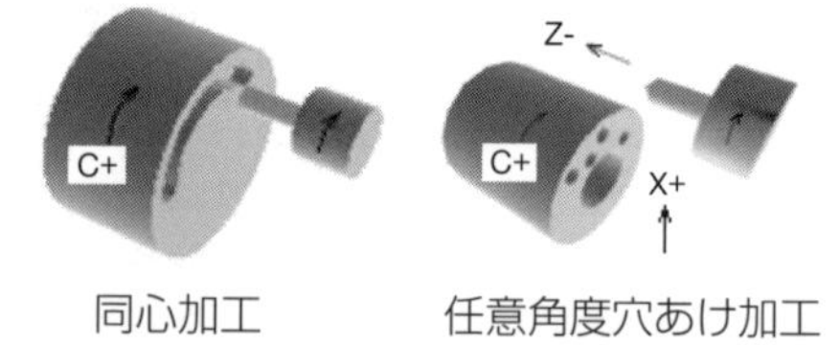 C+ Z- C+ X+ 同心加工　任意角度穴あけ加工
第4段階	・旋削(X,Z同時2軸) ・回転工具 ・C軸(連続制御) ・工具マガジンとATC ・Y軸制御	第1段階プラスC軸，Y軸により主軸は連続割出しとなり，さらにY軸によって4軸または5軸加工が可能． 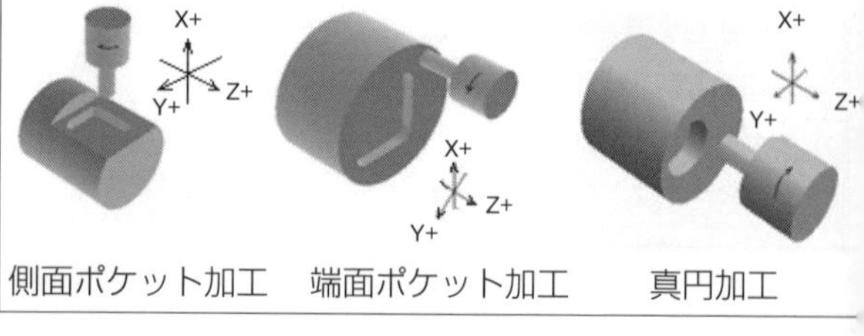 X+ Y+ Z+ X+ Y+ Z+ X+ Y+ Z+ 側面ポケット加工　端面ポケット加工　真円加工

図1.1　NC旋盤からターニングセンタへの変遷

加工内容	加工機仕様		
	サイクルタイム	工具本数	工具マガジン
 中ぐり加工 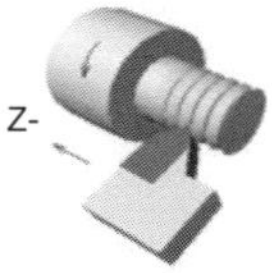　ねじ切り加工 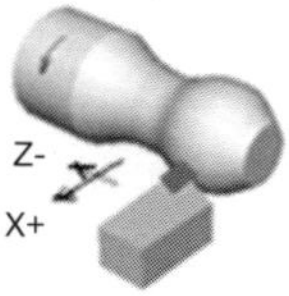　曲面加工	～5分	～10本	不要
	～15分	～16本	必要性 小さい
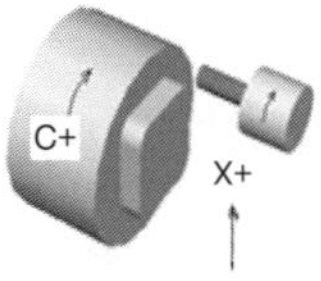 極座標補間 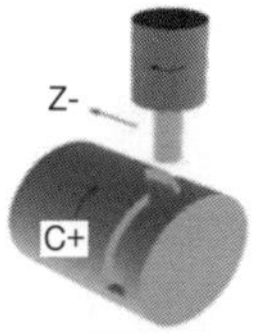　円筒補間	～25分	～20本	必要性 大きい
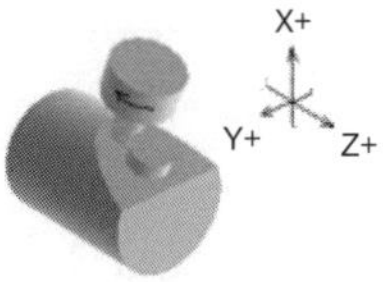 斜面加工 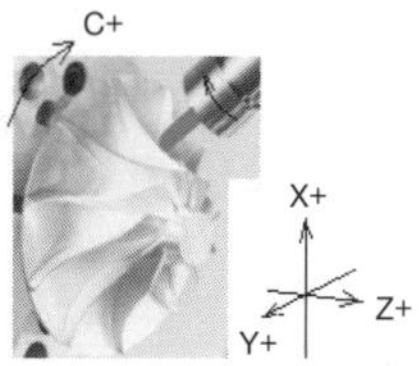　同時4軸加工	～40分	～30本	必須

チャックは工作物を把持して工作物を回転させる．刃物台には複数個の工具を取り付けるが，すべて静止形の工具であり，刃物台が旋回して工具を選択し，X，Z軸方向に移動して円筒状の加工を行なう．またX，Z軸を同時に制御することによってテーパや円弧加工ができる．心押台は長尺物の先端をサポートし，工作物のたわみやびびりを防ぐという役割がある．

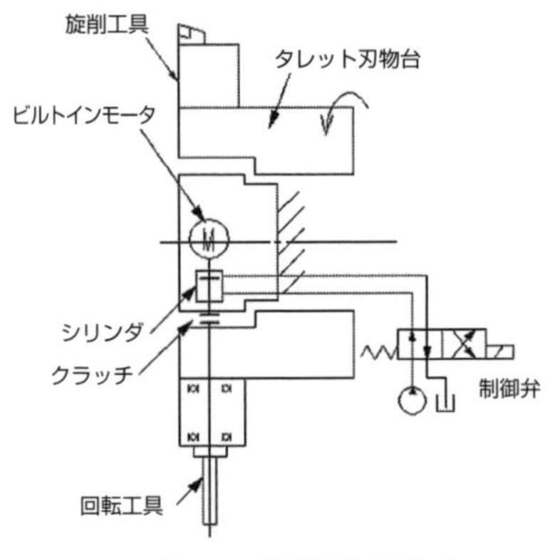

図1.3　回転工具刃物台

第1段階の加工は普通旋盤の加工とほぼ同じであるが，普通旋盤では困難な曲面加工ができる．

①円筒加工
②端面加工
③テーパ加工
④穴あけ加工
⑤中ぐり加工
⑥ねじ切り加工
⑦曲面加工（円弧加工）

(2) 第2段階

第1段階の機能に工具回転機能と主軸のポジショニング機能（5°割出しや，1°割出し機能）を追加したNC旋盤である．

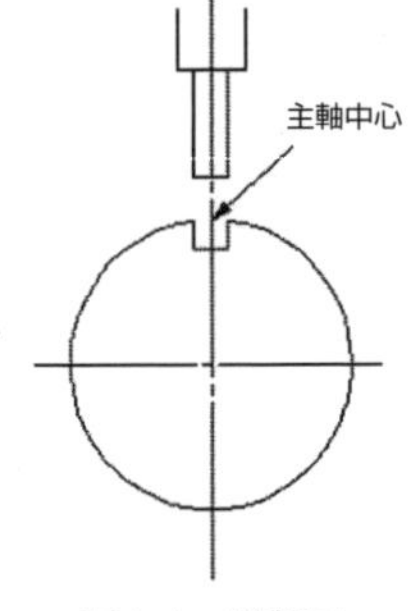

図1.4　溝加工

回転工具機能とは，**図1.3**のように工具回転形刃物台に取り付けられた工具（たとえばエンドミルなど）が刃物台からの駆動モータによって回転する機能をいい，**図1.3**はビルトインモータの回転がクラッチを介して回転工具を回転させる機構を示している．

もちろんタレット刃物台には旋削工具，回転工具は任意の位置に取り付けられるようになっている．

主軸ポジショニング機能とは，主軸の1周（360°）間のある一点を0°とし，その点を起点として主軸の角度を割出す機能で，割出し角度はプログラムで行なわれる．

この段階の割出し機能は，割出しピンの挿入などによる間欠割出し形で，5°ごととか，1°ごとのように割出角度が限定されているが，割出された角度の位置での穴あけやミーリング加工を行なうことができる．この段階における加工された穴や溝の中心位置は必ず主軸中心線上にある．

図1.4は溝加工例を示すが，回転工具の中心が主軸中心線上にあるので，回転工具の直径がそのまま溝幅になり，溝幅を広げることはできない．

(3) 第3段階

第2段階における間欠割出し形の主軸ポジショニング機能の代わりに，C軸制御を装備したNC旋盤で，主軸をC軸割出し用のサーボモータに切り替えることにより，NC装置からの指令によって主軸を精密にしかも連続して割出すNC旋盤である．

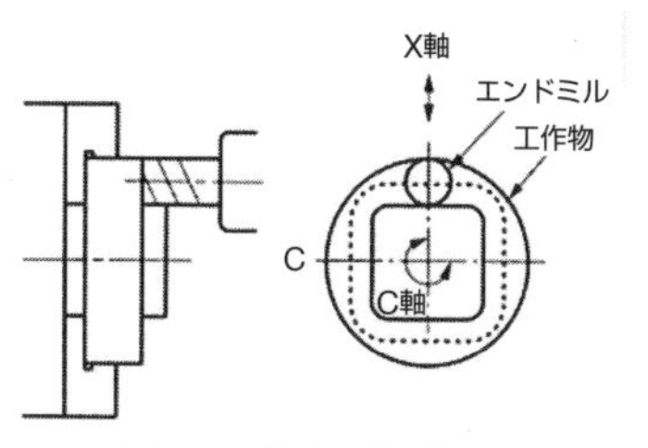

図1.5　極座標補間加工

C軸とは右手直交座標系におけるZ軸のまわりの回転であり，チャック側からZのプラス方向に見たとき工具が時計方向に回転する方向がCのプラス方向とされている．別の見方をすると，主軸をチャック側からZのプラス方向に見たとき，主軸が反時計方向に回転する方向がCのプラス方向となる．

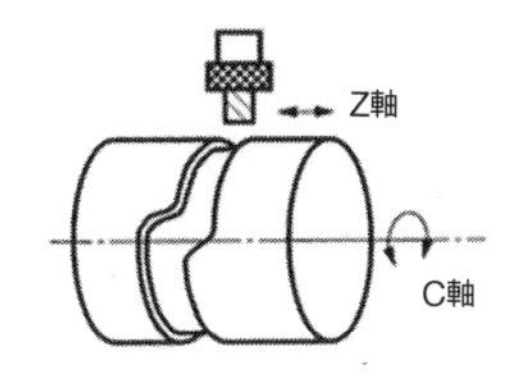

図1.6　円筒補間加工

この段階でX，Z，C軸の3軸制御が可能となり，回転工具とX，Z，C軸制御の組み合わせによって旋削加工以外にいろいろな形状の加工ができる．

図1.5はC軸とX軸とを同時制御することによって端面に四角形状のボスを加工する例である．この制御を極座標補間というが，C軸（この場合は主軸）の回転とX軸の上下運動を制御することにより，平面や曲面などいろいろな形状を加工することができる．また**図1.6**はC軸とZ軸の同時制御によるカム溝加工の例である．

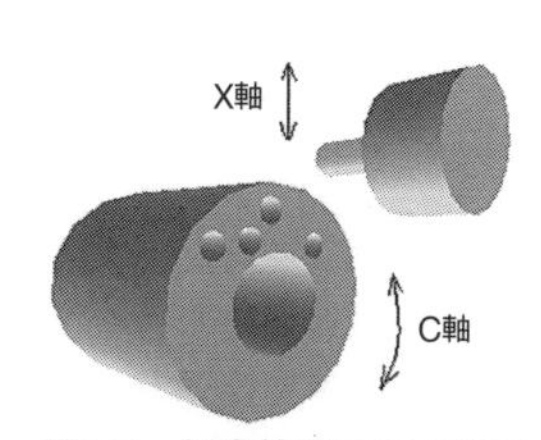

図1.7　任意位置での穴加工

この制御を円筒補間というが，C軸とZ軸の移動を制御することによって，工作物の側面にいろいろな形状を加工することができる．**図1.7**は任意の位置に穴を加工する例であるが，C軸を任意の位置に割出し，さらに回転工具のX軸方向の位置を決めることによって任意の位置に穴を加工することができる．

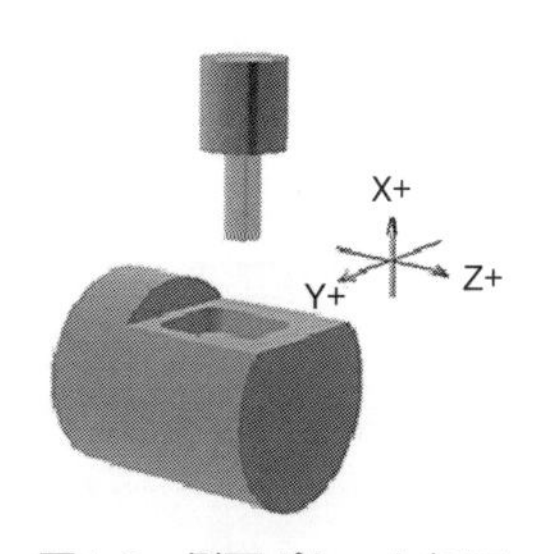

図1.8　側面ポケット加工

このように旋削加工以外に回転工具による加工が追加されたので，いままでのNC旋盤の工具本数では足りなくなり，ATC（自動工具交換装置）付きの工具マガジン（工具格納装置）を装備したNC旋盤が要求されるようになった．

(4) 第4段階

第3段階にさらにY軸制御を付加したNC旋盤で，Y軸を付加することによって，これまでの2次元加工から3次元加工に進化し，複雑な形状はもちろん精度を必要とする加工にも十分対応できる加工機械，つまりターニングセンタ（複

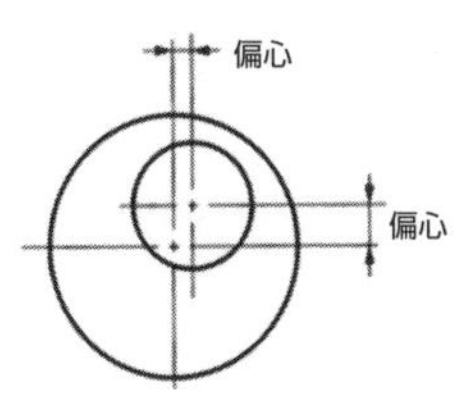

図1.9　偏心加工

合加工機）に発展する．

図1.8は工作物の側面の平面加工と四角形状のポケット加工を行なう例である．Y軸が付加されたことによってY-Z制御が行なわれ，Y-Z平面においていろいろな形状を精密に加工することができる．

また**図1.9**は端面に偏心穴を加工する例であるが，Z軸で深さを位置決めした後，X-Y軸制御で真円や複雑な形状を加工することができる．

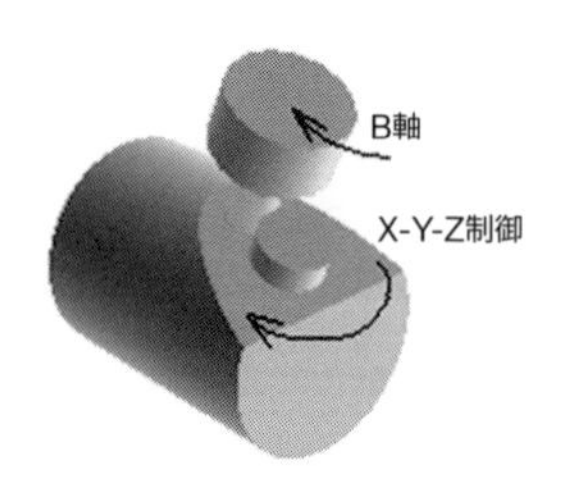

図1.10　斜面加工

X，Y，Z軸の3軸同時制御による加工例として，**図1.10**の斜面加工があげられる．この場合はB軸（Y軸のまわりの回転をB軸という）で回転工具の中心が斜面に垂直になるよう傾け，X，Y，Z軸を同時に制御することによってボスを残す斜面加工例である．**図1.11**はインペラ（羽根車）を加工する例である．羽根形状は先端と元の部分では，ねじれ形状が異なるので，X，Y，Z軸の3軸同時加工の場合もあり，またX，Z，Y，C軸の4軸同時加工もある．

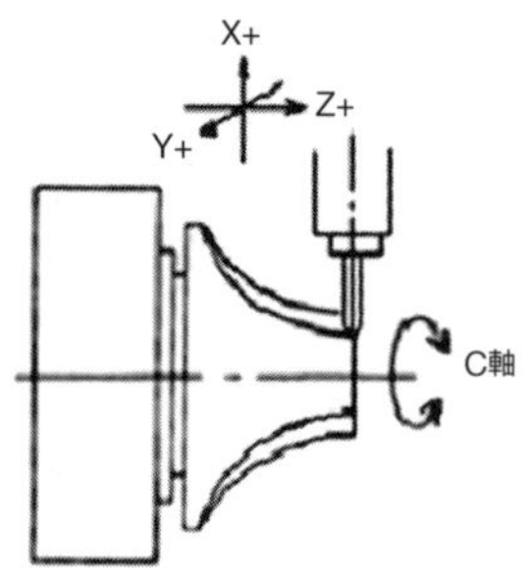

図1.11　羽根車の加工

このように3軸または4軸（B軸も含めて5軸）制御の複雑な形状を加工することができるが，制御軸数が多くなるにしたがって手計算のプログラミングでは困難になり，CAD（コンピュータ支援設計）/CAM（コンピュータ支援製造）の連携が必要となる．

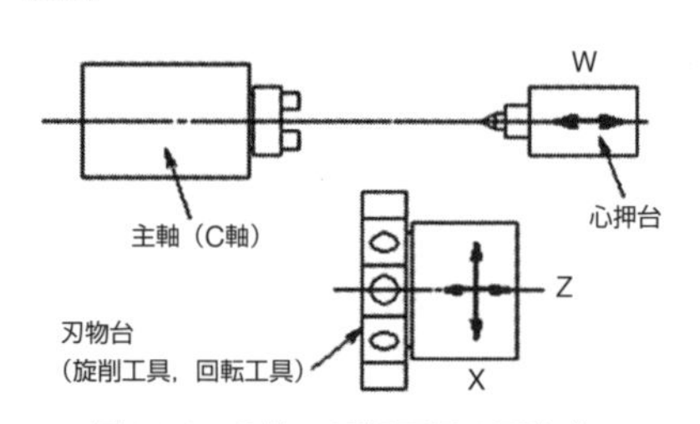

図1.12　C軸，回転工具の刃物台

1.2　ターニングセンタの形態

JISによればターニングセンタとは，「回転工具を備え，割出し可能な主軸を備えたNC旋盤．工具マガジンから自動工具交換するような付加機能を持つ機械も含む」と定義されている．

これによれば，前項のNC旋盤の発展過程における段階の第2段階のNC旋盤からターニングセンタと呼ぶことができるが，第2段階の主軸の割出しが間欠形のため角度の限定的な穴あけ加工しかできないので，ターニングセンタとしてはレベルが低い．

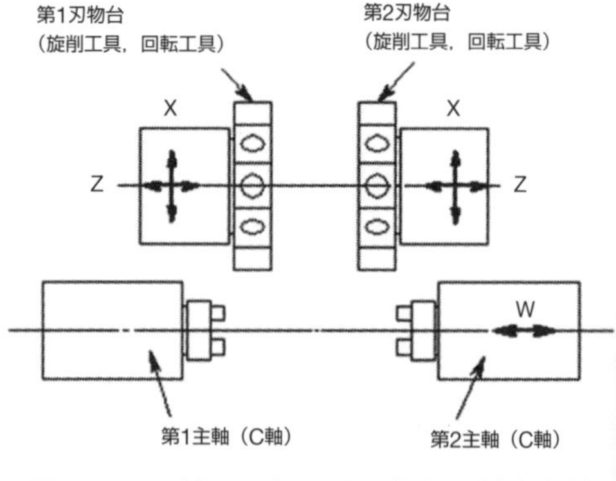

図1.13　C軸，回転工具刃物台，対向主軸

したがって，主軸にC軸制御を持たせ，主軸を連続的に割出す機能を持った第3段階からのNC旋盤をターニングセンタと呼ぶことができる．

図1.12～**1.14**はターニングセンタの構造形態の例を示す．

図1.12は主軸にC軸制御機能を持たせ，刃物台には旋削工具および回転工具を任意の位置に取り付けることができる構造で，旋削加工，端面・側面の穴あけ加工，極座標補間あるいは円筒補間機能による倣い加工が可能である．

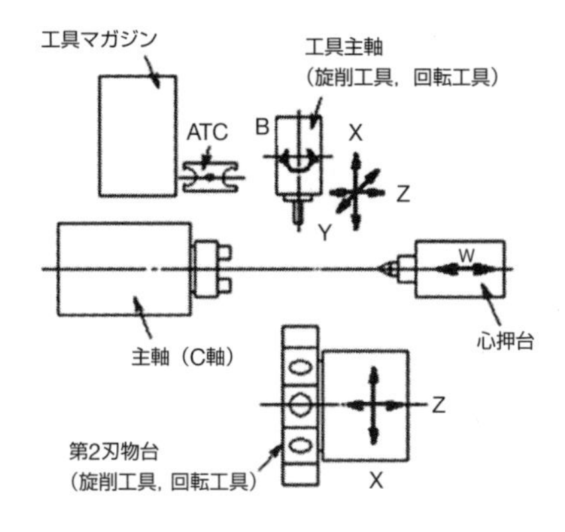

図1.14　C軸，回転工具刃物台，工具主軸（Y軸，B軸）

図1.13は第1主軸と第2主軸の2つの主軸台を対向形に配置したNC旋盤で，第1主軸における第1工程の加工後第2主軸側に受け渡され，第2主軸側で第2工程の加工を行なう構造のものである．

もちろん第1刃物台，第2刃物台には旋削工具と回転工具を任意の位置に取り付けることができるので，1，2工程ともレベルの高い加工ができる．

図1.14は刃物台のほかに工具主軸を装備した機械で，工具主軸には旋削工具および回転工具を取り付けることができる．これらの工具は工具マガジンからATC（自動工具交換装置）を介して取り付けられる．さらに工具主軸は，X，Y，Z軸の同時3軸制御が行なわれるため，**図1.8**のようなポケット加工や**図1.10**のような斜面加工，**図1.11**のようなインペラ（羽根車）など複雑な形状にも対応できる．

また工具主軸にB軸制御（Y軸まわりの旋回）を付加することによって，たとえばボールエンドミルの切削部位をエンドミルの先端でなく，傾けた位置につねに固定するなどして面粗度をよくする工夫が行なわれている．

この本では**図1.1**の第4段階，つまり**図1.14**の機械構成のうち，B軸が間欠割出しの同時4軸制御仕様のターニングセンタについて述べることにする．

1.3　ターニングセンタの特徴

NC旋盤に主軸の割出機構，刃物台に回転工具を付加したターニングセンタは高価な機械であるが，短納期，コストダウンに大きく寄与することはよく知られている．次にターニングセンタを採用した場合の特徴を述べる．

(1) 旋削加工だけではなく穴あけやミリング加工など，多工程にわたる形状を効率よく加工する．

機械部品には旋削加工のみで完成という部品は意外に少ない．旋削部品に穴があったり，面を加工する部品が多い．この場合，形状は簡単でもいくつかの加工工程に分かれるため，完成品になるまで時間がかかる．ターニングセンタでは穴あけやミリング加工をワンチャッキングで行なうため，完成品までの時間が少なくて済むのである．

(2) 品質の高い製品を加工できる．

通常，加工工程が変わるとそこにリチャック（チャッキングのし直し）または再位置決めが発生する．リチャックまたは再位置決めということは加工工程間の位置ずれが発生し，部品の相互位置精度が低下する．ターニングセンタでは旋削加工からミリング加工までワンチャッキングで行なうことができるので，取付け位置に起因するずれの発生がなく，機械そのものの精度の範囲で精度よく加工できる．

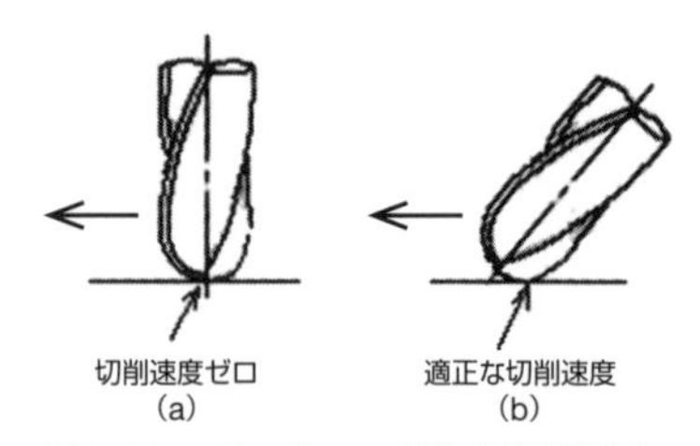

図1.15　ボールエンドミル切削速度

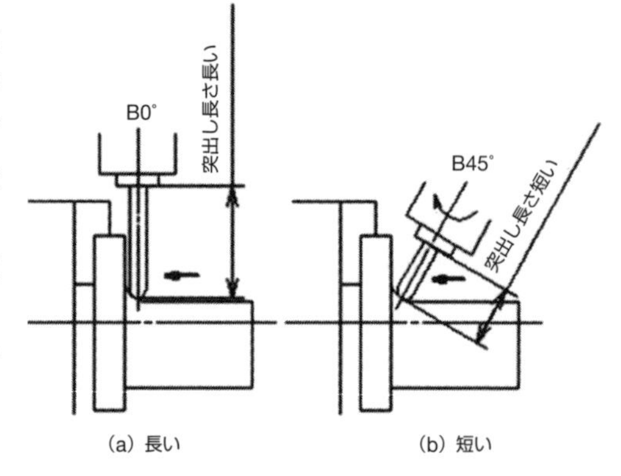

図1.16　ボールエンドミル突出し長さ

(3) B軸の付加により高品位の加工ができる．

図1.15はボールエンドミルが直立で加工する場合と傾けて加工する場合を示す．(a) のように直立にして平面を加工するとボールエンドミルの中心が切れ刃となり，その位置はつねに切削速度がゼロとなるので，加工面はむしれたような状態となる．これを (b) のように傾けて加工すると，工具の回転数を調整することによって適正な切削速度で加工ができるので，面粗さがよくなり，かつ平面精度もよくなる．

(4) B軸の付加により工具のびびり振動を抑えることができる．

図1.16 (a) はボールエンドミルを直立して平面を加工する場合を示すが，(b) のようにB軸制御で工具を傾けると工具の突出し長さを短くすることができる．この加工によって仕上げ面のびびり振動を抑えることができ，品質のよい製品ができ上がる．

(5) 旋削工程や穴あけ工程，ミリング工程を連続して行なうので工程が集約され，完成品までの時間（サイクルタイム）が短くなりコストダウンにつながる．

旋削加工→穴あけ加工→ミリング加工などを別べつに加工する場合，各加工工程において治具のセット，工具の手配あるいは工作物の取り付けなどをそれぞれの作業者が準備し，作業を行なわなければならない．これらの作業は生産過程においてロスタイムとしてみなされ極力排除されなければならない．ターニングセンタ加工では多工程を集約するため，個々の工程の作業ロスタイムをなくすことができ，その結果サイクルタイムの短縮につながる．

(6) 多工程にまたがる加工工程を1度の段取りで実行できるため，調整ロスや段取りロスが少なくなり稼働率を向上させる．

機械が稼働できる時間から段取りや故障などで停止した時間を差し引いた時間を稼働時間といい，稼働時間が長いほど生産量は多くなる．ターニングセンタによる加工では工程間の段取り時間はゼロであるから稼働時間は当然長くなり，その結果として，生産量は増加する．

(7) 工程間の待ち時間（アイドルタイム），運搬時間がなくなり，生産計画が立てやすくなる．

(8) で述べたように加工工程で別べつに段取りなどを行なった場合，段取りロスということになるが，その他に前工程で完成するまでの待ち時間，工場内の運搬の時間もロス時間である．ターニングセンタによる加工ではこれらの時間を無視することができるので，純粋にサイクルタイムの計算だけで生産計画を立てることができる．

(9) 完成品までの時間が短縮されることによって，短納期の要求に応えることができる．

サイクルタイムの短縮ということは，注文数量を短期間で生産量できることである．これによって短納期の要求に応えることができ，ユーザーの信頼を得ることができる．

1.4　機械の構成

前項で述べたように，ターニングセンタの構成にはいろいろな形態があるが，本書で扱う具体的な機械の構成例として，DMG森精機株式会社のターニングセンタについて述べることにする．

機械の構成を**図1.17**に示す．

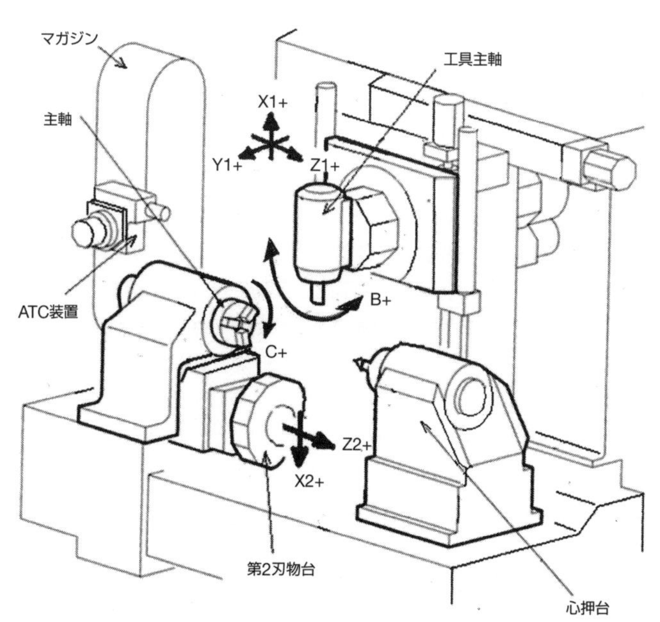

図1.17　加工機械の構成（ターニングセンタ/DMG森精機）

従来のNC旋盤は

①主軸

②第2刃物台（タレット刃物台）

③心押台

から構成されているが，このターニングセンタはその他に

④工具主軸

が装備されている.

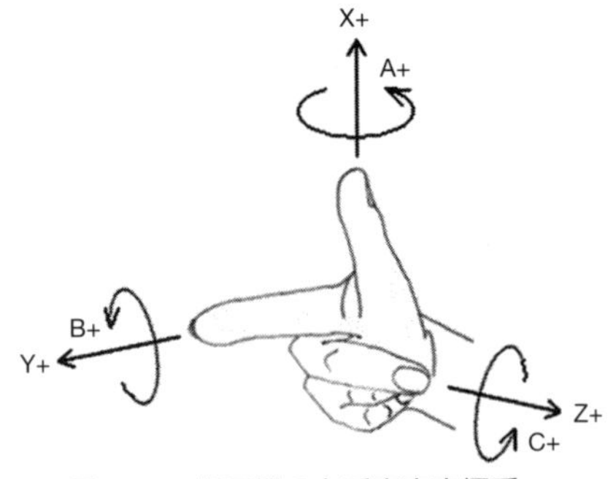

図1.18　加工機の右手直交座標系

主軸にはチャックが取り付けられ，通常のモータとして加工物を回転させる機能とC軸制御という微細角度に割出す機能を持っている.この割出し機能のおかげで,偏心穴や角物の加工ができるようになった.

図1.18に示す「右手直交座標系」によれば，C軸のプラス方向は，主軸をZ軸プラス側から見て主軸が時計方向に旋回する方向である.

第2刃物台というのは，いわゆるタレット刃物台のことで，この機械の刃物台は12面の割出しができる．タレット刃物台は主軸中心線より下側に位置しているので，プログラムを作成するときは作業者側に第2刃物台があると考えればよい．このタレット面には外径，内径その他の旋削工具がボルト締めで取り付けられ，またフライスやエンドミルなどの回転工具も取付けられる構造になっている．第2刃物台の制御軸はX，Z軸である.

心押台には，心押軸（クイル）が自動で移動するものもあるが，ここでは心押台全体がモータ駆動で前進，後退する．ここまでが通常のNC旋盤の構成であるが，この機械には工具主軸という主軸がある．工具は標準仕様で20本格納できる工具マガジンに格納され，マシニングセンタと同じようにATC機構によって工具主軸に装着される．この工具主軸には旋削工具はもちろん，回転工具も装着することができる.

工具主軸の制御軸はX，Y，Z軸およびB軸であり，**図1.17**に示す制御軸になる．X，Y，Z軸は**図1.18**に示す「右手直交座標系」に従い，それぞれプラス方向が決められている.B軸はY軸の周りの旋回軸のことで，Y軸のプラス側から見て反時計方向の旋回をB軸のプラス方向と決められているため，B軸をマイナス方向に旋回させることによって，工作物の斜面加工ができる.

このように，B軸，C軸の旋回方向が決まっているので間違いのないよう注意が必要である．工具主軸には，ショートテーパシャンク形のツールシャンクが装着される.現在ショートテーパシャンクとして機械メーカーで採用されているものに，**図1.19**に示すように，(a) ポリゴンテーパシャンク形（Capto形），(b) 中空テーパシャンク形（HSK形）などがあるが，本機はポリゴンテーパシャンク形を採用している．シャンク部はポリゴン形のテーパ状になっており，ポリゴン部分で切削抵抗によって発生

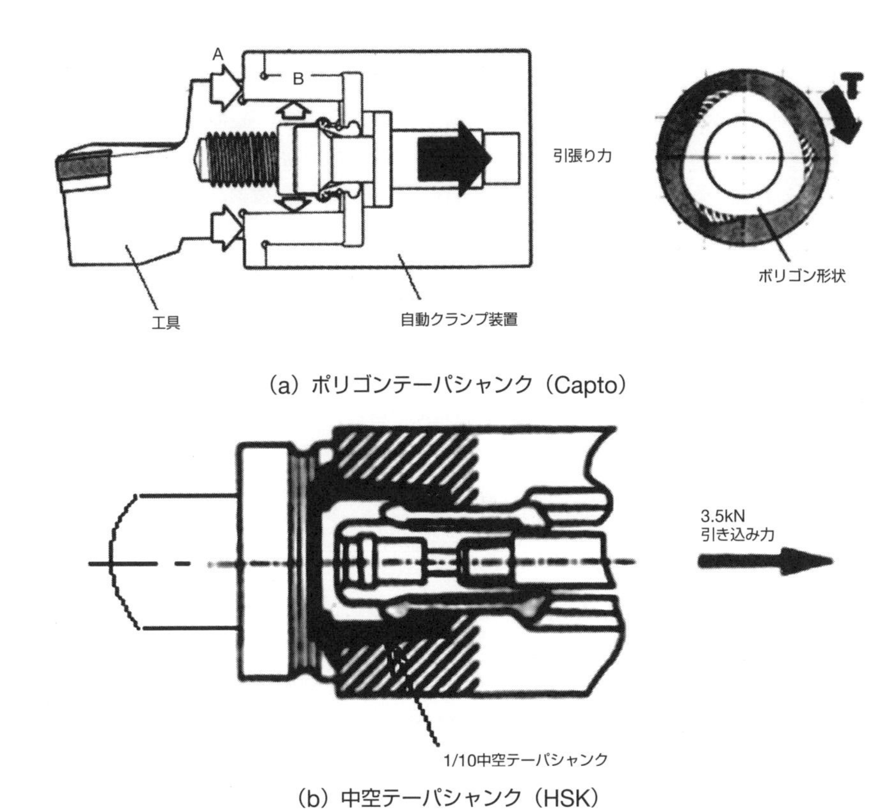

(a) ポリゴンテーパシャンク（Capto）

(b) 中空テーパシャンク（HSK）

図1.19　ショートテーパシャンク

する工具の回転力を抑え，またポリゴン部分と端部が本体のクランプ装置の2面に密着することにより結合を強固にして切削抵抗による工具のたわみを軽減する．

それに対して中空テーパシャンク形では，ショートテーパ部に設けられている切り欠けに固定キーが差し込まれて回転力を抑える機構である．いずれもショートタイプのテーパ部を持ち，端面との2面拘束により工具の把持剛性を高めている．

工具には最大長さ，最大重量，最大直径が決められているので注意が必要である．

工具交換するときは，B軸は－90.0°の位置（水平位置）で，X，Y，Z軸の第3原点で行なわれる．

1.5　機械仕様

プログラムを作成するにあたって，機械の仕様，NCの仕様をよく理解しておくことが大事である．これをおろそかにすると，主軸の出力が不足して加工できないとか，工具の移動範囲が小さいため加工できないなど，いろいろな問題が起きてくる．

この項では，具体的な機械の仕様の説明として，DMG森精機の機械仕様を例にして述べる．

表1.1に機械仕様を示す．

機械は前項で述べたように，主軸，工具主軸，第2刃物台，心押台の構成になっている．もちろん主軸には通常の3爪チャックが装備され，通常のNC旋盤のように回転して加工する．その他にC軸制御が行なわれ，0.0001°ごとの微細な割出し機構を持っている．

刃物台には工具主軸と第2刃物台がある．工具主軸には旋削工具と回転工具が装着されるが，すべての工具は工具マガジンから持ち出され，ATC装置によって取付けられる．工具マガジンには標準仕様で20本の工具を格納することができる．旋削工具おいては，外径工具を使用するときはB0の位置，内径工具を使用するときはB－90.0位置になる．回転工具を取付けた場合，側面加工時はB0°に，端面加工時はB－90.0°に，傾斜加工時には任意の角度に傾ける．

第2刃物台には，□20の角バイトと最大φ32のボーリングバーがボルト締めで上向きに固定され，通常のNC旋盤の刃物台と同様な感覚で操作できる．

表1.1　ターニングセンタの仕様

加工能力	最大振り	600mm
	心押軸と主軸端面間の最大距離	1175mm
	最大加工径 工具主軸（Capto方式）	φ600mm
	最大加工長さ	1045mm
軸移動量	X軸（工具主軸）	685mm
	Y軸（工具主軸）	±125mm
	Z軸（工具主軸）	1075+130mm （ATC移動量）
	B軸旋回範囲（工具主軸）	±120°
	X軸（第2刃物台）	130mm
	Z軸（第2刃物台）	970mm
主軸	主軸回転数	50～5000min^{-1}
	主軸変速レンジ数	2段
	主軸端形状	JISA$_2$－6
	主軸貫通穴径	φ73 mm
	主軸最小割出角度　C軸	0.000 1°
	主軸トルク	301N・m（25% ED） 214N・m（連続）

工具主軸 （第1刃物台）	工具取付け本数	1 本
	B軸割出し時間	0.65 sec/90°
	B軸最小割出し角度	1°
	工具主軸最高回転数	12000 min^{-1}
	工具主軸テーパ穴	Capto　C5
	工具収納本数	チェーン式20本
	工具最大径	70mm（隣接工具有）
	工具最大径	125mm（隣接工具なし）
	工具最大長さ	300mm
	工具最大質量	4 kg
	工具交換時間（tool・to・tool）	1.25 sec
	最大曲げモーメント （ゲージラインより）	3.9 N・m
	主軸トルク	1.1N・m（25%ED） 19.6N・m（連続）
第2刃物台	ボルト締め12角	バイト□20 ϕ32ボーリングバー
心押台	心押軸のテーパ穴	回転センタ（MT4）
	移動量，デジタルテールストック	1055mm
早送り速度	工具主軸	X：50，Y：30，Z：50 m/min
	第2刃物台	X：30，Z：30 m/min
	B，C	B：40，C：250 min^{-1}
モータ	主軸用	25/22（30分/連続）kW
	工具主軸用	5.5/3.7（25% ED/連続）kW
	クーラント用（60Hz/50Hz）	1.21/0.73×1, 1.04/0.635×2 kW
所要動力源	電源	68.0kVA
	空気圧源	0.5 MPa，450 L/min
クーラント タンク	容量	698 L
機械の大きさ	機械の高さ	2765 mm
	所要床面積	幅5376×奥行き3239 mm
	機械重量	16000 kg

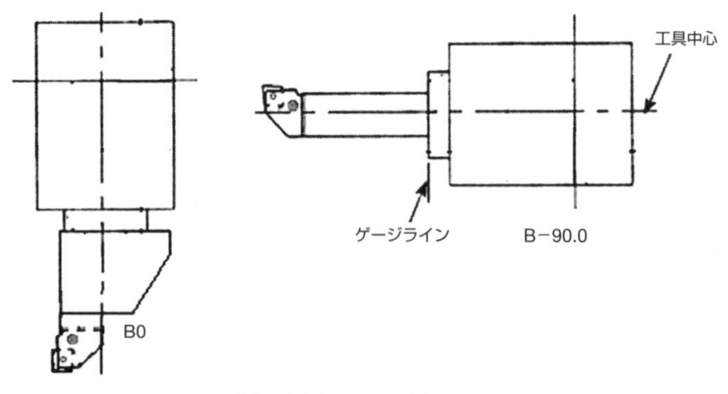

(a) 旋削工具の取付け角

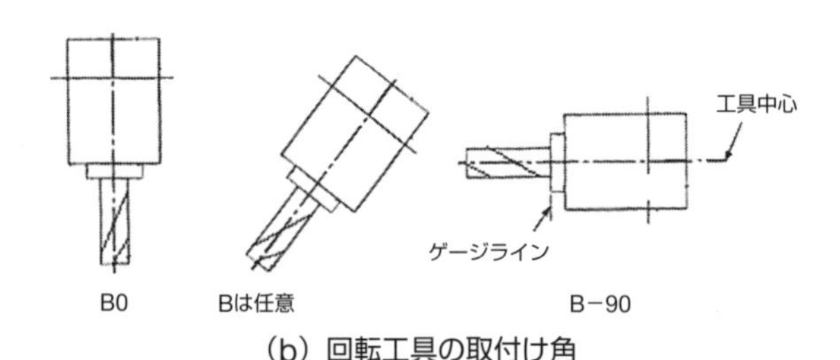

(b) 回転工具の取付け角

図1.20　工具の取付け角

1.6　NC装置の仕様

機械の仕様と同様に，NC（数値制御）装置の仕様もよく理解しておかないと，NCプログラムはできない．この本では具体的な数値制御装置の仕様例として，DMG森精機の仕様について述べる．**表1.2**にNC装置の仕様例を示す．まだまだ多くの項目があるが，本書で関係すると思われる項目だけを記載した．

簡単にまとめておく．

①工具主軸の制御軸数はX，Y，Z，C，Bの軸であり，同時制御はそのうちのX，Y，Z，Cの4軸である．第2刃物台の制御軸数はX，Zの同時2軸である．

②最小設定単位はX，Y，Z，軸では0.001mm，C軸は0.0001°，B軸は1°割出し．したがって，B軸の連続制御はできない．

③アブソリュート/インクレメンタルの切替えは，X，Y，Z，C軸のアブソリュート指令に対し，それぞれU，V，W，Hのインクレメンタルアドレスが割当てられる．

④回転工具の一部を除いてX軸のプログラムは直径指定である．

⑤第2刃物台における平面指定はX-Z平面であるが，工具主軸の回転工具で加工するときには，X-Y平面，X-Z平面，Y-Z平面などと変化するので，平面の選択に注意が必要である．

⑥旋削加工の複合形固定サイクルのほかに穴あけ用固定サイクルを使うことができる.
⑦斜面加工に便利な3次元座標変換機能がある.
⑧限定的ではあるが,1ブロックに複数の補助機能をプログラムできる.
⑨工具主軸によるタップ加工において,同期式タッピング機能があるのでフロート式のタッパは不要となり,通常の固定ホルダでタップ加工が行なえる.

表1.2 NC装置の仕様(ターニングセンタ/DMG森精機)

制御軸	制御軸	工具主軸側:X,Y,Z,B,C 第2刃物台側:X,Z
	同時制御軸数	工具主軸側:X,Y,Z,Cの4軸 第2刃物台側:X,Z
	C軸輪郭制御	旋削主軸のC軸制御
	最小設定単位	X,Y,Z,:0.001mm B:1°,C:0.0001°
	最大指令値	±999999.999mm
運転操作	ドライラン	
	シングルブロック	
	ジョグ送り	0～5000mm/min(20段)
	手動レファレンス点復帰	
運転操作	ハンドル送り	手動パルス発生器,×1,×10,×100
	位置決め	G00(直線補間形位置決めも可能)
	イグザクトストップモード	
	円筒補間	G7.1(G107)
	ヘリカル補間	G02,G03 (円弧補間と最大2軸直線補間)
	ねじ切り・同期送り	G32
	多条ねじ切り	G32
	ねじ切りサイクルリトラクト	
	レファレンス点復帰	G28
	レファレンス点復帰チェック	G27
	第2,3,4レファレンス点復帰	G30
	極座標補間	G12.1,G13.1,(G112,G113)

送り機能	早送りオーバライド	F0/1/10/25/100%
	毎分送り	
	毎回転送り	
	自動加減速	ベル形（早送り）/ベル形（切削送り）
	送り速度オーバライド	0～200%（10%ごと）
	オーバライドキャンセル	
プログラム入力	オプショナルブロックスキップ	1個
	最大指令値	±9桁
	プログラムファイル名	32文字
	シーケンス番号	N5桁
	アブソリュート/インクレメンタルプログラミング	X/U，Y/V，Z/W，C/H，B
	小数点入力	
	X軸直径指定	
	平面選択	G17，G18，G19
	座標系設定	G50
	自動座標系設定	
	ローカル座標系設定	G52
	機械座標系選択	G53
	ワーク座標系選択	G54～G59
プログラム入力	プログラマブルデータ入力	G10
	サブプログラム呼び出し	10重
	カスタムマクロ	
	カスタムマクロコモン変数	600個
	単一形固定サイクル	G90，G92，G94
	複合形固定サイクル	G70～G76
	穴あけ用固定サイクル	G80，G83～G89，G460～G464
	3次元座標変換	G68.1

補助機能/主軸機能	補助機能	M4桁指定
	補助機能の複数指令	3個（限定されたM機能のみ）
	主軸機能	S5桁
	主軸オーバライド	50～150%（10%ごと）
	主軸定位置停止指令	
	工具主軸定位置停止指令	
	同期式タッピング	工具主軸
工具機能/工具補正機能	工具機能	T4桁指定
	工具補正組数	240組
	工具位置オフセット	
	Y軸オフセット	
	刃先R補正	G40～G42
	工具形状補正・摩耗補正	
	工具寿命管理B	
	工具寿命管理B組数	240個
	工具補正量測定値直接入力B	機内プリセッタ
編集操作	プログラム記憶容量	テープ換算320m（128KB）
	登録プログラム個数	250個
	バックグラウンド編集	
	拡張プログラム編集	
	現在位置表示	
	プログラムコメント表示	190文字
	パラメータ設定表示	
	アラーム表示	
	稼働時間/部品数表示	
編集操作	実速度表示	
	オペレーティングモニタ画面	ロードメータ表示など
	ヘルプ機能	
	自己診断	アラーム表示，入出力信号診断など
	実主軸回転数/Tコード表示	
データ入出力	ユーザー用記憶エリア	6GB
	メモリカード入出力	
	イーサネット	10/100/1000BASE-T

第2章 旋削工具と切削条件

2.1 旋削工具の種類

旋削工具は大別して外径旋削工具，内径旋削工具，穴あけ用工具，その他がある．外径旋削工具は工作物の外径を加工する工具であり，内径旋削工具は内径を加工する工具である．外径，内径工具とも主に長手方向（Z方向）に加工する工具，端面方向（X方向）に加工する工具，長手および端面を加工する工具（ならい加工工具），ねじ切り工具，溝入れ工具などがある．

微小穴加工や特殊な形状の加工以外は，スローアウェイチップを工具シャンク部に固定して使用することが多い．

旋削工具の種類を**図2.1**に示す．

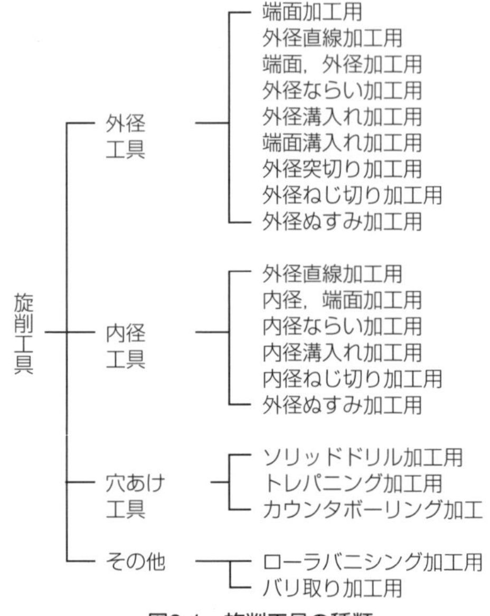

図2.1　旋削工具の種類

2.2 外径工具の呼び方と切削条件

外径工具は，断面形状が正方形または長方形のシャンクの先端にスローアウェイチップを固定したものが多い．一般に市販されている外径工具の形状は，下記のように記号と数字によって表わされ，その表示法はJISに定められている．

たとえば，

PCLNR2525M12

で表示される外径工具は**図2.2**のような仕様の工具となる．

表2.1に中切削加工領域における切削条件の目安を示す．

2.3 内径工具の呼び方と切削条件

内径工具は，断面形状が円形のシャンクの先端にスローアウェイチップを固定したものが多い．一般に市販されている内径工具の形状は，外径工具の場合と同様，下記のように記号と数字によって表わされ，その表示法はJISに定められている．

たとえば，

S16MSCLCR09

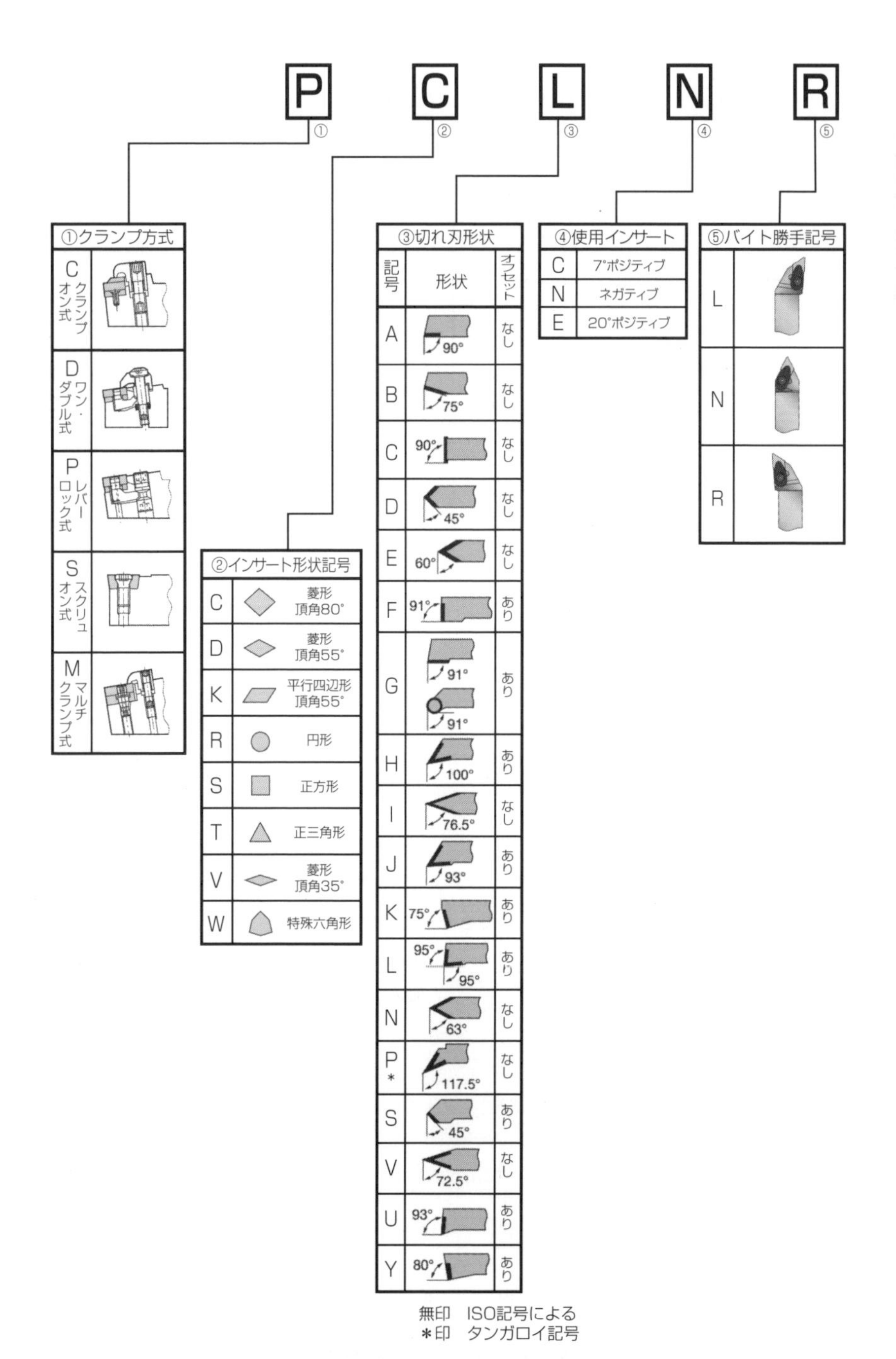

図2.2（a）　外径工具の呼びかた（JIS B4120/4125を参照）

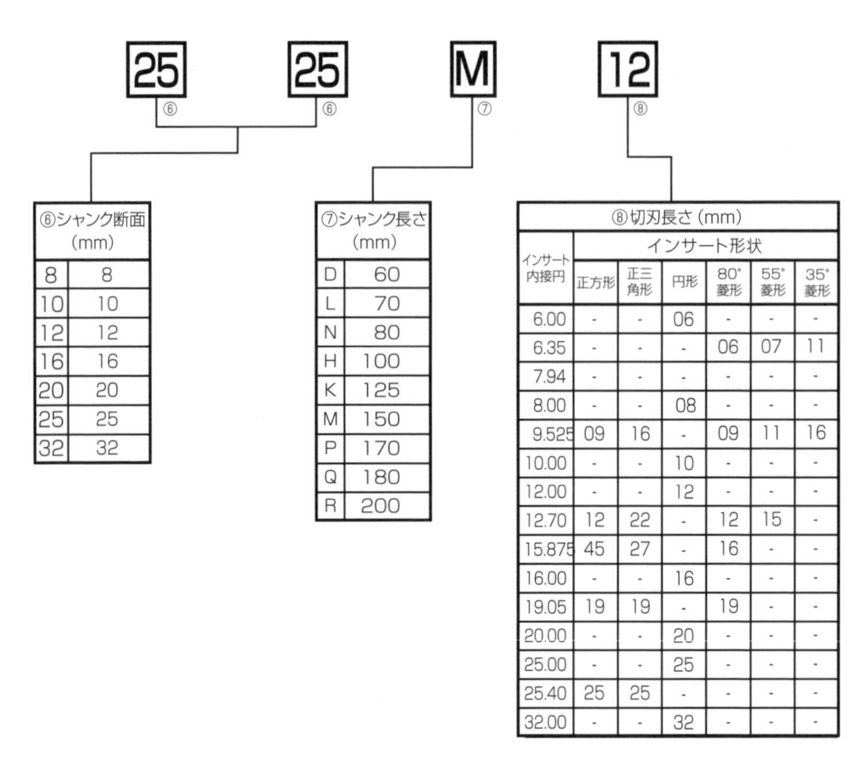

⑥シャンク断面 (mm)	
8	8
10	10
12	12
16	16
20	20
25	25
32	32

⑦シャンク長さ (mm)	
D	60
L	70
N	80
H	100
K	125
M	150
P	170
Q	180
R	200

⑧切刃長さ (mm)						
インサート内接円	インサート形状					
	正方形	正三角形	円形	80°菱形	55°菱形	35°菱形
6.00	-	-	06	-	-	-
6.35	-	-	-	06	07	11
7.94	-	-	-	-	-	-
8.00	-	-	08	-	-	-
9.525	09	16	-	09	11	16
10.00	-	-	10	-	-	-
12.00	-	-	12	-	-	-
12.70	12	22	-	12	15	-
15.875	45	27	-	16	-	-
16.00	-	-	16	-	-	-
19.05	19	19	-	19	-	-
20.00	-	-	20	-	-	-
25.00	-	-	25	-	-	-
25.40	25	25	-	-	-	-
32.00	-	-	32	-	-	-

図2.2（b） 外径工具の呼びかた（JIS B4120/4125を参照）

一般的な旋削の切削条件，軽切削，中切削領域				
被削材	超硬質材	切削速度 m/min	送り量 mm/rev	切込み量
軟鋼 例 S10Cなど	P	250～350	0.16～0.33	0.5～1.2
炭素鋼，合金鋼 例 S45C，SCM440など	P	200～300	016～0.5	0.3～4.0
ステンレス鋼 例SUS304など	M	120～160	0.2～0.5	0.3～4.0
ねずみ鋳鉄 例 FC300など	K	160～300	0.2～0.5	1.0～4.0
非鉄金属 例 A6061など	N	300～700	0.1～0.4	0.2～3.0

表2.1 旋削加工の切削条件

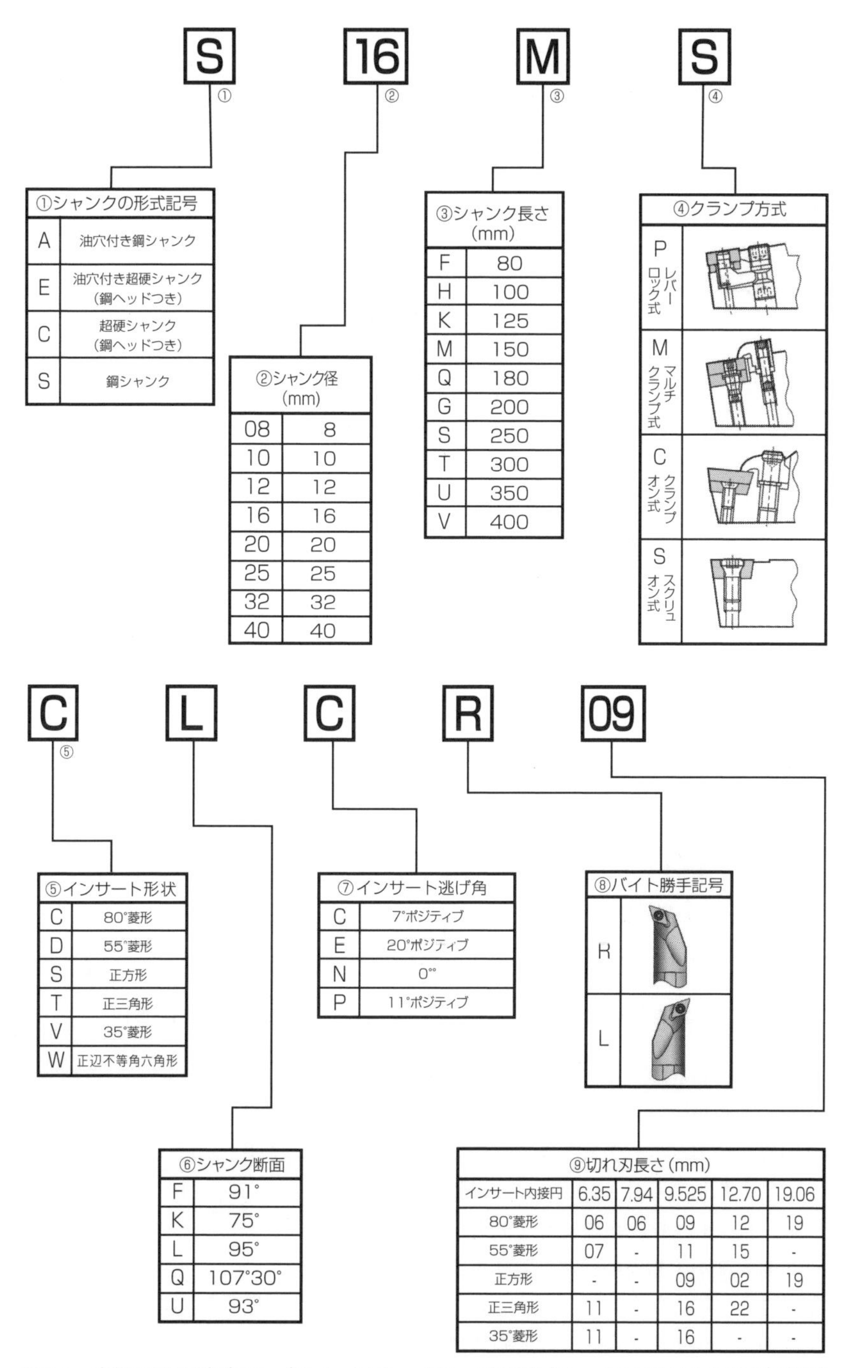

①シャンクの形式記号	
A	油穴付き鋼シャンク
E	油穴付き超硬シャンク（鋼ヘッドつき）
C	超硬シャンク（鋼ヘッドつき）
S	鋼シャンク

②シャンク径（mm）	
08	8
10	10
12	12
16	16
20	20
25	25
32	32
40	40

③シャンク長さ（mm）	
F	80
H	100
K	125
M	150
Q	180
G	200
S	250
T	300
U	350
V	400

④クランプ方式
P レバーロック式
M マルチクランプ式
C クランプオン式
S スクリュオン式

⑤インサート形状	
C	80°菱形
D	55°菱形
S	正方形
T	正三角形
V	35°菱形
W	正辺不等角六角形

⑥シャンク断面	
F	91°
K	75°
L	95°
Q	107°30′
U	93°

⑦インサート逃げ角	
C	7°ポジティブ
E	20°ポジティブ
N	0°°
P	11°ポジティブ

⑧バイト勝手記号
R
L

⑨切れ刃長さ（mm）					
インサート内接円	6.35	7.94	9.525	12.70	19.06
80°菱形	06	06	09	12	19
55°菱形	07	-	11	15	-
正方形	-	-	09	02	19
正三角形	11	-	16	22	-
35°菱形	11	-	16	-	-

図2.3　内径工具の呼びかた（スローアウェイチップの呼びは，JIS B4120/4125を参照）

で表わされる内径工具は，**図2.3**のような仕様の工具となる．

内径加工の中切削加工領域における切削条件を**表2.1**に示す．この条件は目安であり，ホルダの突出し長さや主軸モータの出力の違いによって切削条件が変わることはいうまでもない．

工具の呼び方の個々の意味については，拙著「NC旋盤作業の基礎知識Q&A」（日刊工業新聞社）をお勧めしておく．

2.4 溝入れ工具と切削条件

溝入れ工具には**図2.4**に示すように外径溝入れ，内径溝入れ，端面溝入れがある．また単に溝加工を行なう工具と溝を広げる機能を持つ多機能溝入れ工具（**図2.5**）がある．溝入れ工具は通常の外径，内径切削工具に比べて刃先がシャンクから長く突き出ているので，シャンクに対して直角方向に曲がりやすい．したがって，なるべく幅の広い工具を選定することが重要である．

溝入れ加工の切削条件の目安を**表2.2**に示す．

溝入れ加工では次の点に注意が必要である．

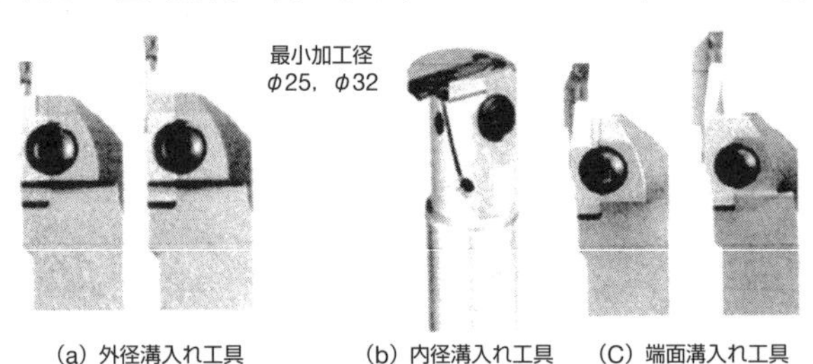

図2.4 溝入れ工具の種類

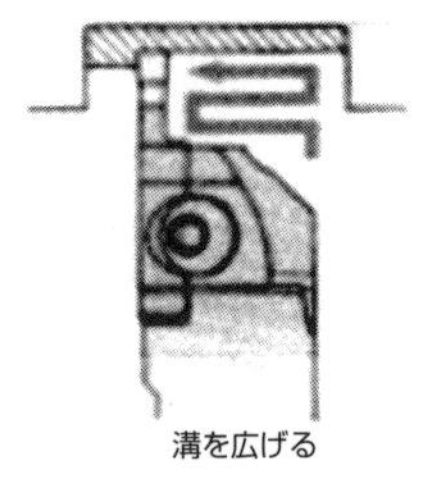

図2.5 多機能溝入れ工具

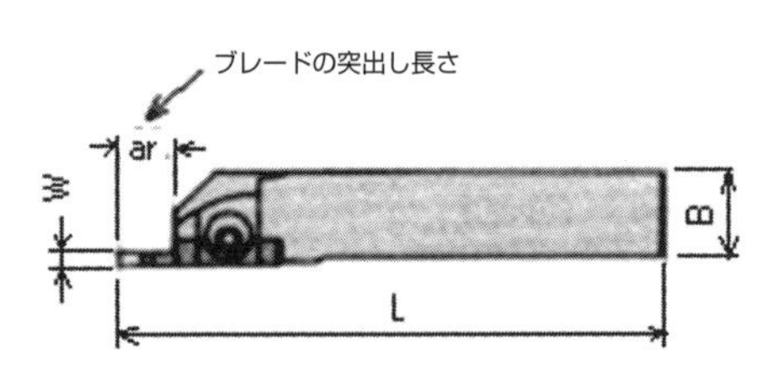

図2.6 ブレードの突出し長さ

①加工に合わせて，なるべくブレードの突出し長さの短いブレードを選定する（**図2.6**）．

②刃物台にセットとするときの心高は，通常の溝入れ加工時は±0.1mmに，突切り加工時には0.2mm程度高めにセットする．

③工具先端が主軸中心に対して直角になるよう取付ける（**図2.7**）．

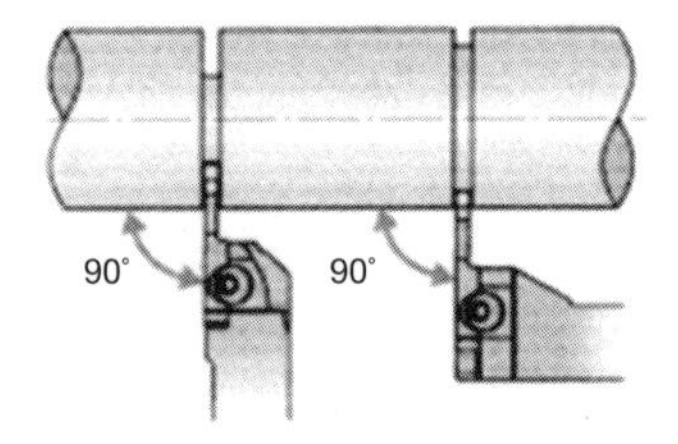

図2.7 中心に対し直角に取り付ける

④端面加工用ホルダのブレードの部分は，端面加工ができるように湾曲している（**図2.8**）．したがって，加工する端面の直径

溝入れ加工の切削条件　工具幅2.0～4.0程度			
被削材	超硬質材	切削速度 m/min	送り量 mm/rev
軟鋼 例 S10Cなど	P	100～200	0.04～0.1
炭素鋼，合金鋼 例 S45C，SCM440など	P	80～150	0.05～0.15
ステンレス鋼 例SUS304など	M	60～120	0.05～0.1
ねずみ鋳鉄 例 FC300など	K	80～180	0.05～0.15
非鉄金属 例 A6061など	N	300～400	0.05～0.15

表2.2　溝入れ加工の切削条件

に合った湾曲を持つブレードを選定しないと，湾曲部に溝が干渉して加工ができなくなる．

⑤端面を加工するとき，正転で加工するときと逆転で加工するときでは，ホルダの勝手が異なることがあるので，注意しなければならない（**図2.9**）．

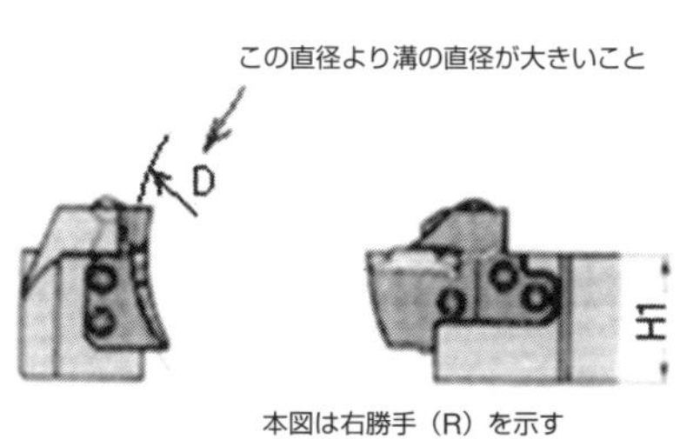

図2.8　端面溝入れ工具の湾曲

2.5　ねじ切り工具と切削条件

ねじ切りチップは，先端が55°あるいは60°の角度を持つ総形チップで，**図2.10**に示すような平置きタイプと縦置きタイプがある．通常のねじ切りではどちらのタイプでも加工できるが，多条ねじのよ

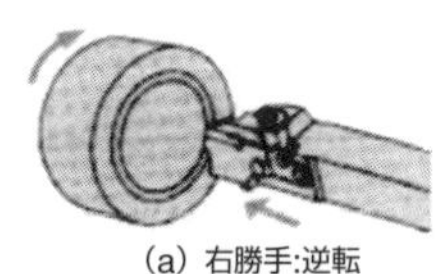

(a) 右勝手:逆転

(b) 左勝手:正転

図2.9　正転，逆転での勝手違い

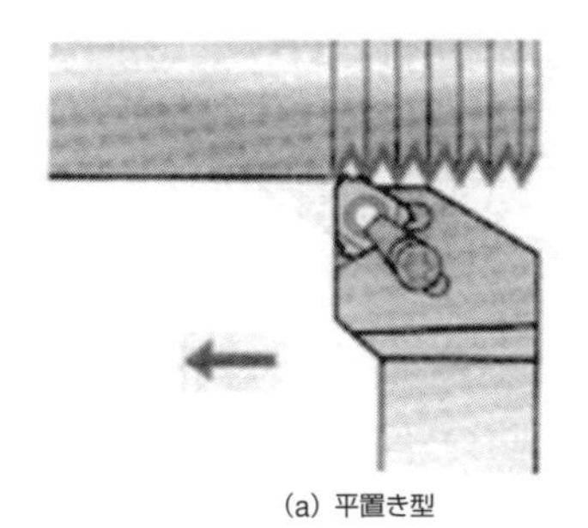

(a) 平置き型

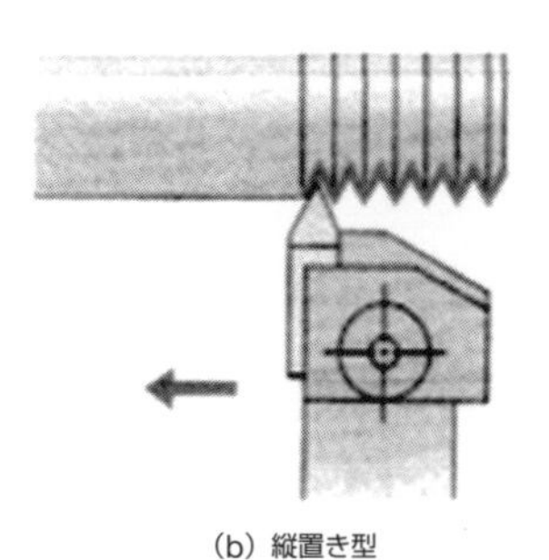

(b) 縦置き型

図2.10　ねじ切りチップのタイプ

うにリード角が大きくなるとチップの逃げ面とねじ山とが接触し，ねじ山がむしれるようになる．これを避けるために，チップの下に**図2.11**に示すような傾斜角を持つシート（敷板）を敷き，チップをクランプすることになる．これを可能にするのは平置きタイプのチップである．

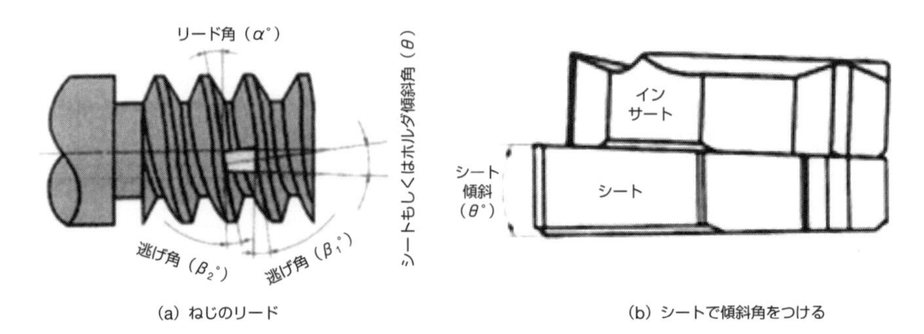

(a) ねじのリード　(b) シートで傾斜角をつける

リード角（α°）	シート傾斜角（θ°）
−1.5°	−3°
−0.5°	−2°
0.5°	−1°
1.5°	0°
2.5°	1°
3.5°	2°
4.5°	3°

(C) シート傾斜角とリード角の目安

図2.11　シートの傾斜角

ねじ切りの切削条件を**表2.3**に示す．

ねじ切り加工切削条件		
被削材	超硬材質	切削速度 m/min
軟鋼 例　S10Cなど	P	100 ～ 180
炭素鋼，合金鋼 例　S45C，SCM440など	P	100 ～ 150
ステンレス鋼 例　SUS304など	M	80 ～ 150
ねずみ鋳鉄 例　FC300など	K	60 ～ 100
非鉄金属 例　A6061など	N	250 ～ 350

表2.3　ねじ切り加工の切削条件

第3章 回転工具の種類と切削条件

3.1 回転工具の種類

第2刃物台には旋削工具を取付けるが，工具主軸には旋削工具と回転工具を取付けることができる．旋削工具の種類と切削条件は第2章に述べたので，ここでは回転工具の種類と切削条件について説明する．

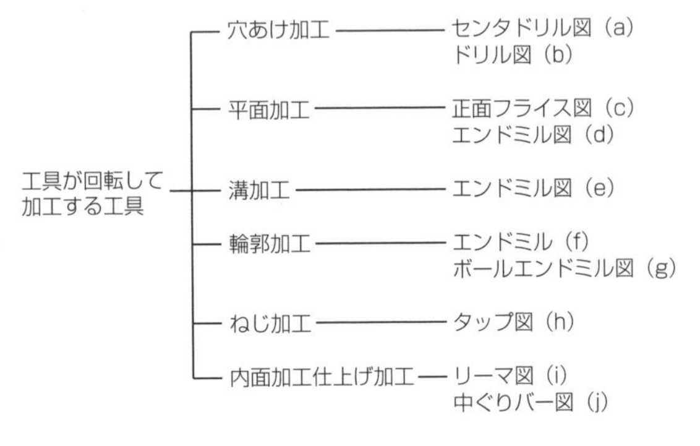

図3.1　回転工具の種類

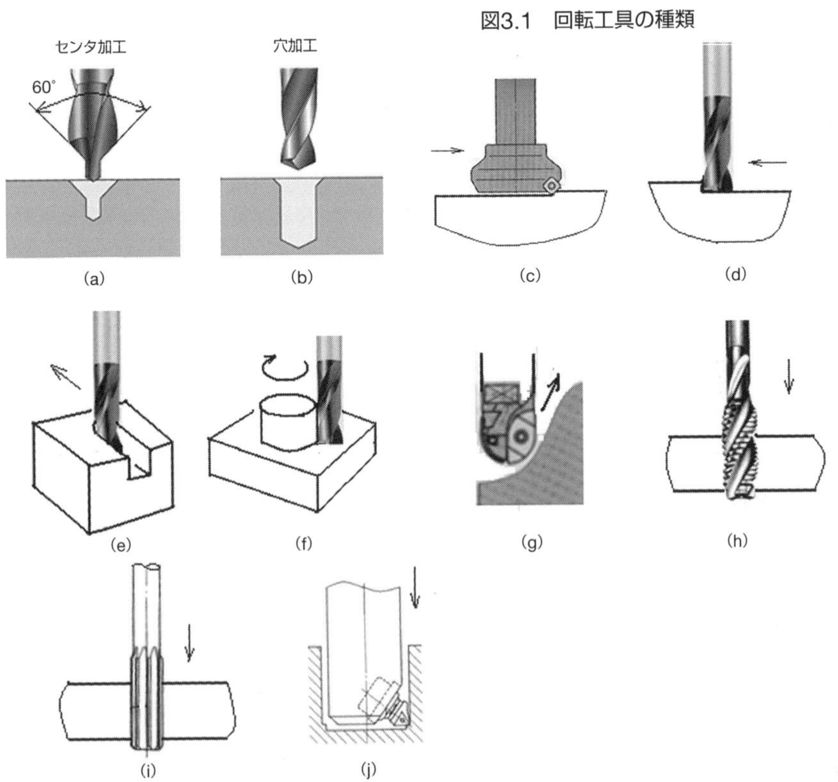

図3.2　回転工具の具体的な切削例

回転工具は大別すると，穴あけ加工用，平面加工用，溝加工用，輪郭加工用，ねじ加工用，内面仕上げ加工用になる．**図3.1**に回転工具の種類を示す.さらに回転工具の具体的な切削例を，**図3.2**に示す．

3.2　回転工具の切削条件

(1) 穴あけ加工用工具

穴あけ工具の代表的なものはツイストドリルであるが，先端に超硬チップを組み込んだ穴あけ工具もある．センタツールも穴あけ工具の1種である．

ツイストドリル（φ6～φ16）		
被削材	切削速度 m/min	送り量 mm/t
軟鋼 例 S10Cなど	15～30	0.1～0.3
炭素鋼，合金鋼 例 S45C，SCM440など	15～30	0.1～0.3
ステンレス鋼 例SUS304など	5～12	0.08～0.2
ねずみ鋳鉄 例 FC300など	20～30	0.15～0.45
非鉄金属 例 A6061など	30～50	0.25～0.6

表3.1　ツイストドリルの切削条件

通常ツイストドリルは先端角が118°，ねじれ角は30°であるが，加工物の材質によって適切な角度のドリルを選定しなければならない．

一般に硬い材料の時には，先端角は118°より大きくし，また低ねじれ角のドリルを選定する．軽合金などの柔らかい材料に対しては，先端角は118°より小さくし，またねじれ角を30°より大きいドリルを選定して切りくずの流れをよくする．

センタドリルは回転センタを使う時のサポートの穴として，またドリル加工時の心ずれを防止するガイドに利用される．

ツイストドリルの切削条件を**表3.1**に示す．

(2) 平面加工

正面フライスはフェースミルともいわれ，カッタボディの端面と外周に切れ刃を持

正面フライス（超硬チップ）			
被削材	超硬質材	切削速度 m/min	送り量 mm/t
軟鋼 例 S10Cなど	P	180～250	0.1～0.25
炭素鋼，合金鋼 例 S45C，SCM440など	P	150～200	0.1～0.25
ステンレス鋼 例SUS304など	M	130～200	0.12～0.2
ねずみ鋳鉄 例 FC300など	K	100～220	0.12～0.2
非鉄金属 例 A6061など	N	300～500	0.15～0.2

表3.2　正面フライスの切削条件

つ工具で，平面加工や肩削りなどに使われる．比較的広い範囲の加工を行なう．

ターニングセンタに使われる正面フライスは，φ100mm程度の比較的小径のフライスなので，**図3.2**の（c）のようにシャンクの付いたフライスが多く使われている．また加工面積の小さい場合には，エンドミルの底刃で平面加工をすることが多い．

ハイスエンドミル（標準2枚刃φ10～φ20，軸切込み1.0D，径切込み0.5D）		
被削材	切削速度 m/min	送り量 mm/t
軟鋼 例 S10Cなど	30～35	0.04～0.08
炭素鋼，合金鋼 例 S45C，SCM440など	25～30	0.04～0.07
ステンレス鋼 例SUS304など	10～15	0.03～0.06
ねずみ鋳鉄 例 FC300など	30～40	0.09～0.17
非鉄金属 例 A6061など	50～70	0.08～0.16

表3.3　ハイスエンドミルの切削条件

超硬チップ付きの正面フライスの切削条件を**表3.2**に示す．

(3) 溝加工

エンドミルの底刃と外周刃が同時に切削して，溝を加工する．2枚刃の場合，溝の片方はダウンカットになり，もう一方はアップカットの切削になるので，溝が曲がる傾向になる．切れ刃が多くなると切りくずの排出性は悪くなるが，切れ刃がつねに安定した切削になるよう，3枚刃，4枚刃などのエンドミルを用いたほうがよい．

輪郭加工におけるハイスエンドミルの切削条件を**表3.3**に示す．

ハイスタップ	
被削材	切削速度 m/min
軟鋼 例 S10Cなど	8～13
炭素鋼，合金鋼 例 S45C，SCM440など	7～12
ステンレス鋼 例SUS304など	4～7
ねずみ鋳鉄 例 FC304など	6～11
非鉄金属 例 A6061など	12～25

表3.4　ハイスタップの切削条件

(4) ねじ加工

回転工具におけるねじ切りは，ふつうタップ加工となる．タップには直溝タップ，スパイラルタップ，ポイントタップ，溝なしタップがあるが，それぞれの特徴があるので，工作物の材質や加工部位によって適正なタップを選定する．

タップを加工する前にタップの下穴を加工するが，ねじの精度，ひっかかり率などを十分考慮して，タップの下穴を決めなければならない．下穴に心ずれや曲りがあるとタップに過剰トルクがかかり，タップが折損する場合がある．下穴の管理を十分に行ない，またタップホルダは通常，軸方向に移動可能なフロート式のものを使うが，NC装置に同期式タッピングサイクルが付属している場合には，ソリッド式のタップホルダを使用する.

ハイスタップの切削条件を**表3.4**に示す.

(5) 内面仕上げ加工

内面仕上げ加工とは，あらかじめあけられた下穴を広げて，平滑な面を得ると同時に，正確な寸法に仕上げる加工のことである．リーマ加工や中ぐりバー（ボーリングバー）加工がある.

リーマ加工は，比較的加工精度が高く，通常H6 ～ H8の精度に，面粗さはRa0.4 ～ 6.3程度に加工できる．ただし，下穴にならって加工されるので，下穴の管理が重要である．リーマ加工の切削条件を**表3.5**に示す.

中ぐりバー加工の場合は，ボーリングバーの先端にマイクロユニットシステムを搭載し，目盛に合わせることによって寸法の微調整ができるような中ぐりバーを使用する.

中ぐり加工の切削条件を**表3.6**に示す.

ハイスリーマ（φ5 ～ 20，リーマしろφ0.3 ～ φ0.4）		
被削材	切削速度 m/min	送り量 mm/rev
軟鋼 例 S10Cなど	5 ～ 15	0.3 ～ 0.5
炭素鋼，合金鋼 例 S45C，SCM440など	3 ～ 10	0.3 ～ 0.5
ステンレス鋼 例SUS304など	4 ～ 6	0.5 ～ 0.5
ねずみ鋳鉄 例 FC300など	4 ～ 6	0.5 ～ 0.1
非鉄金属 例 A6061など	6 ～ 12	0.5 ～ 0.1

表3.5　ハイスリーマの切削条件

中ぐり加工（超硬チップ，仕上げ）				
被削材	超硬質材	切削速度 m/min	送り量 mm/rev	切込み量 mm（φ）
軟鋼 例 S10Cなど	P	100 ～ 150	0.08 ～ 0.18	0.2 ～ 0.4
炭素鋼，合金鋼 例 S45C，SCM440など	P	120 ～ 200	0.08 ～ 0.18	0.2 ～ 0.4
ステンレス鋼 例SUS304など	M	80 ～ 150	0.05 ～ 0.08	0.2 ～ 0.4
ねずみ鋳鉄 例 FC300など	K	150 ～ 200	0.08 ～ 0.18	0.2 ～ 0.5
非鉄金属 例 A6061など	N	280 ～ 1200	0.05 ～ 0.8	0.2 ～ 0.6

表3.6　中ぐり加工の切削条件

第4章 座標軸と座標系

4.1　座標系と座標軸

第1章で述べたように，このターニングセンタには2つの刃物台があり，主軸を挟んで上側にある刃物台を工具主軸，下側にある刃物台を第2刃物台と呼ぶ．**図4.1**はターニングセンタの構成と座標軸を示したものであるが，それぞれの刃物台には独自の座標軸がある．

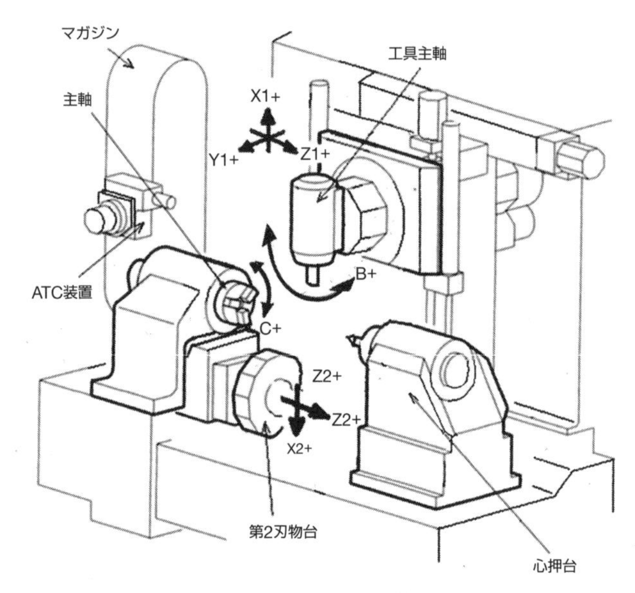

図4.1　機械の構成と座標軸

NC工作機械の座標系には，X，Y，Z座標系を使用している.なおJISでは，右手直交座標系で表わすと定められている．

右手直交座標系とは**図4.2**，**図4.3**に示すように，親指，人差し指，中指の3本をそれぞれ直交させたとき，親指の示す方向をX軸のプラス方向，人差し指の示す方向をY軸プラス方向，中指の

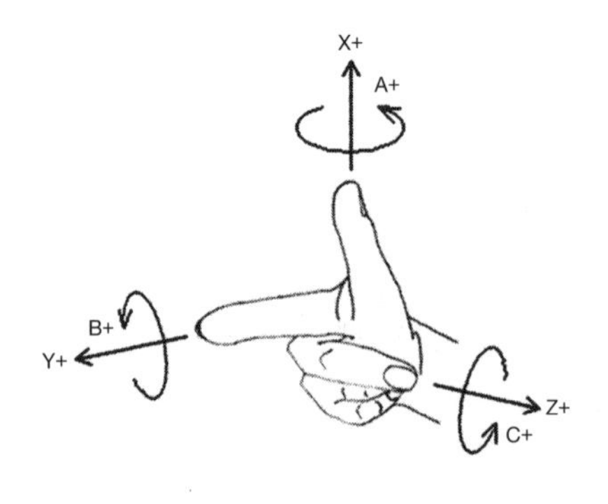

図4.2　工具主軸の右手直交座標系

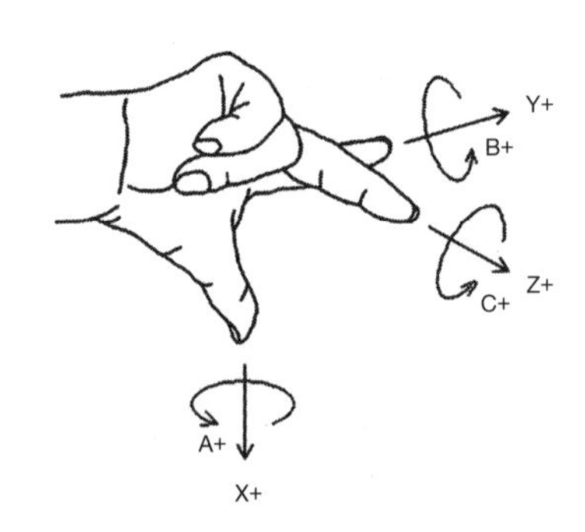

図4.3　第2刃物台の右手直交座標系

示す方向をZ軸プラス方向と定めたもので，すべてのNC工作機械はこの規則に従っている．

さらに，X，Y，Z直線上に旋回軸がある場合には，**図4.2**のようにX軸のまわりを回る旋回軸をA軸，Y軸のまわりの旋回軸をB軸，Z軸のまわりの旋回軸をC軸と決められている.加工工具の旋回運動のプラス方向は，X，Y，Z各軸のプラス側から見て反時計方向の運動をいう．この旋回方向はすべて工具の旋回方向であって，実際の機械ではC軸のように主軸が旋回して加工する場合には，主軸の旋回方向が逆になるので混乱しないようにしなければならない．

工具主軸の座標軸は**図4.2**のようになる．X軸は主軸から遠ざかる方向（上方向）がX軸のプラス方向，Y軸は工具が作業者側に移動する方向がY軸のプラス方向である．もちろんZ軸のプラス方向は心押台に向かう方向である．

第2刃物台の場合は，刃物台が主軸中心より下にあるので，**図4.3**に示す座標軸となる．X軸は主軸から遠ざかる方向（下方向）がX軸のプラス方向，Y軸は工具が作業者から遠ざかる方向がY軸のプラス方向となる．Z軸のプラス方向は心押台に向かう方向である．

このように工具主軸の場合と，第2主軸の場合とでは，X軸とY軸のプラス方向が逆になるので，注意が必要である．

(1) 工具主軸

マガジン内の工具を，ATC装置を介して工具主軸に工具を装着して加工を行なう．旋削工具と回転工具のどちらでも装着できる．

主軸の真上から加工するのを基本とし，X軸，Z軸，Y軸の3軸同時制御を行なう．

X軸は主軸と直角方向の動きであり，その方向は主軸から遠ざかる方向がプラス，近づく方がマイナスとなる．

Y軸は**図4.2**の右手直交座標系に従って主軸中心を挟んで前後に移動し，作業者側に移動するのがプラス，作業者から離れる方向に移動するのがマイナスとなる．主軸の真上がY0の位置である．

Z軸は主軸と平行な動きであり，その方向は主軸から遠ざかる方向がプラス，近づく方向がマイナスとなる．

さらに工具主軸にはB軸機能がある．工具主軸が真下に向いているときのB軸の角度を0°とし，工具主軸を正面にみて反時計方向の旋回がプラス，時計方向の旋回をマイナスとしている．旋削工具で外径を加工するときはB0の位置で，内径加工を加工する時はB－90.0の位置になる．また回転工具で側面（外径）を加工するときは，B0の位置で，端面を加工するときは，B－90.0の位置で加工する．その他にBの角度を任意に傾け，斜面を加工することもできる．

(2) 第2刃物台

旋削工具または回転工具を取り付けることができる．

X軸は主軸と直角方向の動きであり，その方向は主軸から遠ざかる方向がプラス，近づく方がマイナスとなる.

Y軸は工具が作業者側から遠ざかる方向がプラス, 近づく方がマイナスとなるが, ここで扱うターニングセンタにはY軸の移動はないので無視する.

Z軸は主軸と平行な動きであり, その方向は主軸から遠ざかる方向がプラス, 近づく方向がマイナスとなる (**図4.3**).

4.2 ワーク座標系の設定

工作物を加工するために用いられる座標系を「ワーク座標系」といい, アブソリュート方式で工具を移動させるときには, 必ずワーク座標系とワーク座標系の原点を機械上のどこかに決めておかなければならない. ワーク座標系を決めることを「ワーク座標系設定」といい, 工作物を加工するための工具移動の指令値は, すべてワーク座標系の原点を起点とした座標値で作成される.

一般的にNC旋盤の座標系を構成する座標軸は, X, Z軸の2軸であるが, この本で扱うターニングセンタには, その他にY, B, C軸があり, 5軸制御となっている. ただしこの本におけるB軸は, 位置決め用の1°割出しなので, 厳密な意味での制御とは異なる.

(1) 各軸の構成

各軸の構成はJISにより次のように決められている. 前項でも述べたが, ここで整理しておこう.

①Z軸

Z軸は主軸と平行な直線であるが, 本機ではZ軸を主軸の中心線上に設定し, そのプラスの向きは主軸から工具を見る向きにとる. つまり, チャック側から見て心押台の方向がプラスとなる. アブソリュート指令でのアドレスはZを使い, ワーク座標系原点からの位置, インクレメンタル指令でのアドレスはWを使い, 工具の現在位置からの距離と方向で表わす.

②X軸

Z軸に直交し, そのプラスの向きは工具が主軸の中心から遠ざかる向きにとる.

この本で扱うターニングセンタにおいては, 工具主軸が工作物の真上に位置しているので, 工具主軸が主軸の中心から上向きに遠ざかる方向がプラスとなる. アブソリュート指令でのアドレスはXを使い, その数値はワーク座標系原点からの直径値, インクレメンタル指令でのアドレスはUを使い, その数値は現在位置からの直径値と方向で表わす.

ただしG68.1 (3次元座標変換, 後で述べる) 後の指令は, 工具が変換後のワーク座標系原点の上側にあるときは, アドレスXとプラスの符号 (プラス符号は省略できる) と変換後の原点からの距離, 下側にあるときはマイナスの符号と変換後の原点からの距離で表わす.

第2刃物台の場合は, 第2刃物台が主軸に対して下側に位置しているので, 第2刃物台が主軸から下向きに遠ざかる方向がプラスとなる．アブソリュート指令でのアドレスはXを使い，その数値はワーク座標系原点からの直径値，インクレメンタル指令でのアドレスはUを使い，その数値は現在位置からの直径値と方向で表わすことは工具主軸の場合と同じである．

③Y軸

Z軸とX軸に直交する方向に取り，そのプラスの向きは右手直交座標系に従う．ターニングセンタに当てはめてみると，主軸と工具主軸との関係では**図4.1**のX1+，Y1+，Z1+方向がその向きになる．ただし，G68.1（3次元座標変換）後の指令は，Bの角度がマイナスの位置で加工する場合は，作業者側に移動する方がプラスとなり，アブソリュート指令でのアドレスはYを使い，変換後の原点からの位置で表わす．

また主軸と第2刃物台との関係においては，図4.1のX2+，Z2+方向がその向きとなり，工具主軸の場合とはX軸のプラス方向が逆になるので，Y軸プラス方向も逆になる．ただしこの本で扱うターニングセンタの場合，第2刃物台はY方向には移動しないので，Y軸は無視することにする．アブソリュート指令でのアドレスはYを使い，その数値はワーク座標系原点からの位置，インクレメンタル指令ではVを使い，その数値は現在位置からの距離と方向で表わす．

④C軸

NC旋盤においては，主軸に三つ爪チャックなどを取り付けてこれに工作物を把持し，主軸回転モータの回転数を指令することによって，工作物を任意の回転数で回転させ旋削加工を行なう．ターニングセンタにおいても旋削加工の部分は通常のNC旋盤と同じであるが，さらに主軸の回転制御軸としてC軸制御がある．

第1章で述べたように，第3段階におけるNC旋盤のことであり，旋削用モータからC軸割出し用のサーボモータに切り替えることによって，主軸を精密にしかも連続して旋回させるのである．この本のターニングセンタの最小割出し角度は0.0001°であるが，機械によっては0.001°のこともある．

図4.2の右手直交座標系においてC軸とは，Z軸のまわりを旋回する軸のことであり，そのプラス方向はZ軸のプラス方向に右ねじが進む方向にとる．別のいい方をすると主軸を正面にみて反時計方向がプラス方向となる．このプラス方向というのは工具の旋回方向のことであり，C軸制御により主軸が旋回して加工する場合には，主軸が時計まわりに旋回する方向が，プラス方向になるので注意が必要である．アブソリュート指令でのアドレスはCを使い，その数値はC軸原点からの旋回方向と旋回角度，インクレメンタル指令でのアドレスはHを使い，その数値は現在位置からの旋回角度と方向で表わす．

⑤B軸

Y軸まわりの旋回軸がB軸であり，そのプラス方向はY軸のプラス方向にねじが進む方向にとる．別の見方をすると，工具主軸を正面にみて反時計方向の旋回がプラス方向となる．この本で扱うターニングセンタでのB軸は，1°割出しの仕様なのでB軸

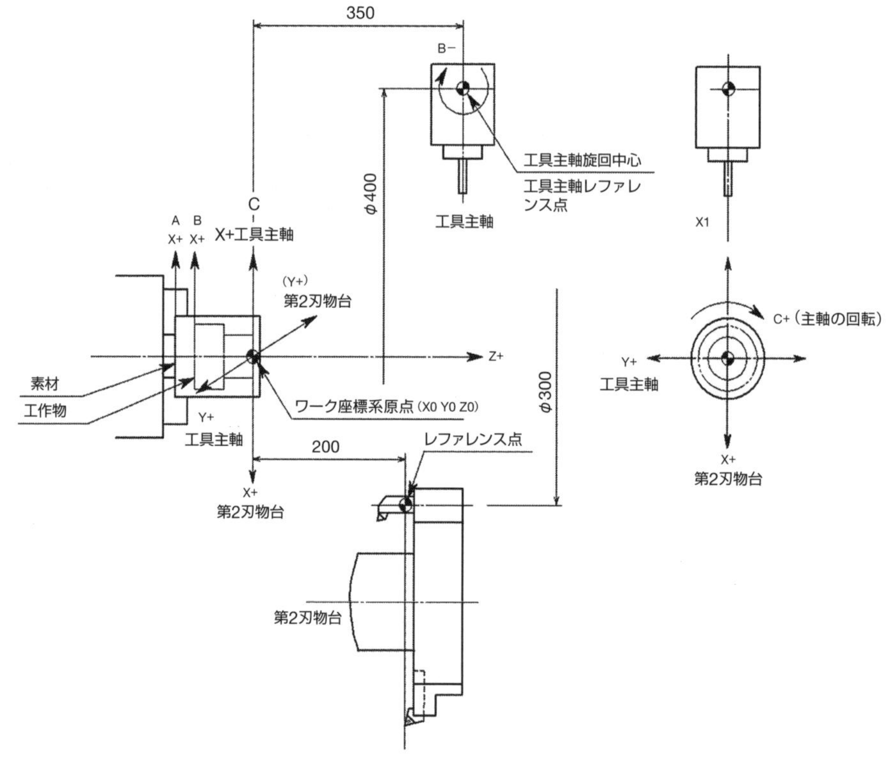

図4.4　ワーク座標系の原点位置

を位置決めする機能だけであり，割出し角度を微細に制御して加工を行なうことはできない．B軸のアドレスはBで，アブソリュート指令のみである．

4.3　ワーク座標系の原点位置

ワーク座標系を決定することを「ワーク座標系設定」ということは前に述べたが，その原点の位置は機械メーカーや企業内において，**図4.4**のようにいろいろな位置に設定されている．A面は爪の基準端面，B面は工作物の仕上がり後面，C面は仕上がり前面に設定した例である．一長一短はあるが，この本ではCの位置，つまり「工作物の仕上がり前面」に設定することにする．

X，Y，Z軸の交点をワーク座標系原点といい，この座標値は（X0，Y0，Z0）となる．工具主軸の場合も第2刃物台の場合もこの点が原点となり，アブソリュート指令の場合はすべての工具の座標値はこの点を起点として求める．インクレメンタル指令の工具の移動方向は**図4.4**に従う．

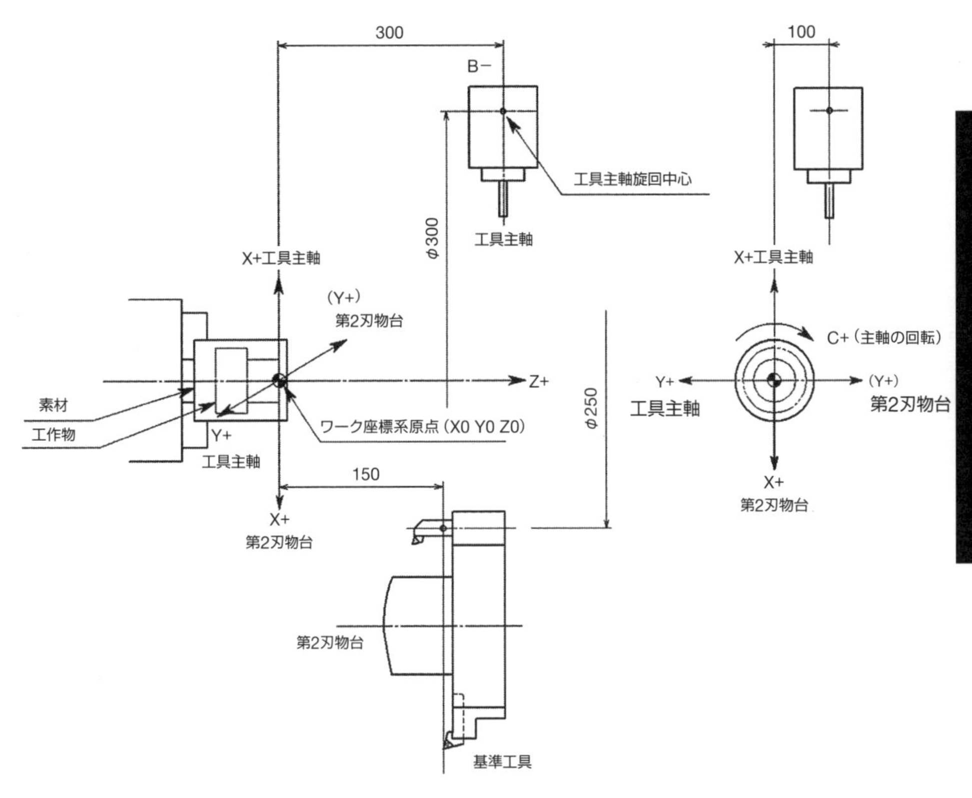

図4.5 G50によるワーク座標系設定例

4.4 ワーク座標系の設定方法

前項でワーク座標系の原点を工作物の仕上がり前面に設定することにしたが，設定方法にはG機能を用いる．つまり，G機能一覧表のG50とG54 ～ G59がワーク座標系設定の機能である．

ワーク座標系設定は工具が移動する前に完了しておかなければならないので，プログラムの先頭に指令される．

(1) G50によるワーク座標系設定

プログラムの先頭で，

G50 X＊＊＊　Y＊＊＊　Z＊＊＊；

と指令することによって，X，Y，Zの工具の現在位置から見て各軸のマイナス方向＊＊＊にワーク座標系原点が設定される．工具のスタート点は必ずしもレファレンス点である必要はなく，任意の位置からスタートすることができる．

一度ワーク座標系原点が設定されると，工具はその原点を起点とした座標値で移動する．

[G50による指令例]

図4.5における各軸の位置の場合のワーク座標系設定は次のように行なう．

①工具主軸の旋回中心位置が**図4.5**の場合

G50　X300.0 Y－100.0 Z300.0；

②第2刃物台の基準工具が**図4.5**位置にあるとき．この場合は基準工具によるワーク座標系設定を行なう．直径方向の座標値は内径工具の中心位置とする．

G50 X250.0 Z150.0；

第2刃物台のY軸は存在しないので指令の必要はない．

③C軸のワーク座標系設定

C軸のレファレンス点（原点）は主軸のあらかじめ決められた角度の位置に設定されており，G機能の指令によってC軸のレファレンス点に位置決めされる．

通常は次のように指令するのが多い．

G28 H0；・・・・・・・・・・・・C軸のレファレンス点復帰

G50 C0；・・・・・・・・・・・・C軸レファレンス点で座標系設定

この指令によってC軸はレファレンス点に復帰し，その後G50　C0；の指令でワーク座標系を設定する．その他に次のように指令する場合もある

G28 H0;・・・・・・・・・C軸のレファレンス点復帰

G00 H50.0；・・・・・・・インクレメンタル指令で50°に回転

G50 C0；・・・・・・・・・50°の位置をC0に設定

まずC軸のレファレンス点復帰を行ない，さらにその位置からインクレメンタル角度で50°回して，その位置をG50 C0；の指令で0°に設定する例である．

なお，G28はレファレンス点復帰のG機能である．

(2) G54～G59　ワーク座標系選択による方法

G54～G59のワーク座標系選択G機能により，6つのワーク座標系が選択できる．NC装置には**図4.6**に示すワーク座標系選択画面があって，G54～G59の6つの座標系を選択することができる．この座標系の数値は，各軸のレファレンス点からワーク座標系原点までの座標値を機械座標系で表わしたもので，各軸のレファレンス点の座標値をゼロとしたときのワーク座標系原点の機械座標値

ワーク座標系			
共通	G54	G55	G56
X 0.000	X －400.000	X 0.000	X －300.000
Z 0.000	Z －350.000	Z 0.000	Z －200.000
C 0.000	C 0.000	C 0.000	C 0.000
Y 0.000	Y 0.000	Y 0.000	Y 0.000
B 0.000	B 0.000	B 0.000	B 0.000
	G57	G58	G59
	X 0.000	X 0.000	X 0.000
	Z 0.000	Z 0.000	Z 0.000
	C 0.000	C 0.000	C 0.000
	Y 0.000	Y 0.000	Y 0.000
	B 0.000	B 0.000	B 0.000
形状	摩耗	ワーク座標系	

図4.6　G54～G59ワーク座標系選択画面

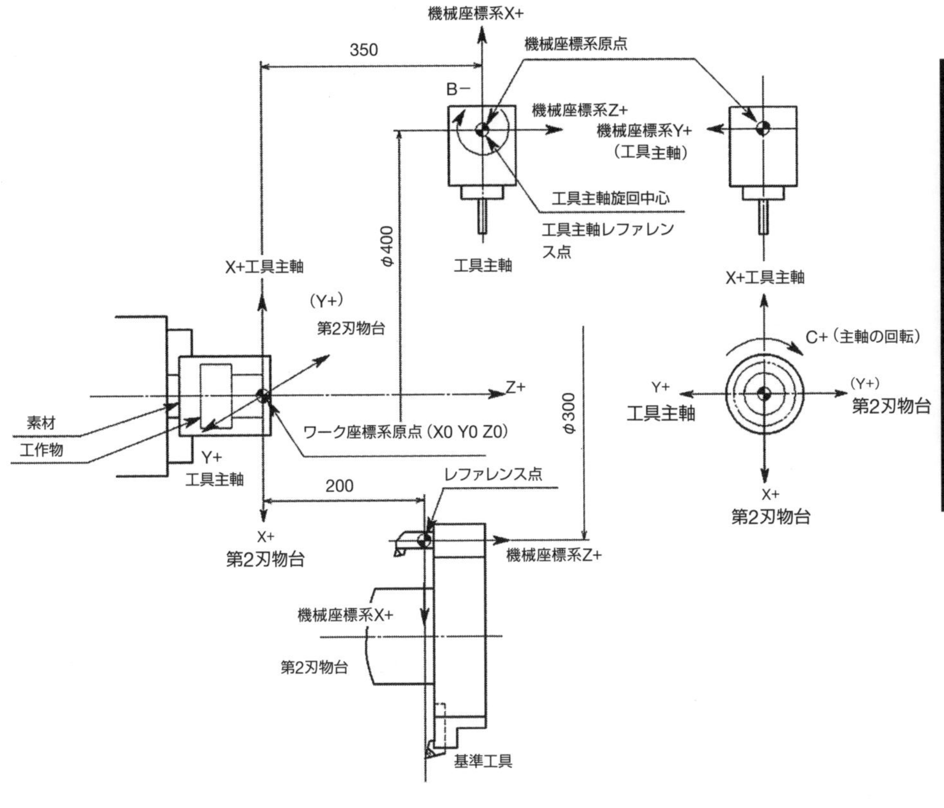

図4.7　G54～G59ワーク座標系設定例

を表わす．

いま工具主軸，第2刃物台ともにレファレンス点が**図4.7**に示す位置にあるとし，工具主軸のワーク座標系をG54，第2刃物台のワーク座標系をG56とした場合，工具主軸の機械座標系原点からみたワーク座標系の原点は，X－400.0，Y0，Z－350.0，また第2刃物台の機械座標系原点から見たワーク座標系原点はX－300.0，Z－200.0となる．この場合，Yの座標値は考慮する必要はない．

加工に入る前に，これらの機械座標系に基づいた座標値をあらかじめワーク座標系選択画面に入力しておかなければならない．**図4.6**のG54には工具主軸の機械座標系の座標値，G56には第2刃物台の機械座標値が入力されている状態を示す．

工具主軸の工具がスタートする前に，G54を指令することによってワーク座標系原点が設定され，加工時の工具の移動はワーク座標系原点を起点とした座標値で行なわれる．第2刃物台も同様にG56を指令することによってワーク座標系原点が設定され，この原点を起点とした座標値で工具が移動する．

工具主軸のプログラムは次のように指令する．

G54；・・・・・・・・・・・・G54選択

G43 H1.；・・・・・・・・・・工具補正有効，工具補正番号1

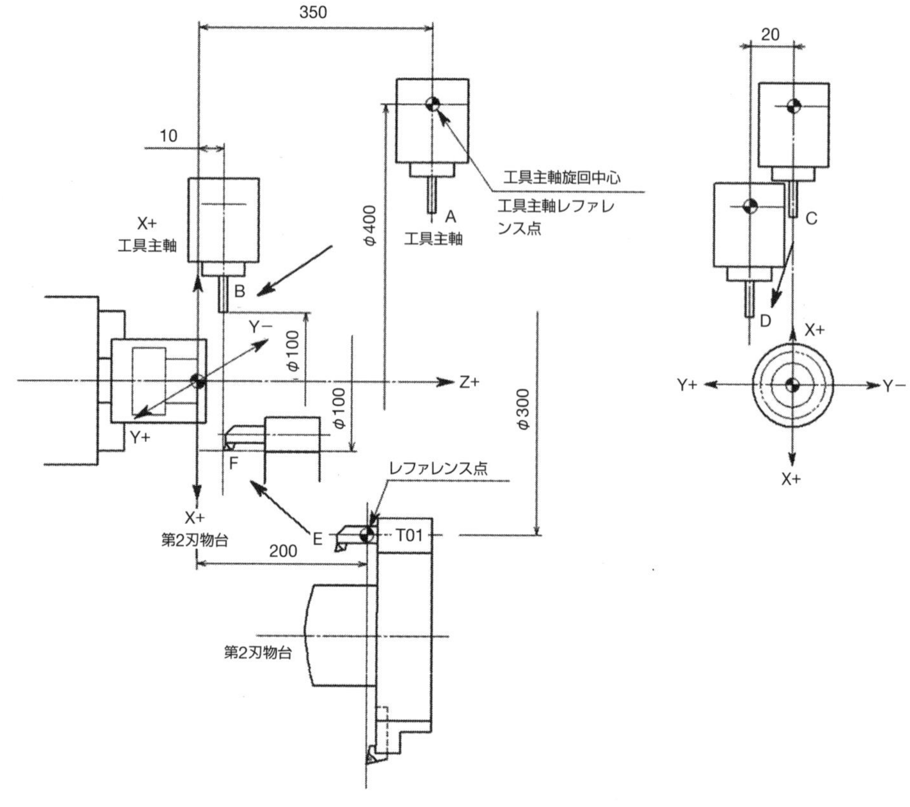

図4.8　G54,G56 移動例

G00 X100.0 Y20.0 Z10.0;・・G54のワーク座標系で01番の工具補正量を取り込んで，X100.0，Y20.0，Z10.0へ移動

また，第2刃物台のプログラムは次のように指令する．

G56；・・・・・・・・・・・・・・G56選択

T0101；・・・・・・・・・・・・・工具番号1，工具補正番号1

G00 X100.0 Z10.0；・・・・・・G56のワーク座標系で01番の工具補正量を取り込んでX100.0，Z10.0へ移動

これらの指令によって，**図4.8**に示すように，工具主軸のX，ZはAからBへ，Y方向はCからDへ移動する．また第2刃物台のX，ZはEからFに移動する．

この場合H1およびT01の補正番号欄に工具補正量が入力されていなければならないのはもちろんである．

本書におけるワーク座標系設定は，G54 ～ G59を使って行なうこととする．

4.5　機械座標系

機械座標系とは，X，Y，Z軸のレファレンス点を基準とした座標系をいい，レファ

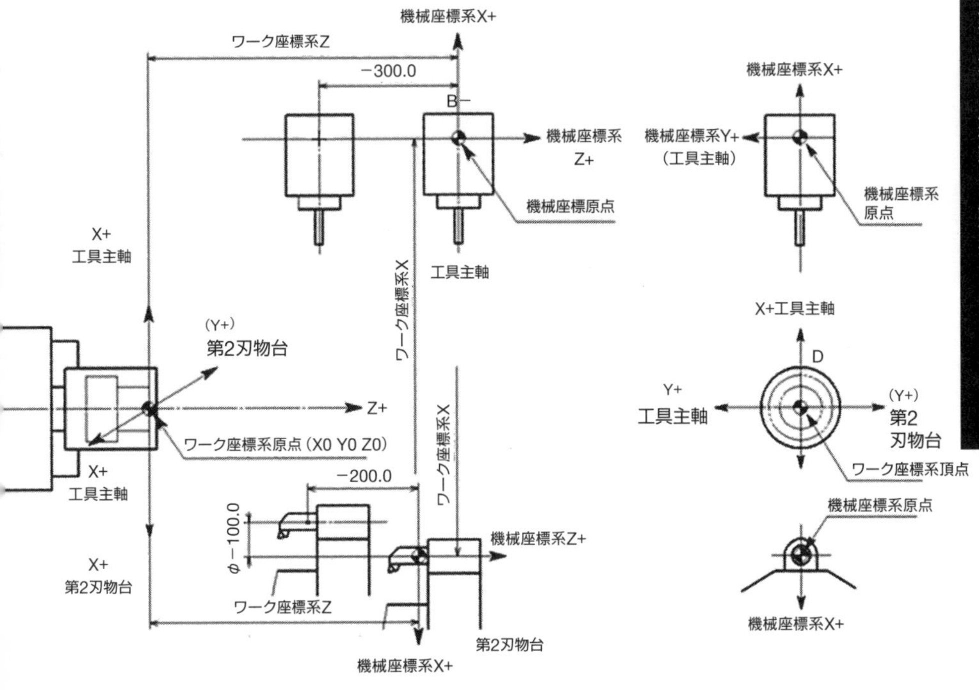

図4.9　G53による工具移動例

レンス点での座標値はX0, Y0, Z0となる．機械座標系で工具を移動する場合にはG53を使い，次のように指令する．

G00 G53 X____Y____Z____；

[指令例]

工具主軸の移動を次のように指令したとする．

G00 G53 X0 Y0 Z－300.0；(工具主軸側)

G00 G53 X－100.0 Z－200.0；(第2刃物台側)

この指令によって**図4.9**のように，早送りの速度で，工具主軸側はZだけレファレンス点から－300.0mmの位置に，第2刃物台側はXが－100.0mm，Zが－200.0mmに移動する．この本の場合は第2主軸側のY軸は存在しないので，第2主軸側のYの指令は不要である．

4.6　3次元座標変換　G68.1，G69.1

3次元座標変換は，B軸をある角度に旋回し，側面あるいは端面の斜面加工や穴あけ加工を行なうための機能である．

G68.1・・・・・3次元座標変換

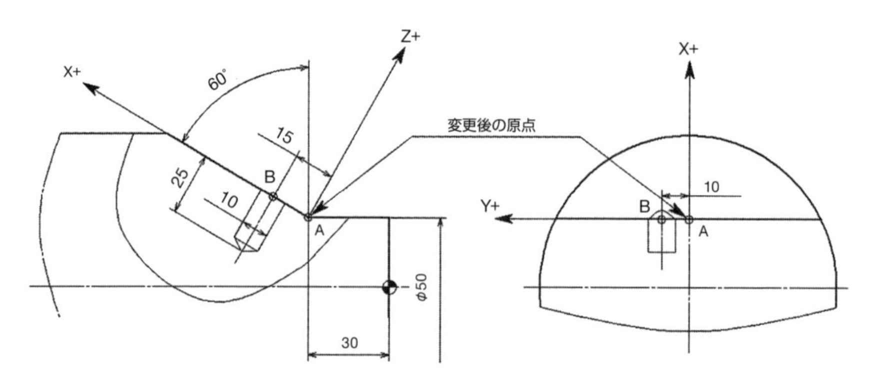

図4.10　3次元座標変換後の座標系

G69.1・・・・・3次元座標変換キャンセル

(1) 指令

G68.1　X____Y____Z____I0____J1____K0____R____；

X，Y，Z：回転中心の座標値，アブソリュート指令

I0，J1，K0：I，J，KはそれぞれX，Y，Zのアドレスに相当する．J1の指令でY軸を回転軸に選択

R：回転角度，R=90+（B軸角度）．たとえばB－30.0の時はR=90－30＝60.0となる．

たとえばG68.1の指令を下記のようにした場合，座標系変換後の座標系は**図4.10**のようになる．

[指令例]

B－30.0で加工するときの指令

G68.1　X50.0　Y0　Z－30.0　I0　J1　K0　R60.0；

この指令により，回転中心の座標値はX50.0　Y0　Z－30.0の点（A点）であり，こ

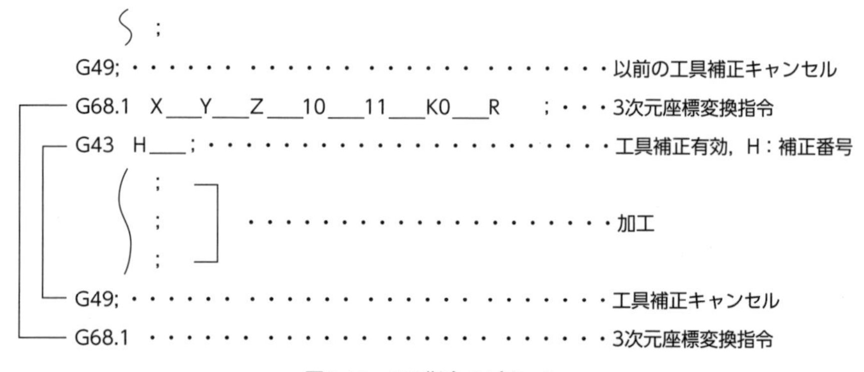

図4.11　NC指令のパターン

の位置が変換後の原点となる．この座標値においてY軸を回転中心として60.0°傾いた斜面が形成され，この斜面の加工平面がX-Y平面となる．さらにこの平面に直角な方向にZ軸がつくられる．これ以降のプログラムはマシニングと同じように原点を起点としたX，Y，Zのプログラムになり，穴の深さなどは斜面からの深さになる．たとえば，**図4.10**のϕ10の穴の位置はX15.0　Y10.0となり，穴の深さはZ－25.0となる．

(3) 指令のパターン

指令は，**図4.11**に示すプログラムのパターンで行なう．

3次元座標変換を行なう場合は，3次元座標変換ON/OFFの間に工具補正のON/OFFが入れ子になるように指令する．また工具径補正（G40，G41，G42）および穴あけ固定サイクル（G80～G89）の指令はG68.1とG69.1の間で行なう．

第5章 プログラミングの基礎

この本は，一般的なNC旋盤（X，Z軸の2軸制御）のプログラミングの基礎については，すでにマスターされている読者を対象にしている．

そのためNC旋盤のプログラミングの基礎の部分は，拙著「NCプログラミング基礎のきそ（日刊工業新聞社）」を参照して欲しい．

ここでは主に，ターニングセンタ独特のプログラミングについて説明することにする．

機　能		アドレス	入力
プログラムNo.		O	1 ～ 9999
シーケンスNo		N	1 ～ 99999
準備機能		G	0 ～ 999
座標値		X･Y･Z U･V･W･H I･J･K･R A･B･C	－999999.999 ～ +999999.999mm
送り	毎回転	F	0.0001 ～ R/N mm/rev (R：各軸早送り速度，N；主軸回転数)
	毎分	F	1 ～ 50000mm/min
主軸機能		S	5桁
工具機能		T	4桁
補助機能		M	4桁
ドウェル		X, U, P	0.001 ～ 99999.999秒
サブプログラム呼び出し		P	1 ～ 9999
呼び出し回数		P	1 ～ 9999

表5.1　アドレスとその機能

5.1　アドレス

5.1.1　アドレス

ワードを構成するときの英文字のことをアドレスといい，これに続く数字の意味を規定している．

本書で使用するアドレスを**表5.1**に示す．

5.1.2特殊記号

NCのプログラムには，アドレス，

記号	機能	機能の説明
＋	正記号	座標値がプラスの時に指令する．通常プラスの符号は省略できる．
－	負記号	座標値がマイナスの時に指令する．マイナスの指令しない限りすべてプラスとみなされる．
/	オプショナルブロック	別名ブロックデリートまたはスラッシュという．特定のブロックの先頭に「/」を指令しておくと，NC操作盤のブロックスキップON，OFFスイッチにより，この特定のブロックを実行するしかないかを選択できる．
EOB	エンドオブブロック	ブロックの最後に指令する記号で，「；〈セミコロン〉」の記号で表わされることが多い．
ER	エンドオブレコード	プログラムの最後の情報を表わす．「%」の記号で表わすことが多い．
.	小数点	小数点を付加して指令できるアドレスは，座標値，距離，時間などである．小数点を指令できないNCもあるので注意
(	コントロールアウト	注釈部の開始記号．
)	コントロールイン	注釈部の終了記号．(　　　)内の情報はNCにとっては無情報．

表5.2　特殊記号

数字以外にも，いろいろな特殊記号が使われる．主な特殊記号を**表5.2**に示す．

5.2 各ワードの説明

5.2.1準備機能（G機能）

一般にG機能といわれ，Gに続く2または3桁のコードで工具の動きの区分，主軸の回転制御などを準備する．

G***
└──G+2または3桁のコード

準備機能についてはJIS（日本工業規格）で規定されているが，この本で使用している主な準備機能を**表5.3**に示す．この表中00グループのGコードをワンショットGコードといい，指令されたブロックにだけ有効なGコードである．

また00以外のGコードを，モーダルGコードといい，一度Gコードが指令されると同じグループのGコードが指令されない限り，そのGコードの状態が保持されるGコードをいう．

この本では，**表5.3**に基づいて準備機能の説明を行なうことにする．

5.2.2 補助機能（M機能）

一般にM機能といわれ，Mに続く2または3桁のコードで指令する．主軸の回転やコンベアなどを作動させるといった制御盤内のリレーをON/OFFさせる機能で，NC装置にとっては補助的な機能である．

M***
└──M+2または3桁のコード

グループ	Gコード	機　能
01	G00	位置決め
	G01	直線補間
	G02	円弧補間　CW
	G03	円弧補間　CCW
00	G04	ドウェル
	G10	データ設定
	G11	データ設定モードキャンセル
21	G12.1	極座標補間モード
	G13.1	極座標補間モードキャンセル
16	G17	Xp-Yp平面
	G18	Zp-Xp平面
	G19	Yp-Zp平面
00	G28	レファレンス点復帰
	G30	第2，第3，第4レファレンス点復帰
01	G32	ねじ切り
07	G40	刃先R補正キャンセル/工具径補正キャンセル
	G41	刃先R補正左/工具径補正左
	G42	刃先R補正右/工具径補正右
23	G43	工具補正有効
	G49	工具補正無効
00	G50	座標系設定/主軸最高回転速度設定
	G52	ローカル座標系設定
	G53	機械座標系選択
14	G54	ワーク座標系１選択
	G55	ワーク座標系2選択
	G56	ワーク座標系3選択
	G57	ワーク座標系4選択
	G58	ワーク座標系5選択
	G59	ワーク座標系6選択
00	G65	マクロ呼び出し
12	G66	マクロモーダル呼び出し
	G67	マクロモーダル呼び出しキャンセル
04	G68	バランスカットモード
	G69	バランスカットモードキャンセル
17	G68.1	3次元座標変換
	G69.1	3次元座標変換キャンセル
00	G70	仕上げサイクル
	G71	外径，内径荒加工サイクル
	G72	端面荒加工サイクル
	G73	閉ループ切削サイクル
	G75	外径，内径突切りサイクル
	G76	複合形ねじ切りサイクル

表5.3　準備機能

10	G80	穴あけ固定サイクルキャンセル
	G83	端面ドリリングサイクル
	G83.5	端面高速深穴ドリリングサイクル
	G83.6	端面深穴ドリリングサイクル
	G84	端面タッピングサイクル
	G85	端面ボーリングサイクル
	G87	側面ドリリングサイクル
	G87.5	側面高速深穴ドリリングサイクル
	G87.6	側面深穴ドリリングサイクル
	G88	側面タッピングサイクル
	G89	側面ボーリングサイクル
01	G90	外径，内径切削サイクル
	G92	ねじ切りサイクル
	G94	端面切削サイクル
02	G96	周速一定制御
	G97	周速一定制御キャンセル
05	G98	毎分送り
	G99	毎回転送り
——	G361	工具交換指令（機械原点経由）

表5.3　準備機能（続き）

補助機能についても準備機能と同じようにJISで規定されているが，機械の構成や仕様の違いなどによって機械メーカーで独自に決めている場合が多いので，機械メーカーの取扱い説明書を理解する必要がある．この本で使用されている補助機能を**表5.4**に示す．

(1) 主軸起動，停止の補助機能

この本のマシンの主軸には3種類があり，それらの主軸起動，停止の準備機能が異なる（**表5.4**参照）．

（イ）主軸の正転，逆転指令

M03・・・主軸正転

M04・・・主軸逆転

（ロ）工具主軸，回転工具主軸の正転，逆転指令

M13・・・主軸正転

M14・・・主軸逆転

（ハ）主軸停止指令

M05・・・主軸，工具主軸，回転工具主軸の停止

(2) メインプログラムとサブプログラム

NCのプログラムにはメインプログラムとサブプログラムがある．
どちらのプログラムも「O＊＊＊」（プログラム番号)」から始まるが，最後のブロックが「M30」で終わっているプログラムをメインプログラム，「M99」で終わっているプログラムをサブプログラムとして区別される．

プログラムの中で多条ねじ切りや，穴あけ位置を繰返し指令する場合，この繰返しパターンをサブプログラムとして作成し，これをあらかじめNCメモリ内に登録しておき，必要な時にこのプログラムを呼び出して実行させることによってプログラムを簡素化することができるので，この手法をマスターしておきたい．

サブプログラムを実行する場合は次のように指令する．

M98 P△△△△□□□□；

M98　　：サブプログラム呼び出し指令

△△△△：サブプログラム繰り返し回数

□□□□　：サブプログラム番号

コード	機能	詳細
M00	プログラムストップ	プログラムが停止し，機械も一時停止する．起動ボタンにより機械は再起動するが，主軸，クーラントは停止しているので，以降のブロックにM03，M08などの指令が必要．
M01	オプショナルストップ	「オプショナルストップ」ボタンが有効のとき，プログラムが停止し，機械も一時停止する．無効の場合この機能は無視され，次のブロック以降の指令を実行する．起動ボタンにより機械は再起動するが，主軸，クーラントは停止しているので，以降のブロックにM03,M08などの指令が必要．
M02	エンドオブプログラム	機械のすべての動作が停止し，NCはリセットの状態になる．
M03	主軸正転	主軸が時計方向に回転する．
M04	主軸逆転	主軸が反時計方向に回転する．
M05	主軸/工具主軸/回転工具主軸（第2刃物台）停止	主軸，工具主軸，回転工具主軸の回転が停止する．
M08	クーラントON	クーラントが吐出する．
M09	クーラントOFF	クーラントが停止する．
M13	工具主軸/回転工具主軸（第2刃物台）正転	工具主軸/回転工具主軸が時計方向に回転する．
M14	工具主軸/回転工具主軸（第2刃物台）逆転	工具主軸/回転工具主軸が反時計方向に回転する．
M19	主軸定位置停止指令（主軸）	あらかじめ決められた角位置で主軸が停止する．ワークの受け渡しなどで使用される．
M23	チャンファリングON	ねじ切りサイクル（G76，G92）で，切上げ角45°の自動切上げを行なう．切上げの長さはパラメータで設定する．
M24	チャンファリングOFF	チャンファリングを必要としないときはM24を指令する．
M25	心押台前進/心押軸出	心押台前進/心押軸出し機能の仕様に使用．
M26	心押台後退/心押軸入	心押台後退/心押軸入り機能の仕様に使用．
M30	エンドオブデータ	機械のすべての動作が停止し，NCはリセットの状態になる．さらにプログラム画面のカーソルがプログラムの先頭に戻る．通常，プログラムの最後にはM30を指令する．
M33	工具収納	工具主軸を空にする．
M45	C軸接続	主軸が旋削モードからC軸モードに切り替わる．
M46	C軸接続解除	主軸が旋削モードから旋削軸モードに切り替わる．
M68	主軸ブレーキクランプ	主軸がC軸モードから旋削モードに切り替わる．
M69	主軸ブレーキアンクランプ	回転工具主軸が停止している状態で，主軸のブレーキをアンクランプする．
M90	第1主軸/工具主軸同時運転モードON	
M91	第1主軸/工具主軸同時運転モードOFF	
M98	サブプログラム呼び出し	メインプログラムからサブプログラムへ移行する．
M99	サブプログラム終了	サブプログラムからメインプログラムへ復帰する．メインプログラム中に指令すると先頭に戻る．
M100 ～197	待合わせ	工具主軸側と第2刃物台の各下項プログラムに同じ待ち合わせMコードを指令することにより，指令したブロックで2つのプログラムを待合わせることが出来る．自動運転中． 一方のプログラムで待ち合わせMコードが指令されると，他方のプログラムで同一のMコードが指令されるのを待って，次のブロックへプログラムがスターとする．
M329	主軸同期式タッピングモードON	工具主軸の回転と送り早さが同期する．

表5.4　補助機能

図5.1に示すように，サブプログラムは通常メインプログラムから呼び出されて実行されるが，そのサブプログラムからさらに第2のサブプログラムが呼び出されて実行する場合もある．メインプログラムから第1のサブプログラムを呼び出すことを「1重呼び出し」，そのサブプログラムから第2のサブプログラムを呼び出すことを「2重呼び出し」などという．

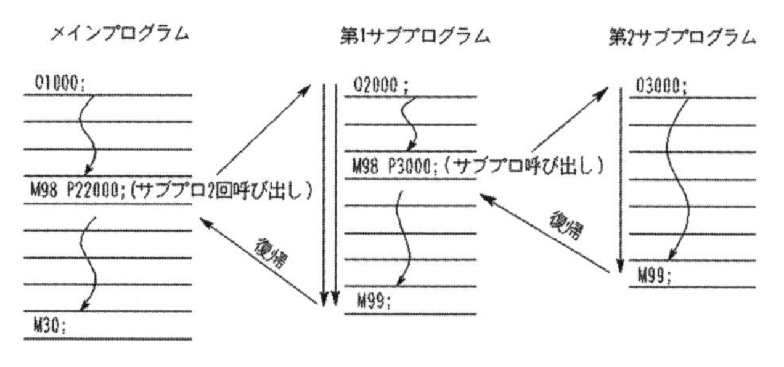

図5.1　メインプログラムとサブプログラム

この図のように，メインプログラムで

M98　P22000；

と指令すると，メインプログラムからサブプログラムO2000が呼び出され，それを2回続けて実行する．

M99は呼び出したプログラムに復帰する指令であり，呼び出したプログラムのブロックの次のブロックに復帰する．

M98，M99の実例は，第11章穴あけ固定サイクルの項に説明しているので参照してください．

(3) 待合わせMコード

ターニングセンタのように，工具主軸側と第2刃物台側の2か所に加工工具が取付けられる機械において，工具主軸側の工具と第2刃物台側の工具が同時に加工する場合と，お互いの工具の干渉を避けるため片方だけの工具で加工する場合がある．片方だけで加工する場合は，加工しないほうの工具を待ちぼうけの状態にしておき，加工が終わったら待ちぼうけの工具が発進して加工することが行なわれる．これを「待合わせ」というが，M100～M199を使用する．

ターニングセンタでは，工具主軸台側と第2刃物台側の2種類のプログラムを作成し，自動運転の時は両プログラムが同時にスタートする．自動運転中，一方のプログラムで待ち合わせのMコードが指令されると，他方のプログラムで同一のMコードが指令されるのを待って，

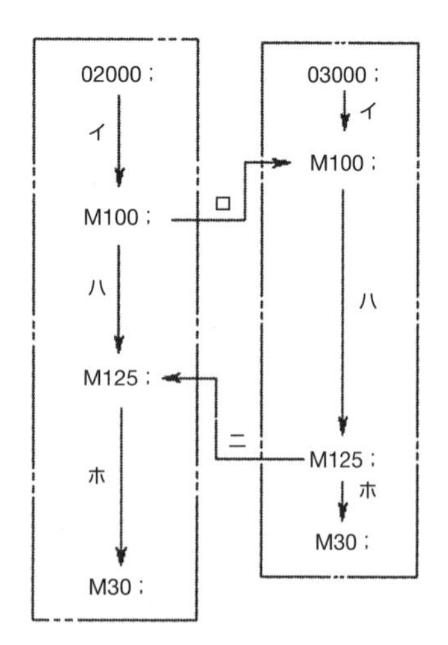

図5.2　待合わせ

次のブロックを実行するのである.

したがって**図5.2**のように待合わせMコードを使って，それぞれの工具のスタート時期をコントロールするのである.

図5.2において，O2000とO3000のプログラムが同時にスタートし，図中「イ」を実行する．O3000側のM100ブロックで一時停止するが，O2000側のM100の指令でO2000, O3000のプログラムが再スタートし「ハ」を実行する．O2000側はM125ブロックで一時停止するが，O3000側のM125の指令でO2000，O3000が再スタートして「ホ」を実行し，M30でプログラムが終了する.

5.2.3主軸機能（S機能）

一般にS機能といわれ，主軸の回転数や工作物の切削速度および工具主軸の回転数，第2刃物台の回転工具主軸の回転数を制御する機能である．Sに続く5桁の数字で，回転数や切削速度（周速ともいう）を直接指令する.

主軸機能は準備機能の種類によって，次のように異なる制御が行なわれる.

(1) G96　周速一定制御での主軸機能

G96モードでの主軸機能は「周速一定制御ON」の機能である．周速一定制御とは，指定された切削速度をつねに一定に維持するよう主軸の回転数を制御することであり，Sの単位は毎分あたりの切削速度（m/min）で表わす．この本では主軸の回転制御にこの機能が適用され，工具主軸には適用されない.

G96モードでは現在の刃先のX座標値をもとに，式①により回転数が自動的に計算され，指令された切削速度に一致するよう連続的に回転数が制御される.

[指令例] G96　S200；・・・周速200m/min

［回転数の計算式］

$$N = \frac{1000 \times V}{\pi \times D} \quad \mathrm{min}^{-1} \cdots\cdots ①$$

N：主軸回転数　min^{-1}

V：周速　m/min

D：工具刃先のX座標値　mm

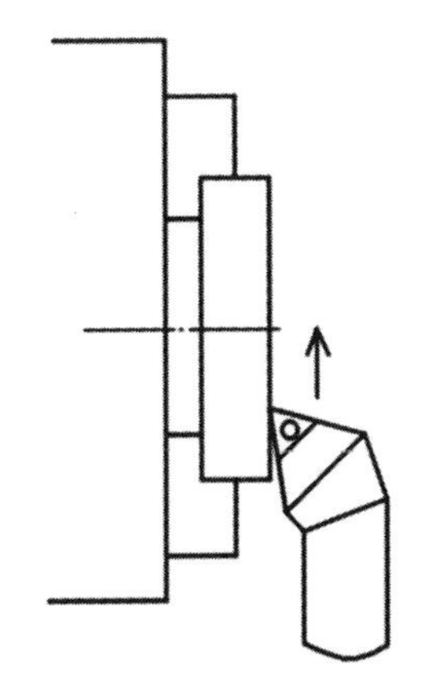

図5.3　端面加工

[参考]

式①を変形して，周速を求める式は式②となる.

$$V = \frac{N \times \pi \times D}{1000} \quad \mathrm{m/min} \cdots ②$$

通常，**図5.3**のように外周から中心に向かって，回転数を一定にして端面加工を行なった場合，式②によりDが次第に小さくなるとVも小さくなり，中心付近がむしれたような粗い面に加工される.

これは刃先が中心に近づくに従って，周速（切削速度）が小さくなるからである.

これを解消するため，切削速度を一定に維持するよう回転を制御させるのがG96の機能である．この例では，式①によって刃先が中心に向かうに従って回転数が徐々に上昇するのである．

(2) G97　周速一定制御キャンセルでの主軸制御

G97モードでの主軸機能は「周速一定制御キャンセル」の機能であり，指定された主軸回転数で回転することである．Sの単位は毎分あたりの回転数（min^{-1}）で表わす．この本では，主軸，工具主軸に適用される．

［指令例］ G97　S1000；・・・・・主軸回転数1000min^{-1}

(3) G50　主軸最高回転速度設定での主軸制御

G50モードでの主軸機能は「主軸最高回転数設定」の機能である．Sで指定された数値は，毎分あたりの最高回転数設定値を示す．

［指令例］ G50　S2000；　・・・・主軸の最高回転数を2000min^{-1}に設定．

図5.3の端面加工のように，外周から中心に向かって加工するとき周速一定制御機能を用いて加工すると，式①で計算されるように回転数は次第に上昇し，刃先が工作物の中心，つまり直径値がゼロになったとき回転数は最高になる．工作物をしっかり把持しているときはそれほど問題ないが，工作物が薄肉だったり，チャックの把握力が弱い場合には，工作物がチャックから外れたりして思わぬ事故になりやすい．このような事故を防ぐため，「これ以上回転数を上げたくない」という場合，このG50 の機能で最高回転数を制限するのである．

たとえば，周速一定機能を使い，G50　S2000；と指令しておけば**図5.3**の加工を行なったとき，中心に向かうに従って回転数は上昇するが，計算上2000min^{-1}に達した後の回転数は2000min^{-1}に固定されて中心まで加工されるのである．

(4) 工具主軸の主軸回転数

工具主軸の回転工具による加工において，主軸の回転数はその工具に適する切削速度をあらかじめ決定し，その切削速度から前記式①より回転数を求める．

たとえばφ20のハイスエンドミルでの加工で，切削速度を20m/minとした場合，回転数Nmin^{-1}は次式で求まる．

$$N = \frac{1000 \times V}{\pi \times D} = \frac{1000 \times 20}{3.14 \times 20} = 318 min^{-1} \cdots ②$$

V：切削速度　m/min

D：工具（ここではエンドミル）の直径　mm

5.2.4　送り機能（F機能）

G01（直線補間）やG02，G03（円弧補間）などの指令で加工する場合には，必ず工具の送り速度を指定しなければならない．送り速度の指令は次のように，Fに続けて送り量を指定する．

[指令例]　F0.3　・・・・・送り速度0.3mm/rev（rev：回転の略）

F100　・・・・・送り速度100mm/min

送り速度を表わす場合，準備機能（G機能）によって，主軸の1回転あたりの送り量を表わす場合と，工具の1分間あたりの送り量で表わす場合の2通りがある．

旋削工具での加工のときは，主軸の1回転あたりの送り量を指定し，工具主軸や回転工具主軸による穴あけ，フライス加工などの時には工具の毎分あたりの送り量を指定しなければならない．

(1)　G98モードでの送り量指令

直線軸のG98モードでの送り量は「毎分あたりの送り量」を示し，単位はmm/minである．主軸の回転数に関係なく，1分間あたりの送り量を指令する．小数点を指令する必要はない．

[指令例]　毎分あたり100mmで送る場合

G98　F100；

工具主軸や回転工具主軸による穴あけ，フライス加工などの送り量に使用される．

[参考]　毎分あたりの送り量の計算

毎分あたりの送り量を決定するのに，通常最適な工具の1回転あたりの送り量を決め，これから毎分あたりの送り量を計算することが多い．計算は次式で求める．

F＝工具1回転あたりの送り量×工具の毎分あたりの回転数・・・・・③

[例]　工具1回転あたりの送り量が0.12，工具の毎分あたりの回転数が1000min^{-1}の場合，

F＝0.12×1000＝120mm/min　となる．

[参考]　C軸の回転速度

主軸のC軸の回転速度を指令するときはG98による送り速度を指令する．送り速度の単位は毎分あたりの回転角度（°/min）で表わす．

[例]　毎分あたり100°で送る場合には，G98　F100；

(2)　G99モードでの送り量指令

G99モードでの送り量は「主軸1回転あたりの送り量」を示し，小数点を付けて指令する．単位はmm/revとなり，revは「回転（revolution）」の略である．

[指令例]　主軸1回転あたり0.3mm/revで送る場合

G99　F0.3：

NC旋盤の旋削加工では，通常この送り量が使用される．

通常のNC旋盤では，電源を投入したときG99の状態になっているので，加工の種類に

```
〈G99モード〉
G01　X100.0 Z0 F0.2；  ─┐
Z−20.2；                ├─ 送り0.2mm/rev
X130.0；               ─┘
X150.0　Z−50.0　F0.1；　・・・送り0.1mm/revに変更
G00　X200.0　Z200.0；
M01；
```

図5.4　送り速度指令

よってG98，G99を適宜変更しなければならない．

送り機能はモーダルなので，**図5.4**のように一度指令されると次に変更されない限り前の指令が有効となる．

5.2.5　B軸機能

このターニングセンタには，工具主軸を旋回させるB軸がある．B機能とは工具主軸の割出角度をアドレスBで指令することにより，B軸がアンクランプ（旋回できるようにブレーキを解除する）され，B軸の割出し動作を行なった後，B軸がクランプ（B軸の旋回にブレーキを掛ける）される．ただし，本機における割出し角度は標準仕様の1°割出しなので，ブレーキは存在せず，カップリング（歯車継手）でクランプするようになっている．

B軸の旋回範囲は－120°～＋120°であり，早送りでのみ指令が可能である．

［指令例］　－90°の位置に旋回する場合は

G00　B－90.0；　・・・・・・Bはアブソリュート指令

と指令する．

5.2.6　C軸機能

工具主軸や回転工具主軸の穴あけ工具などを使って，工作物の側面や端面に穴あけ加工を行なう時は，主軸を指定の位置に割出さなければならない．この場合はC軸を指令して割出しを行なう．本機におけるC軸制御の最小設定単位は0.0001°で微細に連続制御され，任意の角度に割出すことができる．

［指令例］　早送りでC120.05°に割り出すときには，次のように指令する．

```
  ∫
M05；・・・・・・・・・・主軸の回転停止
M45；・・・・・・・・・・主軸のC軸接続
G28　H0；・・・・・・・C軸原点復帰
G00　C120.05；・・・・早送りでC120.05°割出し
（M68；・・・・・・・・・主軸ブレーキクランプ）
  ∫          ・・・・・ミリング加工
（M69；・・・・・・・・・主軸ブレーキアンクランプ）
M46；・・・・・・・・・・主軸のC軸接続解除
  ∫
```

・C軸を接続する前には必ず主軸を停止する．

・主軸のC軸接続後はC軸の原点復帰を行なう．

・必要があれば，ミリングなどの加工前に主軸にブレーキをかけ主軸を固定する．

・加工終了後，ブレーキをアンクランプし，C軸の接続を解除する．

5.2.7　工具機能（T機能）

一般にT機能といわれ，工具の選択と工具の位置補正を行なう機能である．工具の位置補正には工具形状補正と工具摩耗補正の2種類があり，**図5.5**に示すように，ワーク座標系に対して工具の取付け誤差があった場合，その工具の取付け誤差を補正する機能を工具形状補正，工具刃先の摩耗による寸法精度を補正する機能を工具摩耗補正としている．工具形状補正量と工具摩耗量が入力されていた場合，同時に補正量を読込んで補正される．

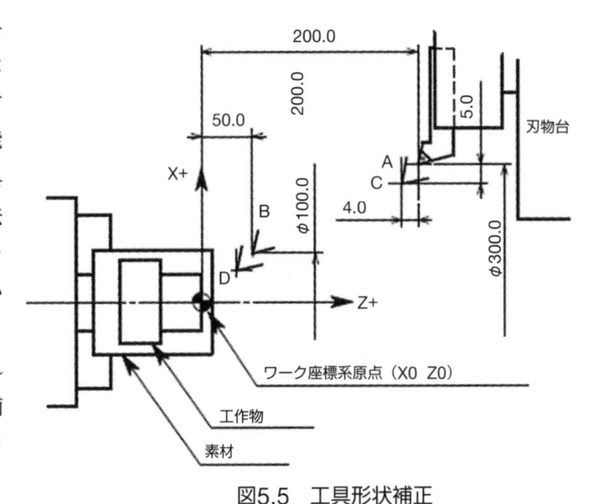

図5.5　工具形状補正

5.3　工具補正の方法

工具形状補正と工具摩耗補正の方法として，次の2方法がある．

(1) 工具の移動によって補正する方法．

(2) 工具は動かずに工具の座標値を変更する方法．

5.3.1　工具の移動によって補正する方法

NC旋盤の工具本数は10本以上のため，ほとんどのNC旋盤ではTに続く数値を4桁にし，前の2桁で工具選択，後の2桁で工具補正番号を選択する．

たとえばT0404；と指令したとき，前の04は工具番号，後ろの04は工具補正番号を示す．

いま，**図5.5**においてG54のワーク座標系設定にA点の座標値X－300.0 Z－200.0が入力されていたとき，実際に取付けられた刃先点がC点であるとすると，Xはプラス10mm，Zはプラス4mmがずれ量，つまり補正量となる．したがって補正番号04に入力されている補正量は，具体的には工具形状補正画面には**図5.6**に示す数値が入力されている．

工具形状補正

X，Zの工具補正量 →（04）

番号	X軸	Z軸	Y軸	半径	T
01	0.000	0.000	0.000	0.000	0
02	0.000	0.000	0.000	0.000	0
03	0.000	0.000	0.000	0.000	0
04	10.000	4.000	0.000	0.000	0
05	0.000	0.000	0.000	0.000	0
06	0.000	0.000	0.000	0.000	0
07	0.000	0.000	0.000	0.000	0
08	0.000	0.000	0.000	0.000	0
09	0.000	0.000	0.000	0.000	0
10	0.000	0.000	0.000	0.000	0

図5.6　工具形状補正画面

この例では

T0400；・・・・・・・・・・・・・・・・・・T04の工具呼び出し，補正番号00

G00　G54　X100.0　Z50.0　T0404；・・・・G54に対して04の工具補正量をかけてX，Z移動

と指令したとき，G54のワーク座標系に対してX方向に10.0mm，Z方向に4.0mmの距離を補正すれば，C点からスタートした工具が指令点（B点）に移動するのである．この場合のG54にはX－300.0 Z－200.0という数字が入力されていなければならない．

工具の移動によって補正する場合は，工具を補正量以上動かすことが必要である．

5.3.2　工具は動かずに工具の座標値を変更する方法

図5.7は**図5.5**のワーク座標系原点からC点の座標値（刃先位置）を記載したものである．C点の正確な位置はX－290.0，Z－196.0であるから，C点から見たワーク座標系の原点位置は機械座標系におけるX－290.0，Z－196.0となる．この数値を**図5.8**に示す工具形状補正画面に入力しておき，

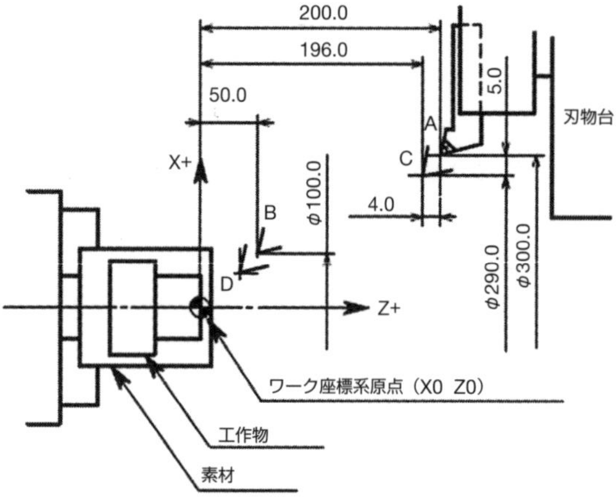

T0404;

を指令することによって，T04の工具が選択され，同時にNC装置は補正番号04のX，Z補正値を読み込んで，C点の座標値をX290.0，Z196.0に変更するのである．したがって，

図5.7　ワーク座標系設定

工具形状補正

番号	X軸	Z軸	Y軸	半径	T
01	0.000	0.000	0.000	0.000	0
02	0.000	0.000	0.000	0.000	0
03	0.000	0.000	0.000	0.000	0
04	-290.000	-196.000	0.000	0.000	0
05	0.000	0.000	0.000	0.000	0
06	0.000	0.000	0.000	0.000	0
07	0.000	0.000	0.000	0.000	0
08	0.000	0.000	0.000	0.000	0
09	0.000	0.000	0.000	0.000	0
10	0.000	0.000	0.000	0.000	0

X，Zの工具補正量

図5.8　工具形状補正画面

これ以降のプログラムの指令はこのワーク座標系をもとに決定されるので，NC装置のポジション（現在位置）画面に表示される座標値はそのまま工具の位置を示すことになり，現在の工具の位置が分かりやすい．つまりB点に移動するとき

T0404；・・・・・・・・・・・T04工具を呼び出し，同時にワーク座標系設定

G00　X100.0　Z50.0；・・・・X，Zの移動

を指令することによって指令値されたX，Zの位置に移動し，ポジション画面の数値はX100.0，Z50.0を示すのである．摩耗補正量が付加されていても，工具補正量を読込むときに形状補正量と摩耗補正量を同時に読取って工具の正しい座標値に変更される．

このように工具補正の方法に2つ方法があるが，この本では「(2) 工具は動かずに工具の座標値を変更する」方法で説明する．

5.4　工具補正機能の指令

この本におけるターニングセンタの刃物台は，回転工具を主体とする工具主軸と旋削工具を主体とする第2刃物台により構成されている．

工具主軸には1本の工具が取り付けられて加工が行なわれる．この工具はマガジン(工具格納装置）と呼ばれる装置に格納され，ATC（工具交換装置　Automatic　Tool Changer）と呼ばれる装置によって工具主軸に取付けられる．マシニングセンタと同じように，工具が変わるごとに工具交換が行なわれる．一方第2刃物台は12角のタレット形であり，工具の交換はタレットの割出しによって行なわれる．したがって，工具主軸と第2刃物台の工具補正の方法は同じであるが，工具主軸と第2刃物台の工具選択および工具補正の指令は次のように異なる．

5.4.1　工具主軸の工具選択と工具交換指令および工具補正

① T□□□□；　・・・・・・マガジン側の工具交換位置にT□□□□の工具が呼び出される．

② G361　B□□□　D□；　・・工具主軸に付いている工具とT□□□□の工具を交換する．

③ G43　H□□□　T□；　・・工具補正番号H□□□の補正量，仮想刃先点T□の番地で工具補正が行なわれる．

④ G49　・・・・・・・・・・・工具補正を無効にする．

[説明]

①Tに続く4桁の数字は工具番号表わす．

マガジンのポット番号に1000～9999の番号を登録しておき，T□□□□；の指令によって工具が選択され，マガジン内の工具交換位置に待機する．

②G361・・・・「工具交換指令」のGコード．

G361を指令すると「X，Z軸のレファレンス点復帰➡B軸－90°割出し➡工具交換➡X，Y，Z軸レファレンス点復帰➡工具交換後B軸の指令位置に割出し」の一連の動作が行なわれる．

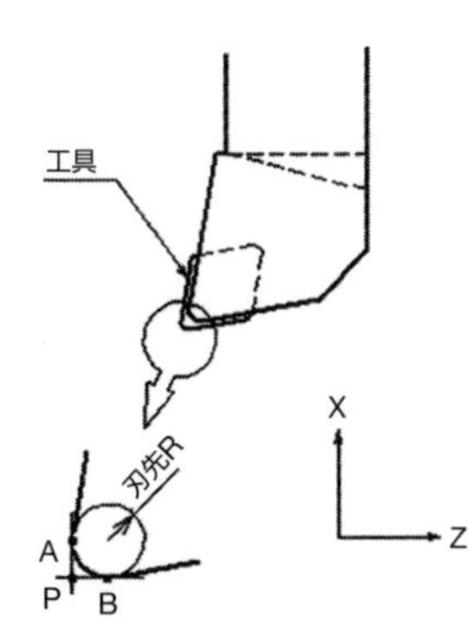

図5.9　刃先Rと仮想刃先点

B.・・・工具交換後のB軸の割出し角度．－120.0°～120.0°の範囲で，小数点付きで指令．Bを省略するとB軸の割出し角度は－90.0°となる．

D.・・・工具主軸に装着された工具の種類．D0.は回転工具，D1.は旋削工具として区別される．小数点付きで指令．

③G43・・・工具補正が有効になる．

H.・・・工具補正番号で，小数点付きで指令．1～240.

T.・・・仮想刃先点の番地（**図5.9**，**図5.10**）がツールプリセッタ（後述）に当てたときの番地と異なる場合に指令する．旋削工具を工具主軸に取り付け，B軸をある角度に旋回させて加工するときに使用する．小数点付きで指令．回転工具が装着されたときはTは不要．

G49・・・・・G43を無効にする．

[指令例]

```
 ∫
T1001;
 ∫
G361  B0.  D1.;
 ∫
G43  H1.  T4.;
 ∫
G49;
 ∫
```

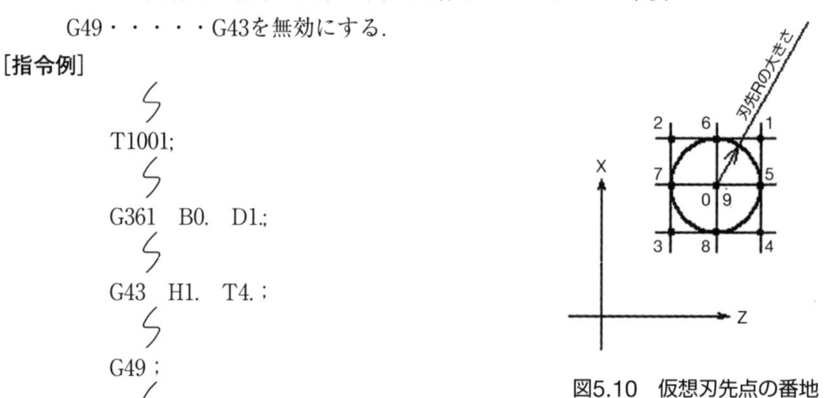

図5.10　仮想刃先点の番地

・T1001；によって工具交換位置に1001番の工具（この場合の工具はD1.の指令だから旋削工具）が呼び出され➡G361によって工具交換が行なわれ➡X，Y，Z軸レファレンス点復帰➡B0の位置に旋回．

・G43によって工具補正番号1のX，Y，Z工具補正量によって正しい座標値が設定され，加工が始まる．この時，T4によって仮想刃先点4が選択される．

・加工終了後G49によって工具補正をキャンセルする．

5.4.2　第2刃物台の工具選択と工具補正

第2刃物台の工具交換は，通常のNC旋盤のタレット形刃物台と同じようにタレット刃物台の旋回によって行なわれる．工具補正も通常のNC旋盤と同様の指令で行なわれ，次のように行なう．

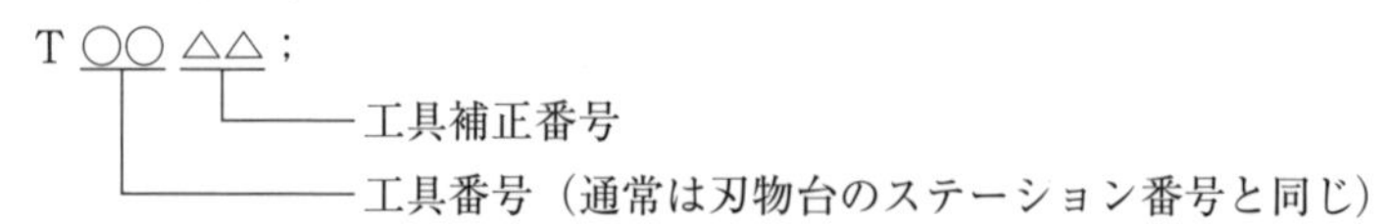

Tに続く4桁の数字で工具の選択と工具補正を行なう．前の2桁で工具選択，後の2桁で工具補正番号を選択する．

○○・・・・工具番号を表し，タレット面は12面だから01～12を選択する．
△△・・・・工具補正番号を表し，01～30組から選択する．
NC装置の△△番に入力されているX，Y，Zの工具形状補正量，工具摩耗補正量，刃先Rの大きさ，仮想刃先点に従って正しい座標値が設定される．

[指令例]

```
 ∫
T0101；
 ∫
```

・01番の工具を呼び出し，01番に入力されている工具形状補正量，工具摩耗補正量，刃先Rの大きさ，仮想刃先点に従って正しい座標値が設定される．

5.5 ワーク座標系設定と工具補正量の関係

前項でワーク座標系の設定は「工具を動かさないで工具の座標値を変更する」と述べたが，実際のワーク座標系設定と工具補正量との関係を，ここで整理してみよう．

工具補正量を求める機材として，**図5.11**のような工具主軸用，第2刃物台用の2つのツールプリセッタが装備されている．アームの先端には工具を接触させるスタイラスがあり，工具補正量を求めるときは工具の先端をスタイラスに当てればよい．工具補正量を求める作業は第13章で述べるので，ここではその仕組みについて述べる．

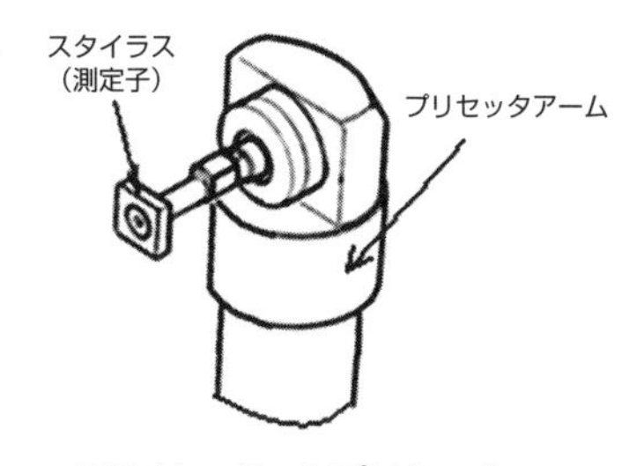

図5.11 ツールプリセッタ

図5.12はワーク座標系と工具補正量の関係を示した図である．

G54～G59のZ値はスタイラスからワーク座標系原点までの距離とする．G54～G59に設定される値はZのみであり，機上で求めなければならならないが，G54～G59のZ値はすでに求められているものとして説明する．

スタイラスの位置を仮のワーク座標系原点とし，この仮の原点を基準として各工具の補正量を求める．Xの補正量はそのままワーク座標系設定値となるが，Z補正量は仮のワーク座標系設定値として求め，G54～G59に設定されたZ値で仮のワーク座標系原点を真のワーク座標系原点（ワーク端面のワーク座標系原点）にシフトするという形をとる．

図Aは工具主軸に旋削工具を取り付けた状態，**図B**は工具主軸に回転工具を取り付けた状態，**図C**は第2刃物台に旋削工具を取り付けた状態を示す．図中PRM・・・はパラメータで設定された既定値，E，F，G，Hは工具をスタイラスに当てたときの移動量を示す．

①第2刃物台側の工具の座標値は，Xは主軸中心から刃先までの距離（X補正量

H+PRM7)，Zはワーク座標系原点から刃先までの距離（Z補正量G+G54 ~ G59のZ値）で設定する．

②工具主軸側の旋削工具の座標値は，Xは主軸中心から刃先までの距離（X補正量L1+PRM6）とNC内部の工具長（L2+PRM1）とB軸の傾斜角度から，Zはワーク座標系原点から工具主軸の旋回中心までの距離（PRM2+G54 ~ G59のZ値）とNC内部の工具長（L2+PRM1）とB軸の傾斜角度からそれぞれ算出して設定される．

③工具主軸に回転工具を取り付けた場合は，上記②のL1がゼロとして算出される．

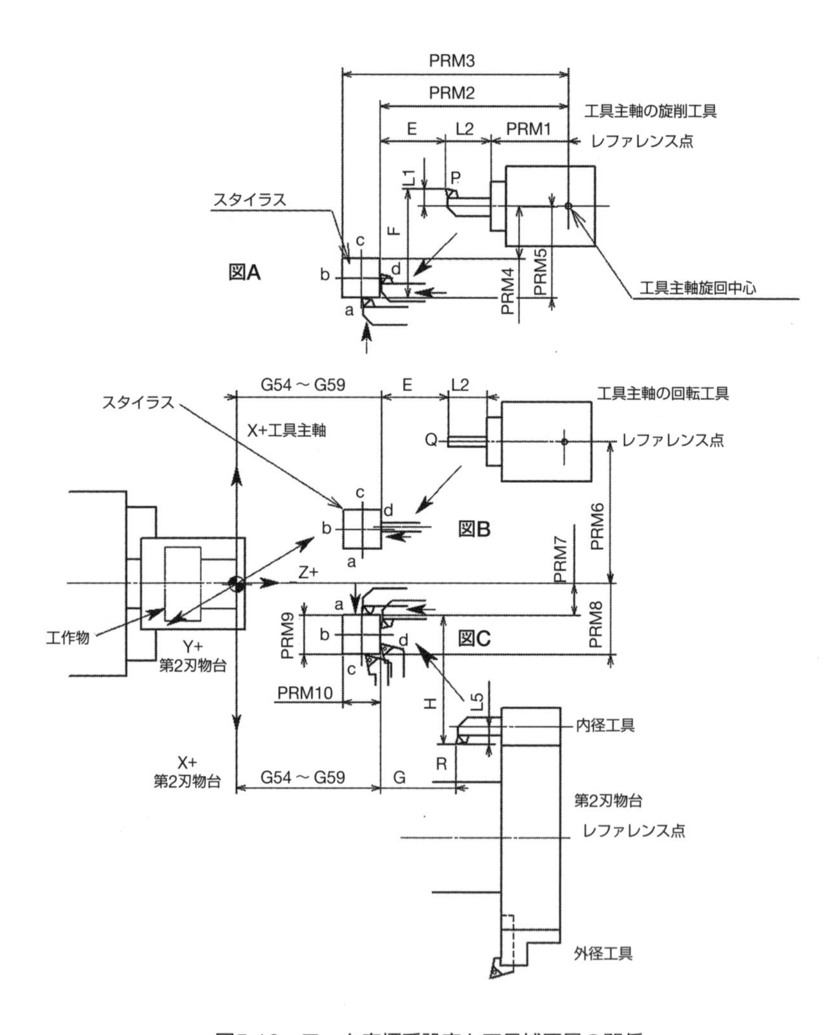

図5.12　ワーク座標系設定と工具補正量の関係

工具主軸側のワーク座標系のZの設定に**図5.12**のPRM1を使用しているのは，**図5.13**のように工具を傾斜して加工する場合，工具の先端位置が変わるので新たな工具位置を表示しなければならないからである．

工具主軸の工具の先端をスタイラスのd面（**図5.12**の**図B**）に当てると工具長L2が入力され，これによってNC内部の工具長（L2+PRM1）が求められ，さらにレファレンス点におけるB軸の傾斜角θから工具先端QのXとZの位置が求められ，これが新たな座標値となるのである．

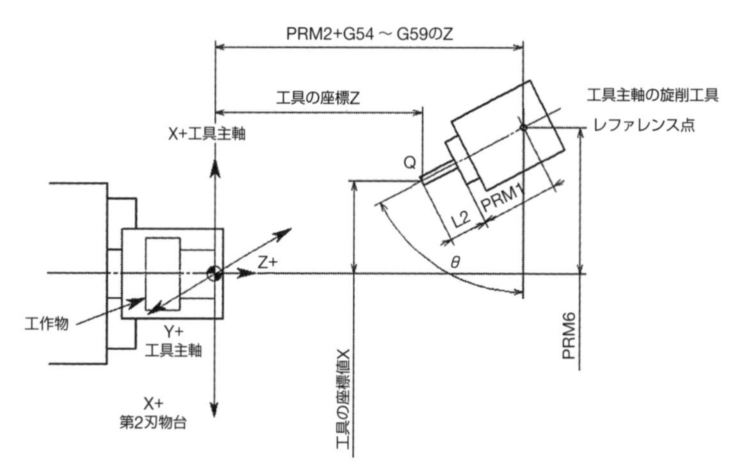

図5.13　工具主軸が傾斜したときの座標値

第6章 基本的な軸の移動指令

基本的な動作軸に対する移動指令の準備機能は，G00（位置決め），G01（直線補間），G02（円弧補間），G03（円弧補間）である．

6.1 位置決め（G00）

G00の指令によりは早送りの速度で移動し，刃物台を工作物に近づけたり，工作物から離すときに指令される．指令は次のように行なう．

G00 X(U)＊＊＊＊ Y(V)＊＊＊＊ Z(W)＊＊＊＊ C(H)＊＊＊＊； X, Y, ZおよびC軸制御．

U, V, W, Hはそれぞれのインクレメンタル指令のアドレス

G00 B＊＊＊＊；・・・・・・・・・・・・・・・・・・・・ B軸制御

CはC軸制御の意味で，C軸制御の使用時に指令する．ここではC軸制御の仕様になっているので，Cのアドレスを使用する．

このG00 X(U) ＊＊＊＊ Y(V) ＊＊＊＊ Z(W) ＊＊＊＊ C(H) ＊＊＊＊ ・・・・の指令によって，前述したワーク座標系にもとづいて，アブソリュート指令の場合に工具は，X，Y，Zの位置へ，また主軸がCで指定された回転角度に旋回する．またインクレメンタル指令の場合は，現在の刃先の位置からX方向にはU，Y方向にはV，Z方向にはWだけ離れた位置に，また主軸がHで指定された旋回角度にそれぞれの早送り速度で移動する．

この時の移動経路は必ずしも目標点である指令点に真直ぐに向かっていくとは限らない．むしろどのような経路をたどるかわからない，といったほうが正しい．したがって，G00で位置決めを指令するときは，工具が心押台やチャックなどと干渉しないように，十分注意する必要がある．

Bは工具主軸のB軸制御の指令で，Bで指令された旋回角度に早送りで旋回する．B軸の位置決めに使われ，指令は単独ブロックで行なう．この本ではB軸の割出角度は，1°なのでBの角度は整数となる．

6.2 直線補間（G01）

直線補間とはG01のG機能を使い，ワーク座標系のX，Y，Z点へ，あるいは現在の位置からU，V，Wだけ離れた点へ，指定された送り速さで工具を直線で移動させることをいう．斜めの移動も直線補間に含まれる．

またC軸制御の仕様では，主軸がCで指定された送り速さで，指定された旋回角度

に旋回する.

指令は次のように行なう.

G01　X(U) **** Y(V) **** Z(W) ****　F**;X, Y, Z軸制御

G01　C(U) ****　F**；　・・・・・・・・・・・・ C軸制御

G01は実際に工作物を直線で，またC軸制御の場合は主軸を旋回して加工する場合の指令なので，送り量の指令を忘れてはならない.

送り量はF機能で述べたように，G98とG99によって送り量の単位が異なるので注意が必要である．旋削の送り量は主軸1回転あたりの送り量（mm/rev），回転工具の送り量は毎分あたりの送り量を指令する．C軸の送り量は,毎分あたりの回転角度（° /min）を指令する.

6.3　円弧補間（G02，G03）

工具を移動させるとき，ワーク座標系で設定された座標系で，現在点（円弧の始点）からX，Y，ZまたはU，V，Wで示された点（円弧の終点）までRを半径とする円弧，またはI，J，Kで示された点を円弧中心として円弧を描かせることを円弧補間という．平面の選択により指令が異なるので注意が必要である.

G機能はG02，G03を用い，次のように指令する.

(1) X－Y平面の場合（G17）

{G02/G03}　X（U）****　Y（V）****{R***/I***}　J***　F**；

(2) Z－X平面の場合（G18）

{G02/G03}　X（U）****　Z（W）****{R***/I***}　I***　K***　F**；

(3) Y－Z平面の場合

{G02/G03}　Y（V）****　Z（W）****{R***/J***}　K***　F**；

円弧指令は次の3つの要素から構成されている.

①G02，G03で工具の旋回方向を決める.

G02：仮想軸（たとえば**図6.1**のようなZ－X平面ではY軸）のプラス側から工具を見たとき，時計回りに旋回させる指令．略してCW（ClockWise:右まわり).

G03：反時計方向に旋回させる指令．略してCCW（Counter Clock Wise:左まわり).

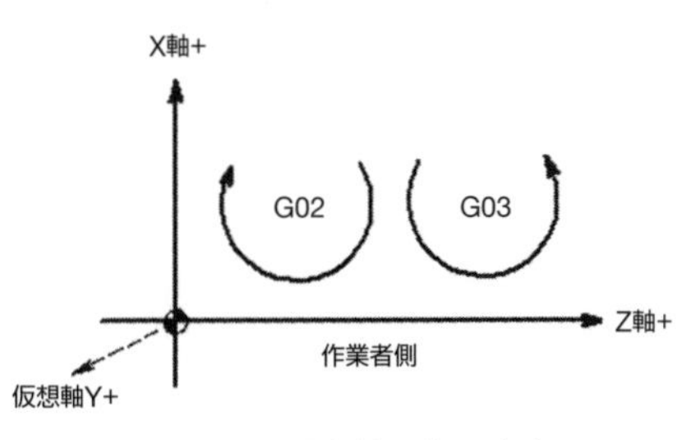

図6.1　工具主軸の旋回方向

図6.1の平面は，工具主軸の旋削工具による加工時の平面である．

平面ごとの工具主軸の旋回方向をまとめると**図6.2**のようになる．

第2刃物台による加工時の旋回方向は，仮想軸が作業者側と反対になるので，**図6.3**のように旋回方向が逆になる．

②X，Y，ZまたはU，V，Wで円弧の終点位置を指令する．

円弧の終点位置とは，円弧を削り終わる位置をいう．**図6.4**において，工具主軸の旋削工具をA→B→C→D→Eの順に工具を進める場合，B点を円弧の始点，C点を円弧の終点という．またE→D→C→B→Aの順に工具を進める場合は，Cを円弧の始点，Bを円弧の終点という．

③Rで円弧の半径値またはI，J，Kで円弧の始点から見た円弧中心位置を指令する．円弧の角度が180°を超える場合はRにマイナスの符号をつける．Iは円弧の始点から見た円弧の中心位置のX軸の方向と距離（半径値），JはY軸の距離と方向，KはZ軸の距離と方向である．NC旋盤の場合はRで指令することが多いが，回転工具による加工では，円弧角度が180°超える場合や1周加工などがあるためI，J，Kを使うことが多い．

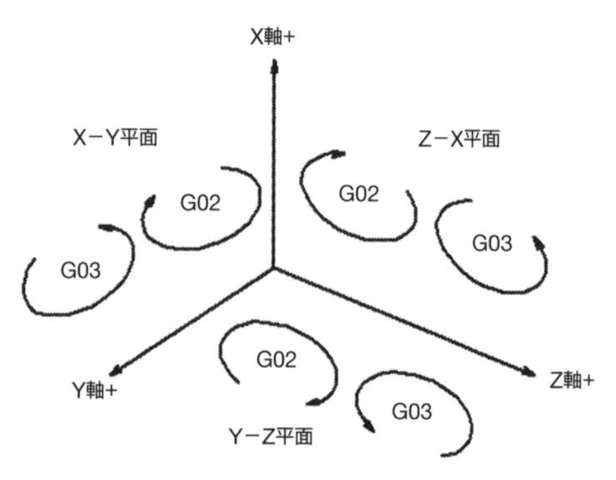

図6.2　平面ごとの工具主軸の旋回方向

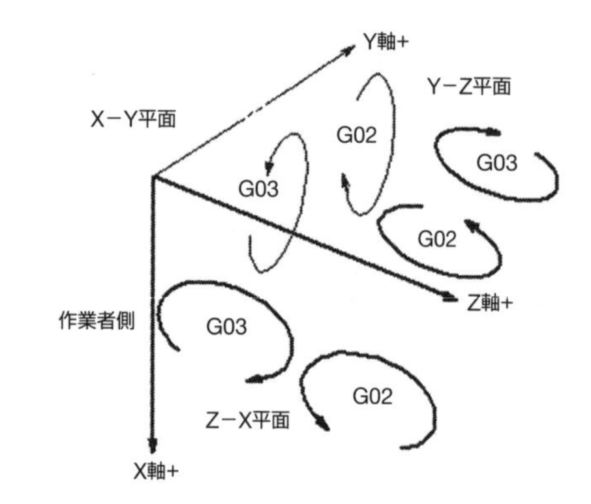

図6.3　第2刃物台の加工時の旋回方向

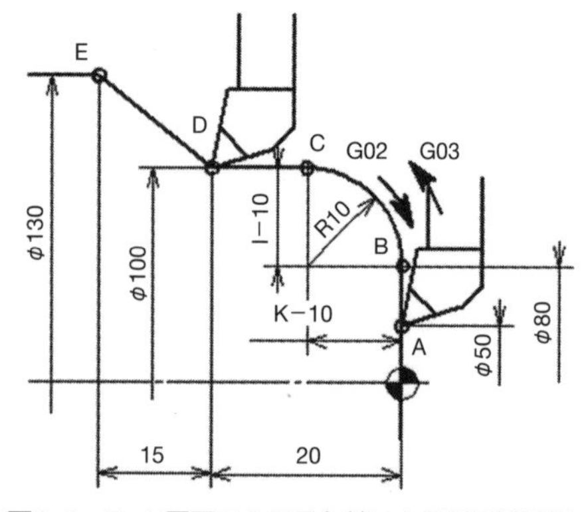

図6.4　Z−X平面での工具主軸による円弧補間例

これらのことから，**図6.4**の形状のZ−X平面における工具主軸による加工プログラムは**表6.1**，**表6.2**のようになる．

(a) A → B → C → D → E（反時計方向に動かす場合）

G01 X80.0 Z0 F0.2；	B点（直線補間、円弧の始点）
G03 X100.0 Z－10.0 R10.0； （またはG03 X100.0 Z－10.0 I0 K－10.0；）	C点（円弧の終点）
G01 Z－20.0；	D点（直線補間）
X130.0　Z－35.0;	E点

表6.1　工具主軸によるプログラム例1

(b) E → D → C → B → A（時計方向に動かす場合）

G01 X100.0　Z－20.0　F0.2;	D点（直線補間）
Z－10.0；	C点（円弧の始点）
G02 X80.0 Z0 R10.0； （またはG02 X80.0 Z0 I－10.0 K0；）	B点（円弧の終点）
G01 X50.0；	A点（直線補間）

表6.2　工具主軸によるプログラム例2

これと同じ形状（**図6.5**）を第2刃物台で加工する場合は，**表6.3**，**表6. 4**のプログラムになる．

どちらの工具で加工してもプログラムは同じである．

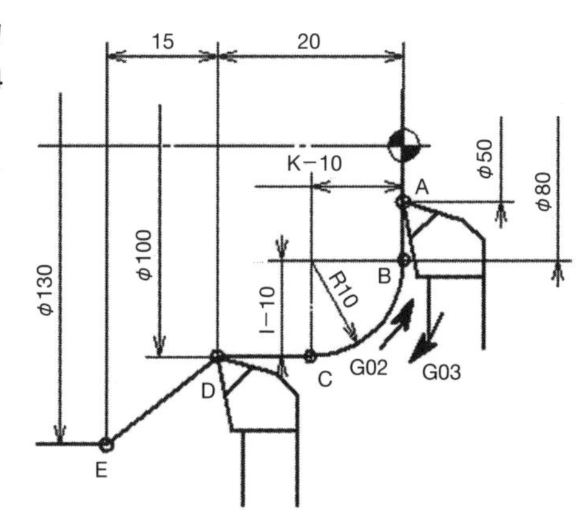

図6.5　第2刃物台による加工例

(a) A → B → C → D → E（反時計方向に動かす場合）

G01 X80.0 Z0 F0.2；	B点（直線補間、円弧の始点）
G03 X100.0 Z－10.0 R10.0； （またはG03 X100.0 Z－10.0 I0 K－10.0；）	C点（円弧の終点）
G01 Z－20.0；	D点（直線補間）
X130.0　Z－35.0;	E点

表6.3　第2刃物台によるプログラム例1

(b) E → D → C → B → A（時計方向に動かす場合）

G01　X100.0　Z－20.0　F0.2;	D点（直線補間）
Z－10.0；	C点（円弧の始点）
G02 X80.0 Z0 R10.0； （またはG02 X80.0 Z0 I－10.0 K0；）	B点（円弧の終点）
G01 X50.0；	A点（直線補間）

表6.4　第2刃物台によるプログラム例2

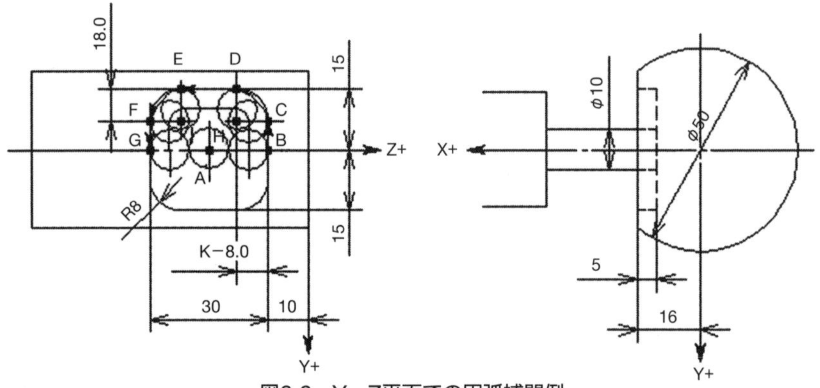

図6.6　Y－Z平面での円弧補間例

[工具主軸の回転工具のポケット加工例]

図6.6において，工具主軸にφ10のエンドミルを取り付け，Y－Z平面にポケット加工をする例である．ポケットの中心A点からスタートしB → C → D → E → F → Gの順に工具を進める場合のプログラムは**表6.5**のようになる．

(G41モード)；	
G01 Z－10.0 F30;	B点
Y－7.0；	C点
G03 Y－15.0 Z－18.0 J0 K－8.0；	D点
G01 Z－32.0;	E点
G03 Y－7.0 Z－40.0 J8.0 K0;	F点
G01 Y0;	G点

表6.5　回転工具によるプログラム例

工具はB点に対して左側に工具径補正をかけるため，G41モードにしている．C点までは直線補間なのでG01となる．D点までは反時計方向の円弧なのでG03，さらに円弧の始点C点から見て円弧の中心H点は，Y方向がゼロでZのマイナス方向に8mmであるからJ0　K－8.0を指令する．

E点までは直線補間なのでG01となる．F点までは反時計方向の円弧なのでG03，さらに円弧の始点E点から見て円弧の中心I点はZ方向がゼロでYのプラス方向に

8mmであるからJ8.0 K0を指令する．G点までは直線補間なのでG01となる．

[1周加工の場合]

図6.7のような1周加工の場合はアドレスRは使えない．I，J，Kのいずれかを使って回転中心の位置を指令する．

Y－Z平面において，直径ϕ60の内側をϕ6のエンドミルで1周加工を行なう場合を考えてみる．スタート点はA点（Z0 Y0）で，B点まで直線補間，反時計方向に旋回して再びB点にもどり，さらにA点にもどるプログラムは**表6.6**のようになる．

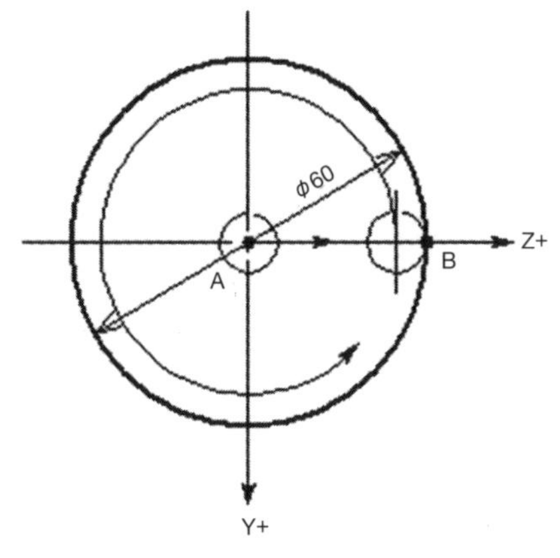

図6.7　1周加工例

(G41モード)；	
G01 Z30.0 F50；	B点
G03 J0 K－30.0;	1周してB点
G01 Z0;	A点

表6.6　回転工具によるプログラム例

1周する場合のもどる位置はスタート点と同じあるから，座標値の指令は必要ない．旋回のスタート点から見て旋回中心の位置を指令する．この例ではB点から見て旋回中心の位置A点はY方向がゼロでZのマイナス方向に30mmであるから，J0 K－30.0を指令すればよい．

このように1周加工の場合は特別なプログラムになる．

6.4　レファレンス点の役割

どのようなNC工作機械にもX，Y，Z軸などの座標系を設定するときの最も基本的な位置となる固定点，つまり「レファレンス点」があり，手動レファレンス点復帰を行なうことにより，機械はレファレンス点に移動する．レファレンス点に復帰することによってワーク座標系が確立される．レファレンス点には第1～第4の4か所あるが，手動によるレファレンス点復帰は第1のレファレンス点に復帰することである．第2～第4レファレンス点は，ATCの位置やロボット動作時の退避位置などに使用されることが多く，機械の仕様によって異なるので，納入された機械で確認する必要がある．

加工を行なう場合には，工具は通常このレファレンス点から出発し，加工完了後再びこの点に戻るようプログラミングを行なう．自動で第1レファレンス点に戻すには下記の指令を行なう．

G28　X(U)　**** Y(V)　**** Z(W)　****；

G28の指令により，工具は現在位置から早送りでX，Y，Z軸とも＊＊＊で指令された点（これを中間位置という）を通ってレファレンス点に移動し，移動が完了するとレファレンス点復帰ランプが点灯する．しかし同時3軸でのレファレンス点復帰は，衝突の危険性があるので通常は下記のように2ブロックに分けて指令を行なう．

G28　U0；

G28　V0　W0；

この指令により，最初はX方向へ復帰し，次にYとZ方向へ復帰する．この指令の場合，中間点をインクレメンタルで指令するとU0，V0，W0なので中間点はゼロの位置，つまり現在の位置ということになり，工具は現在位置から直接レファレンス点に復帰する．

第2～第4レファレンス点への復帰はG30を使って以下のように指令する．

G30 X(U) Y(V) Z(W)；・・・・・・・・・第2レファレンス点復帰

G30 P3 X(U) Y(V) Z(W)；　・・・・・・第3レファレンス点復帰

G30 P4 X(U) Y(V) Z(W)；　・・・・・・第4レファレンス点復帰

またC軸のレファレンス点復帰指令は，

G28　H0;

となる．

G28，G30はアンモーダルなGコードなので，毎ブロック指令しなければならない．

第7章　刃先R補正

7.1　仮想刃先点

図7.1はZ－X平面における旋削工具の先端を示すが，工具刃先の強度を上げるため，また仕上げ面粗さを向上させるため，工具の先端には**図7.1**に示すように何がしかの丸みがついている．この丸みのことを刃先R（またはノーズR）という．

刃先Rの接点A，BからX，Z軸に平行な接線を引いたとき，その交点Pを仮想刃先点といい，この点がプログラムで指令されるX, Zの座標値になって工具が移動する．

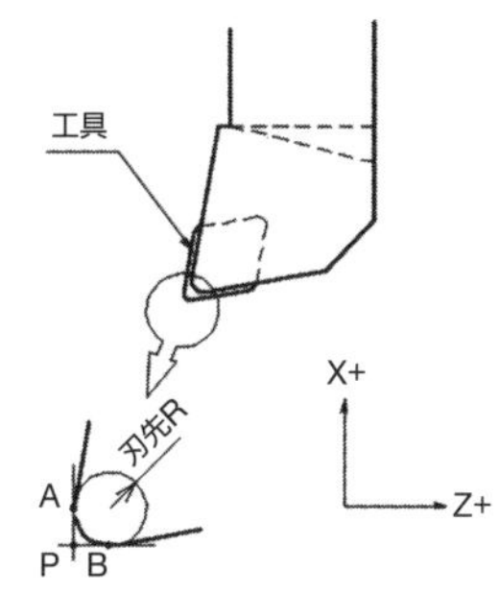

図7.1　刃先Rと仮想刃先点

しかし刃先にRが付いているため，**図7.2**のようなテーパ加工や円弧加工においては，単に図面上の点をそのままプログラムしたのでは，斜線に示すような刃先Rによる削り残しができ，正確な形状には仕上がらない．この削り残しが生じないようにNC装置がこの補正量を自動的に計算して工具を移動する機能を刃先R補正機能という．

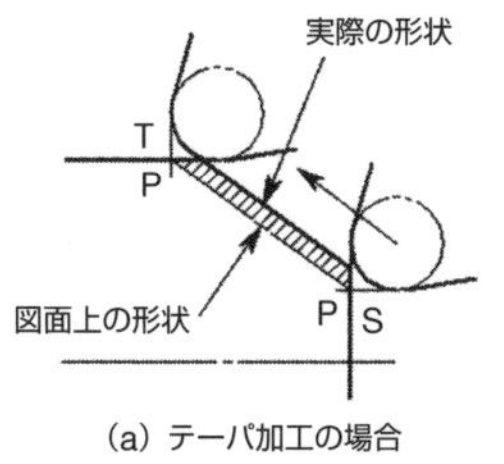

(a) テーパ加工の場合

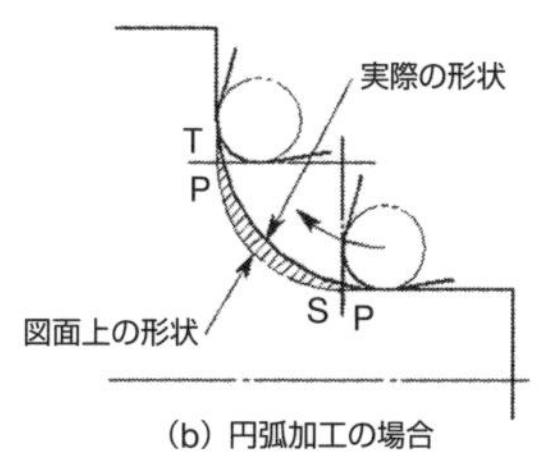

(b) 円弧加工の場合

図7.2　テーパ，円弧加工の場合：刃先のずれ

7.2　刃先R補正機能の条件

NC装置で自動的に刃先R補正量を計算するためには，(1) 刃先Rの大きさの指定，(2) 仮想刃先点の番地の指定，(3) 刃先 R補正機能を実行させるG機能とT機能を指令，が必要である．つぎにこれらの条件を説明する．

(1) 刃先Rの大きさの指定

刃先Rの大きさは，超硬チップならば型式によってその大きさを知ることができる．手づくりの工具の場合は刃先Rを正確に成形する必要がある．もちろん加工前にこの刃先Rの大きさを，工具補正画面に入力しておかなければならない．

(2) 仮想刃先点の番地

刃先Rの部分に仮想刃先点の番地を設定する．この本では，工具主軸で使用する工具の番地と第2刃物台で使用する工具の番地に分けて番地を設定する．

図7.3は工具主軸の旋削工具の番地を示す．例として，外径工具の番地は3，内径工具の番地は2となる．

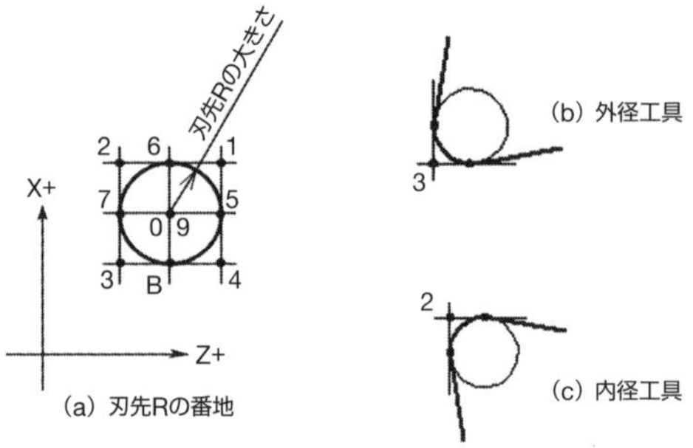

図7.3　工具主軸の旋削工具の番地

図7.4は第2刃物台の旋削工具の番地を示す．工具主軸と第2刃物台のX軸プラス方向が互いに逆になるため，主軸の中心線を挟んで番地が逆になると考えればよい．

この例では，工具主軸と第2刃物台の内径工具は2，外径工具は3となる．この番地を加工の前に工具補正画面に入力しておかなければならない．

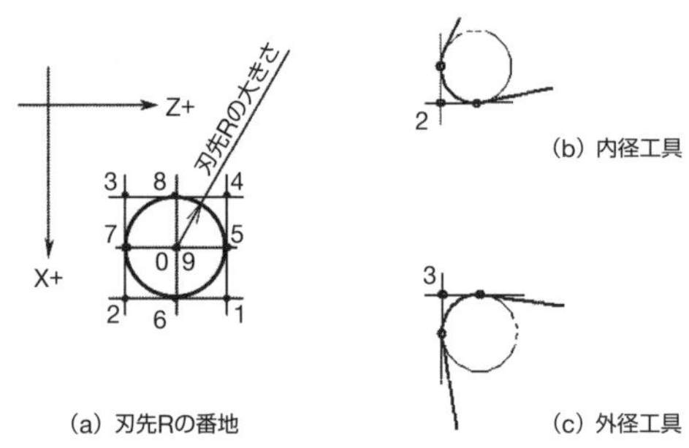

図7.4　第2刃物台の旋削工具の番地

7.3　刃先R補正機能を実行するプログラム

刃先R補正機能を実行するG機能はG40，G41，G42である．

(1) 工具主軸側（図7.5）

G40の指令は刃先R補正機能キャンセルといい，仮想刃先点がプログラム経路上を移動する．

G41の指令では，刃先Rの中心が工具の進行方向に対し刃先Rの大きさだけ左側にずれた（これをオフセットという）経路を移動する．

G42の指令では，刃先Rの中心が工具の進行方向に対し刃先Rの大きさだけ右側にずれた経路を移動する．

G機能	機　能	図示
G40	刃先R補正キャンセル 仮想刃先点がプログラム経路上を移動	
G41	刃先R補正左 工具進行方向の左側へオフセットして移動	
G42	刃先R補正右 工具進行方向の右側へオフセットして移動	

図7.5　工具主軸の刃先R補正機能のG機能

(2) 第2刃物台側（図7.6）

G40の指令は刃先R補正機能キャンセルといい，仮想刃先点がプログラム経路上を移動する．これは工具主軸側と同じである．

G41の指令では，刃先Rの中心が工具の進行方向に対し刃先Rの大きさだけ右側にずれた経路を移動する．

G42の指令では，刃先Rの中心が工具の進行方向に対し刃先Rの大きさだけ左側にずれた経路を移動する．

工具主軸側とは補正方向が逆になるので，注意が必要である．

このG機能とT機能による刃先Rの大きさおよび仮想刃先点の番地が指定されることによって，刃先R補正機能が有効になる．

G機能	機　　能	図示
G40	刃先R補正キャンセル 仮想刃先点がプログラム経路上を移動	
G41	刃先R補正右 工具進行方向の右側へオフセットして移動	
G42	刃先R補正左 工具進行方向の左側へオフセットして移動	

図7.6　第2刃物台の刃先R補正機能のG機能

仮想刃先点の番地とG41 ～ G42との関係を**図7.7**に示す．工具主軸側および第2刃物台側において，外径加工では主に仮想刃先点は3，刃先R補正方向はG42となり，内径加工では主に仮想刃先点は2，刃先R補正方向はG41になる．さらに円弧補間のG機能も工具主軸側，第2刃物台側ともまったく同じ指令となる．

（注）Y軸の座標軸に従えば，第2刃物台における刃先R補正機能は**図7.5**のように，G41は刃先R補正左，G42は刃先R補正右であるが，理解しやすいように作業者側から見た第2刃物台の刃先R補正機能を，**図7.6**のように示しておく．この本では，**図7.5**としている．

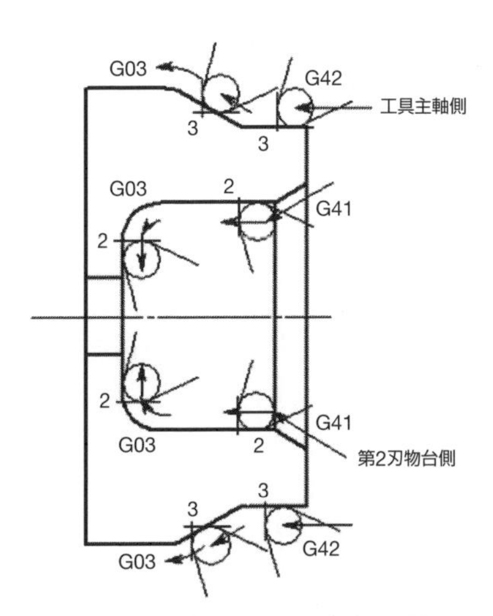

図7.7　工具主軸、第2刃物台の仮想刃先点と刃先R補正方向

7.4 刃先R補正機能による刃先の動き

刃先R補正機能は，工具の進行方向に対して刃先Rの大きさだけシフトして，正確な形状を加工する機能であるが，この補正を実行する過程でつぎの3つの状態を繰返す.

(1) スタートアップ

(2) 刃先R補正中

(3) 刃先R補正キャンセル

図7.8において，工具主軸の旋削工具で加工する場合のプログラムを**表7.1**に示す.

N100 G43 H1.;	工具補正有効、工具番号 1
N110 G00 G42 X36.0 Z2.0;	スタートアップ
N120 G01 X50.0 Z－5.0 F0.2;	刃先R補正中
N130 Z－40.0;	
N140 G02 X70.0 Z－50.0 R10.0;	
N150 G01 X90.0;	
N160 X110.0 Z－60.0;	
N170 G00 G40 X200.0 Z200.0	刃先R補正キャンセル
N180 G49;	工具補正キャンセル

表7.1　工具経路例のプログラム

プログラムの指令値は**図7.8**の外径形状そのものの位置であり，工具刃先のR部がその外径形状の右側を移動すればよい.

G43は工具主軸の工具補正指令で，この指令によって工具番号1番の工具位置補正量，工具摩耗補正量，刃先Rの大きさ，仮想刃先番地を読み取る.

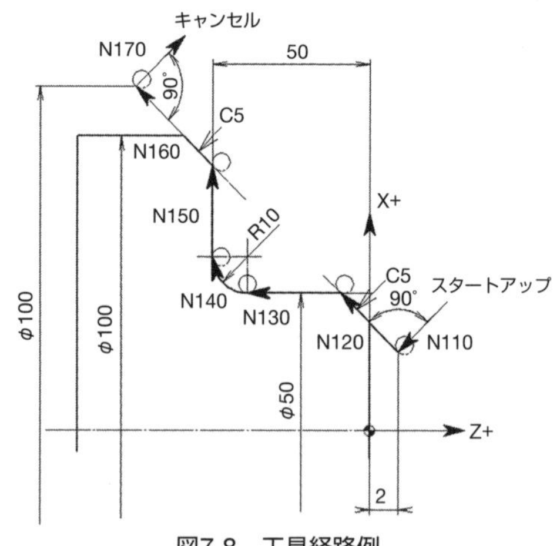

図7.8　工具経路例

N110でG42を指令しC5の開始点に移動する．初めてのG42なので，このブロックをスタートアップのブロックという．スタートアップのブロックの終点では，次ブロック（N120）の始点に垂直な位置に刃先Rの中心が移動する.そのために端面より2mm離したつもりが，多少工作物側に刃先が接近するので注意が必要である.

これから先のプログラムは刃先R補正中となり，刃先Rは各経路に接するように移動する.

N170ブロックのG40によって刃先R補正をキャンセルし，X200.0 Z200.0の位置に移動する．このブロックを刃先R補正キャンセルのブロックという．

キャンセルしたブロックの始点では，その直前のブロック（N160）の終点に垂直になるように刃先Rの中心が移動し，キャンセルしたブロックの終点では仮想刃先点が指令点に一致する．

このように，スタートアップとキャンセルのブロックでは刃先が過渡的な動きをするので，プログラム作成時には注意を要する．

なお刃先R補正の詳細については，拙著「NC旋盤プログラミング基礎のきそ」（日刊工業新聞社），「NC旋盤」（日刊工業新聞社）を参照いただければ幸いである．

第8章 工具径補正機能

工具主軸の回転工具による加工の場合，工具の半径分を工具経路に対してシフトする機能を工具径補正という．旋削加工と同様G41，G42のG機能を使って工具半径分をシフトする方向を決め，正確な形状を加工するのである．

8.1 工具径補正機能の条件

自動的に工具径補正量を計算するためには，つぎの条件が必要である．
たとえば，

(1) 工具半径の大きさの指定

工具半径の大きさは工具の外径を測定し，その半径をNC装置に入力しておく．

(2) 工具径補正機能を実行するG機能と工具補正機能を指令

工具径補正を実行するG機能は，G40，G41，G42であり，その機能を**図8.1**に示す．機能は刃先R補正機能と同様であるが，回転工具のコントロール点はつねに工具の中心なので，旋削工具の場合のような仮想刃先点を考える必要はない．つまり工具の中心が工具の進行方向に対し，左あるいは右にシフトして移動するのである．

また工具径補正を実行するためには，工具半径を必要とするため，G43で工具補正指令をプログラムする必要がある．

G機能	機　能	図示
G40	工具径補正キャンセル 工具の中心がプログラム経路上を移動	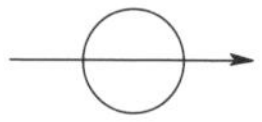
G41	工具径補正左 プログラム経路進行方向の左側を動く	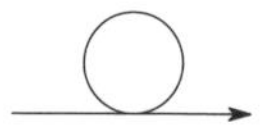
G42	工具径補正右 工具進行方向の右側へオフセットして移動	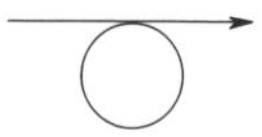

図8.1　工具主軸の工具径補正でのG機能

8.2 工具径補正機能による工具の動き

工具径補正機能は，工具の進行方向に対して工具半径の大きさだけシフトして正確な形状を加工する機能であるが，この補正を実行する過程でつぎの3つの状態を繰り返す．

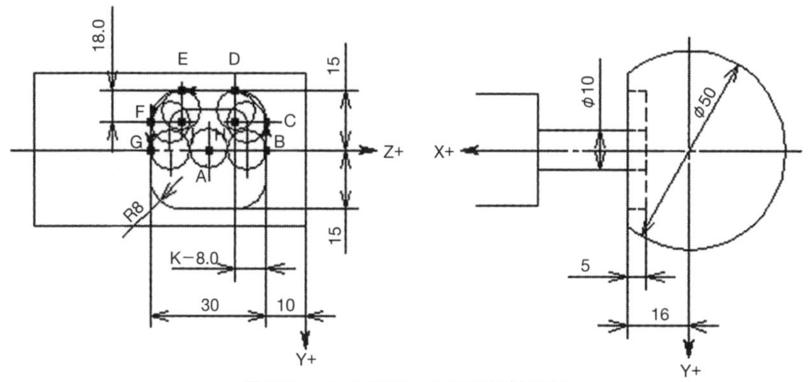

図8.2　Y−Z平面での工具径補正例

これは刃先R補正の場合とまったく同じである.

(1) スタートアップ

(2) 工具径補正中

(3) 工具径補正キャンセル

図8.2は基本的な移動指令の**図6.6**で用いた例である.

工具主軸の回転工具で，A点からスタートしB→C→D→E→F→G→Aに工具を進める場合のプログラムを**表8.1**に示す.

<table>
<tr><td>N100 G43 H1.；</td><td colspan="2">工具補正指令，工具補正番号 1</td></tr>
<tr><td>；
；</td><td colspan="2"></td></tr>
<tr><td>N110 G01 G41 Z−10.0 F30；</td><td colspan="2">B点にスタートアップ，工具径補正方向左</td></tr>
<tr><td>N120 Y−7.0；</td><td>C点</td><td rowspan="5">工具径補正中</td></tr>
<tr><td>N130 G03 Y−15.0 Z−18.0 J0 K−8.0；</td><td>D点</td></tr>
<tr><td>N140 G01 Z−32.0；</td><td>E点</td></tr>
<tr><td>N150 G03 Y−7.0 Z−40.0 J8.0 K0；</td><td>F点</td></tr>
<tr><td>N160 G01 Y0；</td><td>G点</td></tr>
<tr><td>N170 G40 Z−25.0；</td><td colspan="2">A点，工具径補正キャンセル</td></tr>
<tr><td>N180 G00 X200.0；</td><td colspan="2">X200.0へ</td></tr>
</table>

表8.1　図8.2の工具径補正プログラム例

プログラムの指令値は**図8.2**のポケット形状そのものの位置であり，工具の中心がそのポケット形状の左側を移動すればよい.

G43は工具主軸の工具補正指令で，この指令によって工具番号1番の工具位置補正量，工具摩耗補正量，工具半径の大きさを読み取る.

N110でG41を指令しB点に移動する．初めてのG41なのでこのブロックをスタートアップのブロックという．スタートアップのブロックの終点では，次ブロック（N120）の始点に垂直な位置に工具の中心が移動するので，B点より工具の半径分だけBC方向と直角方向にシフトする．これから先のプログラムは工具径補正中となり，工具の外径が各経路に接するように移動する．

N170ブロックのG40によって工具径補正をキャンセルし，A点に移動する．このブロックを工具径補正キャンセルのブロックといい，キャンセルしたブロックの始点では，その直前のブロック（N160）の終点に垂直になるように工具の中心が移動する．つまりFGの方向に対し直角方向に工具の中心が来るのである．さらにキャンセルしたブロックの終点では工具の中心が指令点に一致する．

このように，スタートアップおよびキャンセルのブロックでは過渡的な動きをするので，プログラム作成時には注意を必要である．

8.3 加工平面におけるG41，G42

工具主軸による回転工具での加工平面はX－Y平面とY－Z平面である．端面加工はX－Y平面，側面加工はY－Z平面となる．その他に3次元座標変換による斜面加工があり，この場合はX－Y平面となる．

それぞれの平面におけるG41，G42のオフセット方向を**図8.3**に示す．

なお，工具径補正の詳細については，筆者の「マシニングセンタのプログラミング入門」（大河出版）を参照していただきたい．

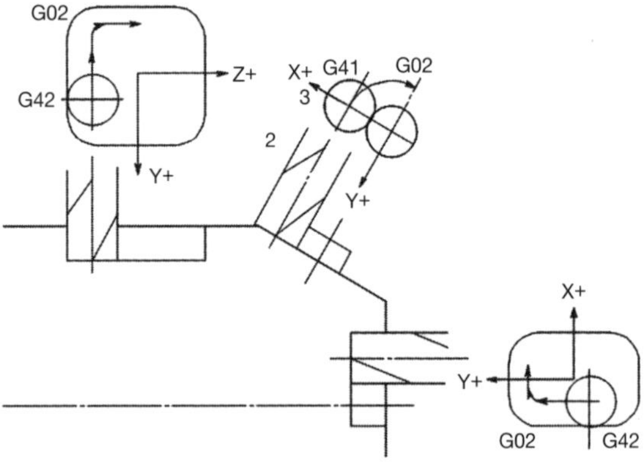

図8.3　加工平面におけるG41，G42

8.4 工具径補正機能を使ったプログラム例

工具径補正機能を使う回転工具の加工では，主としてフライス加工とエンドミル加工である．加工には直線加工，円弧加工などいろいろあるが，**図8.4**の加工例のプログラムを作成してみよう．

(1) ワークの設定

①フライス加工前の円筒部（φ60×L65）は，すでに加工済みとする．

②加工物の材質は，S45Cとする．

③使用工具：面加工用はφ50の4枚刃ショルダ形ミル（超硬チップ），キー溝まわり

の加工用にはφ12，2枚刃超硬エンドミルを使用し，どちらも工具主軸に取り付けて加工する．

ショルダミルの工具番号はT1001，φ12エンドミルの工具番号はT1002.

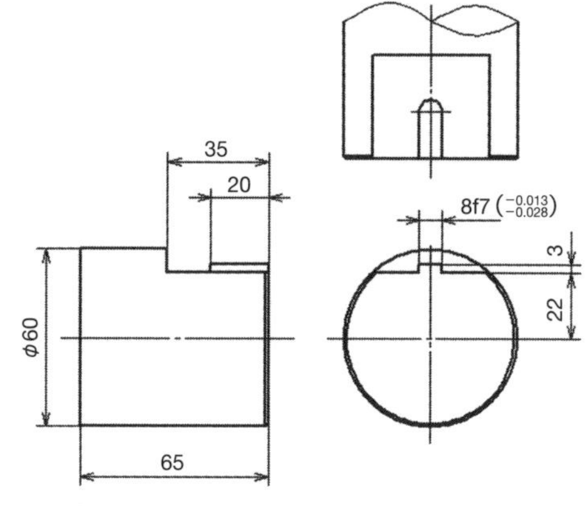

図8.4　加工平面におけるG41，G42

(2) プログラム

プログラム	概　説
N10 G19 G40 G80；	Y－Z平面選択．刃先R補正キャンセル．固定サイクルキャンセル．
～； ；	
N110 (D50　FACEMILL)；	（φ50フライス加工）
N111 T1001 M69;	T1001呼び出し．主軸ブレーキアンクランプ．
N112 G28 U0 M09;	X軸レファレンス点復帰．クーラントOFF.
N113 G28 V0 W0 M05;	Y，Z軸レファレンス点復帰．工具主軸回転停止．
N114 G54 G98 G19 G40 G97 S1150 M45;	ワーク座標系設定．送り量mm/min．Y－Z平面選択．工具径補正キャンセル．周速一定制御キャンセル．工具回転数1150min^{-1}．C軸接続
N115 G28 H0;	C軸レファレンス点復帰．
N116 G361 B0. D0.;	回転工具の工具交換．交換後B0°（垂直位置）へ．回転工具選択.
N117 T1002;	次工具を工具交換位置へ.
N118 G43 H1.;	工具補正有効．工具補正番号1.
N119 G00 X200.0 Y0 Z150.0 M08;	早送りでX200.0，Y0，Z150.0へ，クーラントON.
N120 C0;	C軸の0°.
N121 M68;	主軸ブレーキクランプ.
N122 X80.0 Y－50.0 Z35.0 M13;	工作物にアプローチ．回転工具正転.
N123 G01 G41 Z－34.5 F800;	工具径補正を左にしてZ－34.5へ.
N124 X50.0 F400;	X方向にアプローチ.
N125 Y50.0 ;	Y50.0まで切削.
N126 G00 X100.0 M09;	X100.0へ上昇．クーラントOFF.
N127 G40 Y0 Z35.0 M05;	工具径補正をキャンセルしてY0,Z35.0へ．工具主軸回転停止.

N128 X200.0 Z150.0 M69;	X200.0, Z150.0へ逃げ．主軸ブレーキアンクランプ．
N129 G28 U0;	X軸レファレンス点復帰．
N130 G28 V0 W0;	Y，Z軸レファレンス点復帰．
N131 M46;	C軸接続解除．
N132 M01;	オプショナルストップ．
;	
N210 (D12 ENDMILL);	(φ12エンドミル加工)
N211 M69;	主軸ブレーキアンクランプ．
N212 G28 U0 M09;	X軸レファレンス点復帰．クーラントOFF．
N213 G28 V0 W0 M05;	Y,Z軸レファレンス点復帰．工具主軸回転停止．
N214 G54 G98 G19 G40 G97 S2000 M45;	ワーク座標系設定．送り量mm/min．Y－Z平面選択．工具径補正キャンセル．周速一定制御キャンセル．工具回転数2000min^{-1}．C軸接続
N215 G28 H0;	C軸レファレンス点復帰．
N216 G361 B0. D0.;	回転工具の工具交換．交換後B0°（垂直位置）へ．回転工具選択．
N217 T1001	工具交換位置に次工具を呼び出し．
N218 G43 H2.;	工具補正有効．工具補正番号2．
N219 G00 X200.0 Y0 Z150.0 M08；	早送りでX200.0, Y0, Z150.0へ．クーラントON．
N220 C0;	C軸の0°．
N221 M68;	主軸ブレーキクランプ．
N222 X80.0 Y30.0 Z15.0 M13;	工作物にアプローチ．
N223 G01 G42 Z－35.0 F800;	工具径補正を右にしてZ－35.0へ．工具主軸回転．
N224 X44.0 F400;	X方向にアプローチ．
N225 Y－30.0；	加工 (N225～N238)
N226 G00 G40 Z8.0;	
N227 Y－18.0;	
N228 G01 Z－26.5;	
N229 Y18.0；	
N230 Z8.0；	
N231 Y10.5；	
N232 Z－26.5	
N233 Y－10.5；	
N234 Z8.0；	
N235 G42 Y－3.99;	
N236 Z－20.0 F190	
N237 G03 Y3.99 J3.99;	
N238 G01 Z8.0；	

N239 G00 X100.0 M09;	X100.0へ上昇．クーラントOFF.
N240 G40 Y0 Z15.0 M05;	工具径補正をキャンセルしてY0,Z15.0へ．工具主軸回転停止.
N241 X200.0 Z150.0 M69;	X200.0，Z150.0へ逃げ．主軸ブレーキアンクランプ.
N242 G28 U0;	X軸レファレンス点復帰.
N243 G28 V0 W0;	Y,Z軸レファレンス点復帰.
N244 G46;	C軸接続解除.
N245 M01;	オプショナルストップ.

表8.2　フライス加工プログラム例

[プログラムの詳細]

(1) N111

最初の工具T1001を工具交換位置に呼び出す.

(2) N114

工具主軸にショルダミルを装着し，垂直の方向から加工するので，G19の指令でY－Z平面を選択する．C軸を接続しC軸レファレンス点復帰の準備をする.

(3) N115

C軸のレファレンス点復帰を行なう.

(4) N116

回転工具を工具主軸に装着する．装着後B0の位置へ．D0.で回転工具選択.

(5) N118

工具補正番号1の工具補正を有効にする.

(6) N119，N120

G54のワーク座標系とH1との補正量で加工物にアプローチする．C0の指令でCを0°に割り出す.

(7) N121，N128

フライス加工，エンドミル加工では主軸の円周方向に力が加わるので，加工中に主軸が回されやすい．回されないよう切削条件を変えることも重要であるが，同時に主軸にブレーキをかけ，加工による回転力に対抗するようにする.

M68はブレーキのクランプ，M69はブレーキのアンクランプなので，加工に入る前にクランプし，加工が終わった時点でアンクランプを指令する.

(8) N123

工具はY軸のマイナス方向からプラス方向に加工するので，G41の指令で工具径補正を左側とし，スタートアップを行なう．Z方向の仕上がり寸法は35.0mmであるので，ここでは仕上げしろを0.5mmとした．この時の工具の中心は「X80.0 Y－50.0 Z－9.5」となる.

(9) N123 ～ N126

工具の動きを**図8.5**に示す.

(10) N128

X, Zともに逃げ, 主軸のブレーキをアンクランプにする.

(11) N129, N130

X, Y, Z軸のレファレンス点復帰を行なう.

(12) N131

C軸の接続を解除し, この工程を終了する.

(13) N211 ～ N218

加工の前準備としてT1001のフライス加工と同じ指令行なう. ただし, 工具番号はT1002となる.

(14) N219, N220

G54のワーク座標系とH2との補正量で加工物にアプローチする. C0の指令でCを0°に割出す.

工具の中心は「X200.0 Y0 Z150.0」へ移動する.

(15) N221, N241

フライス加工と同様, エンドミル加工でも主軸にブレーキをかけ, 加工による回転力に対抗するようにする.

M68はブレーキのクランプ, M69はブレーキのアンクランプなので, 加工に入る前にクランプし, 加工が終わった時点でアンクランプを指令する.

(16) N223

工具はY軸のプラス方向からマイナス方向に加工するので, G42の指令で工具径補正を右側とし, Z－35.0へスタートアップを行なう. この時の工具の中心は「X80.0 Y30.0 Z－29.0」となる.

(17) N226

G40の指令で工具径補正をキャンセルする. この時の工具の中心は「X44.0 Y－30.0 Z8.0」となる.

(18) N227 ～ N234

キー状突起のまわりを再度荒加工を行なう.

(19) N235 ～ N238

ここはキー状の突起を加工するプログラムである. 突起部の幅は8f7なので7.98mmを仕上げ寸法として, N235ブロックでG42の右側補正を行ないY－3.99にスタートアップした. この時の工具の中心は「X44.0 Y－9.99 Z8.0」となる. ここから突起部を加工する.

N237ブロックで反時計方向に半周する. 工具の旋回中心は円弧の始点から見てYプラス方向3.99mmにあるので「J3.99」を指令する. JはYのインクレメンタルの指令である. N238ブロックでZ8.0まで直線加工し, N240ブロックで工具径補正をキャンセルしている. N239ブロックの工具の中心は「X100.0 Y9.99 Z8.0」となる. N223～

N238の工具の動きを**図8.6**に示す．

(20) N241

X，Zともに逃げ，主軸のブレーキをアンクランプにする．

(21) N244

C軸の接続を解除し，この工程を終了する．

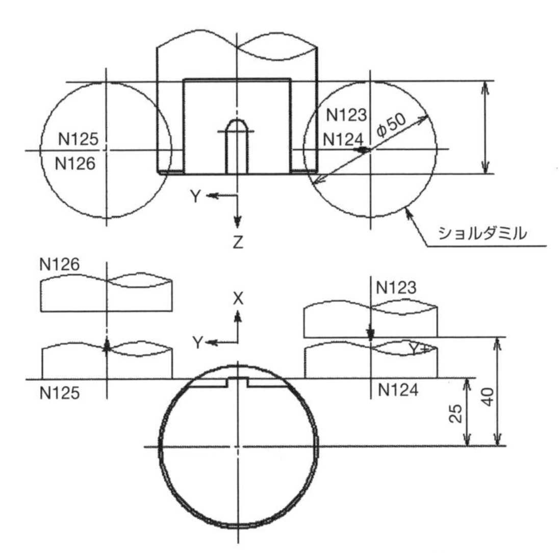

図8.5　N123～N126の工具の動き

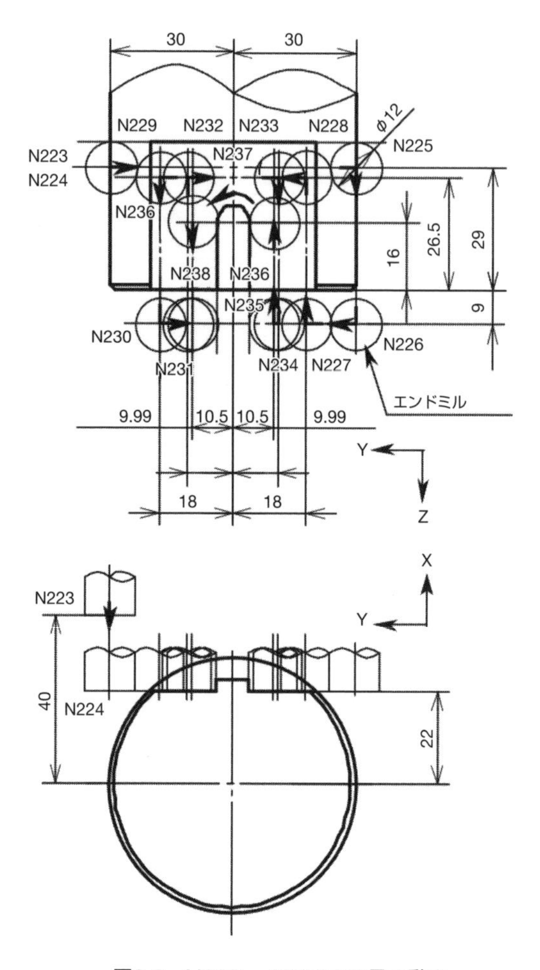

図8.6　N223 ～ N238の工具の動き

第9章　いろいろな加工法

9.1　極座標補間　G12.1，G13.1

工作物の回転（C軸制御）と回転工具のX軸方向の動きを同期させて，工作物の端面に輪郭形状を加工する機能で，工具はエンドミルのような回転工具を使用する．
極座標補間機能では仮想軸C軸とX軸で構成されるC－X平面を指定し，X軸は直径値（mm），C軸はC軸原点からの半径値（mm）で指令する．

(1) 指令

G17・・・・・・X－Y平面指定

G12.1・・・・・極座標補間モード．G12.1が指令された時点で仮想軸（C軸）の座標値はC=0とみなされ極座標補間を開始する．

・円弧補間の円弧半径はRまたはI，Jを使用する．IはX成分，JはC成分．

・工具径補正が使用できる．

;

;

G13.1；・・・・・極座標補間モードキャンセル．

(2) **図9.1**に示すワークを加工するプログラムを，**表9.1**に示す．

・使用する工具の径は，φ10のエンドミルとする．

・加工物の材質は，S30Cとする．

(3) **表9.1**におけるN109 ～ N122のプログラム経路を，**図9.2**に示す．

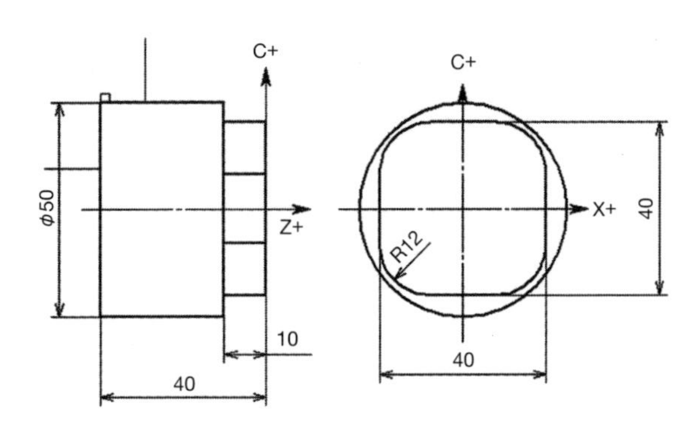

図9.1　極座標補間加工によるワーク例

N100 (POLAR　INTERPOLATION)；	シーケンス番号100．極座標補間．
N101 T1001 M69；	工具番号1001を工具交換位置に呼び出す．主軸ブレーキアンクランプ．
N102 G28 U0 M09;	X軸レファレンス点復帰．クーラントOFF．
N103 G28 V0 W0 M05;	Y，Z軸レファレンス点復帰．工具主軸回転停止．
N104 G54 G98 G17 G40 G97 S650 M45;	ワーク座標系設定．毎分あたりの送り速さ．工具径補正キャンセル．工具回転数650min^{-1}．C軸接続．
N105 G28 H0;	C軸レファレンス点復帰．
N106 G361 B－90.0 D0.;	工具主軸の工具交換．交換後はB－90.0°となり水平位置．回転工具選択．
N107 G43 H1.;	工具補正有効．工具補正番号1.
N108 G00 X200.0 Y0 Z30.0 M08;	早送りでX200.0 Y0 Z30.0へ．クーラントON.
N109 C0;	C軸0°．
N110 X80.0 M13	X80.0へアプローチ(A点)．工具主軸回転．
N111 G12.1;	極座標補間モード．
N112 G01 Z－10.0 F100；	Z－10.0へ移動．
N113 C8.0；	B点．
N114 G01 G42 X40.0；	円弧の開始点C点へ．工具径補正右．
N115 G03 X16.0 C20.0 R12.0；	D点へ．
N116 G01 X－16.0；	E点へ．
N117 G03 X－40.0 C8.0 R12.0；	F点へ．
N118 G01 C－8.0；	J点へ．
N119 G03 X－16.0 C－20.0 R12.0；	H点へ．
N120 G01 X16.0；	I点へ．
N121 G03 X20.0 C－8.0 R12.0；	J点へ．
N122 G01 C8.0；	C点へ．
N123 G40 X80.0 M09；	X80.0へ．工具径補正キャンセル．クーラントOFF．
N124 G13.1；	極座標補間キャンセル．
N125 G00 X200.0 Z200.0 M05；	早送りでX200.0，Z200.0へ．工具主軸回転停止．
N126 G28 U0；	X軸レファレンス点復帰．
N127 G28 V0 W0；	Y，Zレファレンス原点復帰．
N128 M46;	C軸接続解除．
N129 M01；	オプショナルストップ．

表9.1　極座標補間加工ワーク例のプログラム

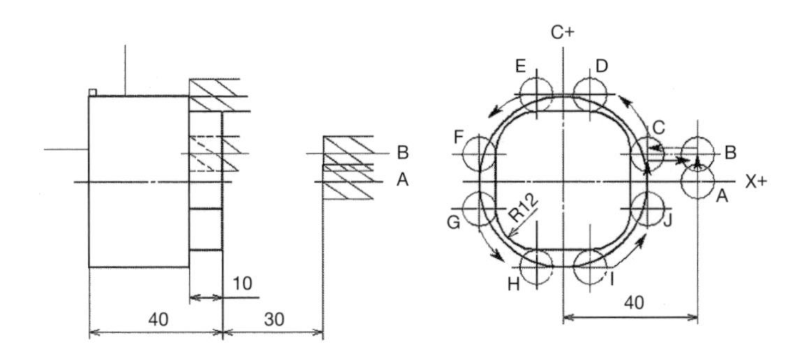

図9.2　極座標補間プログラム経路

9.2　円筒補間　G07.1

主軸の旋回角度でプログラムされた回転軸（C軸）の移動量を，NC内部で円周上の直線軸の距離に変換し，これとZ軸とを同期させることにより直線補間や円弧補間を行なわせる機能で，円筒の外周にカム溝などを加工することができる．工具はエンドミルのような回転工具を使用する．

円筒補間機能では，仮想軸C軸とZ軸で構成されるC－Z平面において円筒の外周を展開した形でプログラムを作成する．Zはワーク座標系原点からの距離，C軸はC0からの角度で指令する．

(1) 指令

G19 W0 H0；・・・・Z，C軸に移動を伴わないでZ－C平面を指定．

G07.1 C____；・・・・・円筒補間モードの指令，Cは工作物の円筒の半径（溝底半径）．

・円弧補間の円弧半径はRを使用する．

・工具径補正が使用できる．

；

；

G07.1 C0；・・・・・円筒補間モードキャンセル

(2) プログラム例

図9.3に示すカム溝のプログラム例を**表9.3**に示す．ϕ10のエンドミルを工具主軸に取り付け，主軸をC軸制御して旋回させ，工具主軸はB0の位置でZ方向に移動しながら溝加工を行なう．

プログラムを作成する前に円筒をC－Z平面に展開し，ZとCの指令点を求める必要がある．

図9.4はC－Z平面に展開した図であるが，Zの指令点はワーク座標系原点からの座標値，Cの指令点はC軸の0からの回転角度である．

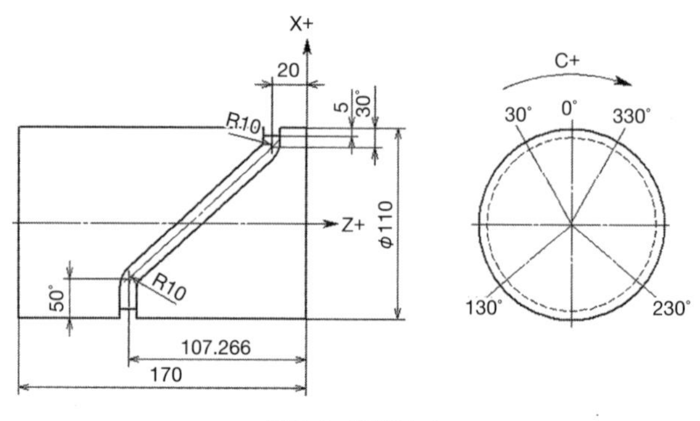

図9.3　円筒カム

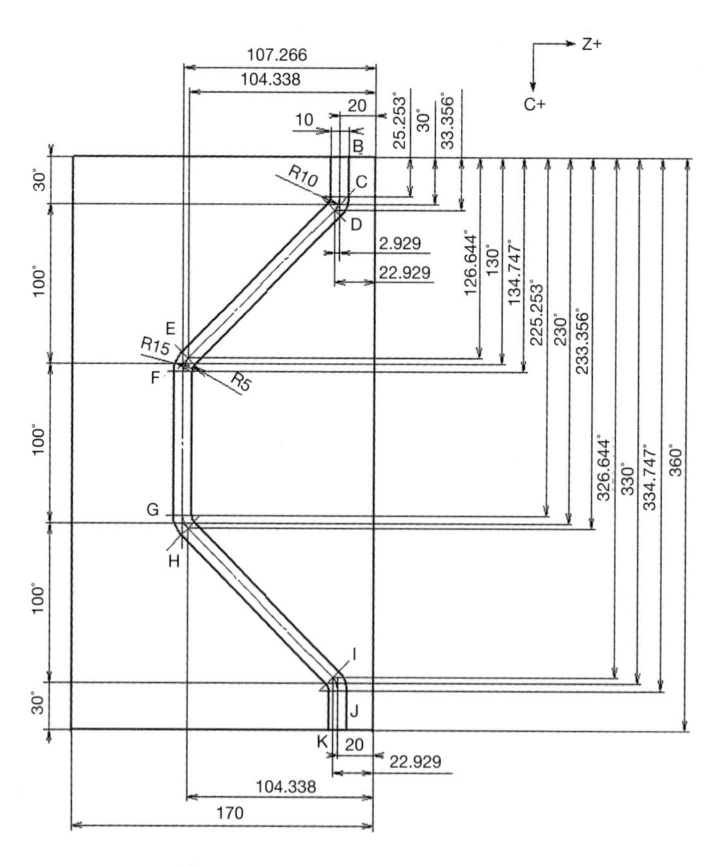

図9.4　C−Z平面における円筒カムの展開図

図9.4のC～Jの各点の角度を，まずmm（ミリ・メートル）に変換し，これをC軸の割出角度に変換する．

［例］C，D部の角度計算例

ワークの外周の長さは，L＝100×3.14＝314.15927

従って30°の外周長さは，L_{30}＝314.15927×（30/360）＝26.17994

また130°の外周長さは，L_{130}＝314.15927×（130/360）＝113.44640

これより**図9.5**において∠PRS＝$\tan^{-1}$（107.266－20）/（113.4464－26.17994）＝45°.

したがって⊿ORQにおいて∠QOR＝22.5°だから，QR＝10tan22.5＝4.14214.

したがってC点の長さは，Lc＝26.17994－4.14214＝22.0378.

ここで割出角度に変換すると，360：314.15927＝C：22.0378の関係より，C＝25.25346°となる．これがC点の角度の指令値になる．

D点の割出角度は下記のようにもとめる．

図9.5において，RS＝4.14214/1.41421＝2.92894.

したがってD点の長さ，L_d＝26.17994+2.92894＝29.10888.

これをD点の割出角度に直すと，D＝29.10888×360/314.15927＝33.35632　となる．

すべての指令点の角度を求めると**表9.2**になる．

この表をもとに指令点を表示したのが**図9.4**である．

プログラム例を**表9.3**に示す．

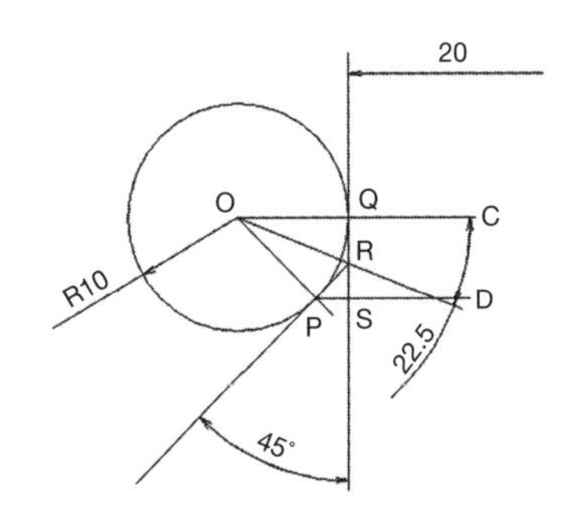

図9.5　座標値の計算

各点の外周長さL	角度＝L＊360/314.15927	
22.0378	25.25346	C点
26.17994	30	
29.10888	33.35632	D点
110.51747	126.6437	E点
113.4464	130	
117.58854	134.7465	F点
196.57072	225.2534	G点
200.71268	230	
203.64179	233.3563	H点
285.0504	326.6437	I点
287.97933	330	
292.12147	334.7465	J点
314.15927	360	K点

表9.2　各点の角度

プログラム	概　説
N100（Cylindrical interporation）；	シーケンス番号100．円筒補間．
N101 T1001　M69；	工具番号1001を工具交換位置に呼び出す．主軸ブレーキアンクランプ．
N102 G28 U0 M09;	X軸レファレンス点復帰．クーラントOFF．
N103 G28 V0 W0 M05;	Y，Z軸レファレンス点復帰．工具主軸回転停止．
N104 G54 G98 G40 G97 S650 M45;	シーケンス番号100．（外径荒）
	ワーク座標系設定．毎分当たりの送り速さ．工具径補正キャンセル．工具回転数650min^{-1}．C軸接続．
N105 G28 H0;	C軸レファレンス点復帰
N106 G361 B0. D0.;	Y,Z方向レファレンス点復帰．
	工具主軸の工具交換．交換後はB0となり垂直位置．回転工具選択．
N107 G43 H1.	工具補正有効．工具補正番号１．
N108 G00 X115.0 Y0 Z20.0 M08；	早送りでX115.0　Y0　Z20.0へ．クーラントON．
N109 G01 Z－20.0 F500 M13;	Z－20.0へアプローチ．工具主軸正転．
N110 X100.0 F50；	X100.0に切込む．溝加工開始．
N111 G19 W0 H0；	Z－C平面選択．Z軸，C軸の移動を伴わないときはG19 W0 H0；と指令する．
N112 G07.1 C50.0；	円筒補間モード，円筒の半径は50.0mm．
N113 C25.253；	C点に移動．
N114 G02 Z－22.929 C33.356 R10.0；	時計回り円弧補間でD点へ．円弧の半径は10.0mm．
N115 G01 Z－104.338 C126.644；	E点へ．
N116 G03 Z－107.266 C134.747 R10.0；	F点へ．
N117 G01 C225.253；	G点へ．
N118 G03 Z－104.338 C233.356 R10.0；	H点へ
N119 G01 Z－22.929 C326.644；	I点へ．
N120 G02 Z－20.0 C334.747 R10.0；	J点へ．
N121 G01 C360.0；	K点へ
N122 G07.1 C0；	円筒補間モードキャンセル．
N123 X115.0　M09；	溝底から抜け出す．クーラントOFF
N124 G00 X200.0 Z200.0 M05；	早送りでX200.0，Z200.0へ．工具主軸回転停止．
N125 G28 U0；	X軸レファレンス点復帰．
N126 G28 V0 W0；	Y，Zレファレンス点復帰．
N127 M46;	C軸接続解除．
N128 M01；	オプショナルストップ．

表9.3　円筒カムのプログラム例

9.3　待合わせMコードによるピンチ加工

2つの刃物台の工具で，工作物を上下に挟んで同時加工を行なう方法を，ピンチ加工と呼んでいるが，対向した刃物台を持つターニングセンタを要領よく利用すればピンチ加工が可能となる．外径同士の同時加工，または外径と内径の同時加工などいろいろな加工法が考えられる．

外径加工同士のピンチ加工の場合は送り速さを2倍にできるし，また切削力のバランスを取ることも可能である．外径加工と内径加工の同時加工では，切削条件のバランスを考慮すれば良好な加工ができ，加工時間の短縮に大いに寄与する．

次項で述べるバランスカットもピンチ加工の一種であるが，バランスカットは2つの工具の移動を同期させて加工するという点において，特殊なピンチ加工といえよう．

ここでは，待合わせMコードを使った外径と内径の同時加工の簡単な例について述べる．

9.3.1　同時加工の例1

外径加工－外径加工の同時加工例をプログラムしてみよう．

(1)　加工図

加工図を**図9.6**に示す．素材の直径をφ100としφ90部を工具主軸側で，φ80部を第2刃物台側で加工するものとする．材質はS45Cとし，仕上げ程度はRa3.2程度とする．

加工順序，加工時間算定には，一般に下記のことを考慮する．

①なるべく加工順序に従って工具を並べるように工夫する．

②加工時間の算定は同時加工する工程の選定と加工時間の目安とするため，おおよその時間で十分である．

③同時加工の場合，概略の加工時間を比較し，ほぼ同じ時間の加工内容を同時時間となるような加工順序にすると加工時間短縮の効果が大きい．

④外径，内径加工を同時に行なう場合，主軸回転数が同じなので外径加工と内径加工では切削速度が異なるため，加工に支障がない程度に切削条件を検討する．

⑤外径加工－外径加工の同時加工では互いの工具が干渉することは少ないが，外径加工－内径加工の同時加工では，工具の干渉に十分注意する．

⑥仕上げ加工は単独で加工することが望ましいが，同時加工の時は，荒加工－仕上げ加工の組み合わせはなるべく避け，仕上げ加工－仕上げ加工を組み合わせる．

(2)　切削条件と加工時間

切削条件と加工時間の計算値を**表9.4**に示す．

工具主軸側には外径工具2本，第2刃物台には外径工具2本取り付け，**表9.4**に示す切削条件で加工

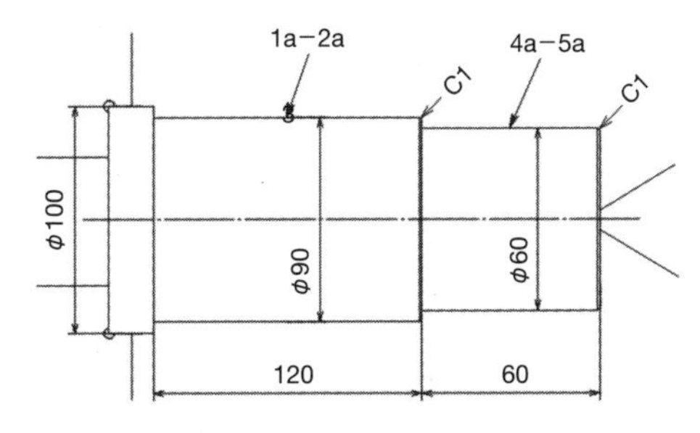

図9.6　同時加工例1

するものとする．1a，2aは工具主軸側の工具であり外径80の部分を，4a，5aは第2刃物台側の工具であり，外径80の部分を加工する．

どちらの工具も切込みは3mm，仕上げしろは0.2mmとする．

(3) タイムシミュレーション

図9.7は同時加工におけるタイムシミュレーションを表わし，どの時点で工具の待合わせをすればよいかのシミュレーションを行なう図である．

この図の内容は次のようになる．

①工具主軸側と第2刃物台側のプログラムが同時にスタートするが，工具主軸側はATC完了時点で第2刃物台からの指示を待つ．第2刃物台側は工具交換後1回目の外径荒加工を行ない，待合わせMコードを指令する．

②工具主軸側と第2刃物台側の工具が同時に荒加工のためスタートするが，どちらの工具も単独で荒加工を終了する．第2刃物台側の加工が早く完了するので，第2刃物台側が工具主軸側の加工完了を待つ．

③工具主軸台側から待合わせMコードが指令されると，工具主軸側と第2主軸側が同時に仕上げ加工に入り，加工が終了すると各刃物台が単独でレファレンス点に復帰し，すべての加工が終了する．

タイムシミュレーションから加工時間は3.09minであるが，同時加工がない通常の第2刃物台によるNC旋盤での加工時間は**表9.4**の加工時間と工具交換時間（4回）の合計時間となり，4.93minとなる．

通常のNC旋盤に比較して約63％の時間で完成することになり，大幅な時間の短縮につながる．

表9.5，**表9.6**は**表9.4**，**図9.7**に基づいて作成したプログラムである．上下刃物台の共通部分の指令，つまり同時加工の主軸回転数や主軸回転指令などは，主に工具主軸

順序	Tコード	作業区分	主軸回転数	切削速度	送り速度	送り長さ	加工時間	備　考	
1a	T1001	外径荒	700	(200)	0.25	240	1.38	R0.8	工具主軸
2a	T1002	外径仕	880	(250)	0.15	120	0.91	R0.4	
4a	T0404	外径荒	700	(175)	0.25	320	1.83	R0.8	第2刃物台
5a	T0505	外径仕	880	(220)	0.15	80	0.61	R0.4	

(注)・工具主軸のATC時間：0.2min，第2刃物台の工具交換時間：0.05minとする．

表9.4　切削条件と加工時間

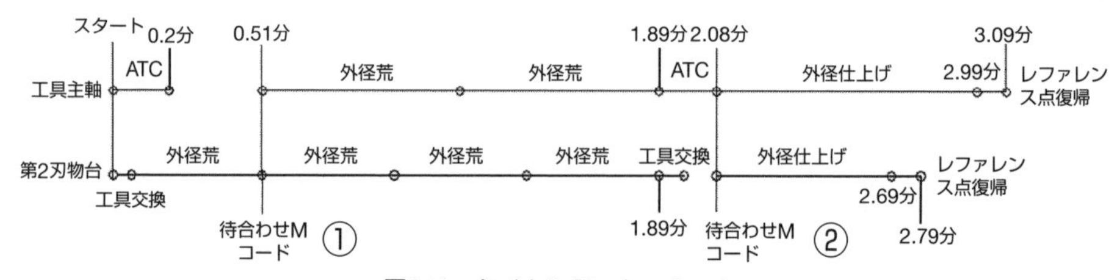

図9.7　タイムシミュレーション

側から指令するが，タイミングを見て第2刃物台からの指令もある．

(4) 同時加工プログラム例

工具主軸側のプログラムを**表9.5**，第2刃物台側のプログラムを**表9.6**に示す．

［工具主軸側のプログラム］

プログラム	概　説
O500 (DOUJI1　KAKOU);	プログラム番号500.（同時加工）
N30 M26;	心押台後退.
N31 G50 S2000;	主軸最高回転速度2000min^{-1}.
;	
N100 (GAIKEI　ARA);	シーケンス番号100.（外径荒）
N101 T1001 M69;	工具番号1001を工具交換位置へ．主軸ブレーキアンクランプ.
N102 G28 U0 M09;	X方向レファレンス点復帰．クーラントOFF.
N103 G28 V0 W0;	Y,Z方向レファレンス点復帰.
N104 G55 G99 G18 G40 G97 M46;	ワーク座標系設定．主軸1回転当たりの送り．X－Z平面．刃先R補正キャンセル．周速一定制御キャンセル．C軸接続解除.
N105 G361 B0. D1.;	工具交換（T1001を主軸へ）．B0°．旋削工具選択.
N106 T1002;	工具番号1002（次工具）を工具交換位置へ.
N107 G43 H1.;	工具補正有効．工具補正番号1.
N108 G00 X200.0 Y0 Z－78.0 M08;	早送りでX200.0　Y0　Z－78.0へ．クーラントON.
N109 X104.0;	X104.0へアプローチ.
N110 M125;	待合わせMコード125.
;	
N111 X94.5 F0.25;	X94.5へ切り込み
N112 G01 Z－199.8;	切削送りでZ－199.8へ.
N113 X104.0;	X104.0へ逃げ.
N114 G00 Z－78.0;	早送りでZ－78.0へ.
N115 X90.4;	X90.4へ切り込み.
N116 G01 Z－199.8;	切削送りでZ－199.8へ.
N117 X104.0;	X104.0へ逃げ.
N118 G00 X200.0;	早送りでX200.0へ.
N119 G28 U0;	X軸レファレンス点へ.
N120 G28 V0 W0;	Y,Z軸レファレンス点へ.
N121 M01;	オプショナルストップ.
;	
N200 (GAIKEI SHIAGE);	シーケンス番号200.（外径仕上げ）.
N201 M69;	主軸ブレーキアンクランプ.
N202 G28 U0 M09;	X方向レファレンス点復帰．クーラントOFF.

N203 G28 V0 W0;	Y，Z方向レファレンス点復帰.
N204 G55 G99 G18 G40 G97 S880 M46;	ワーク座標系設定．主軸１回転当たりの送り．X－Z平面. 刃先補正Rキャンセル. 周速一定制御キャンセル．工具回転数880min^{-1}．C軸接続解除.
N205 G361 B0. D1.	工具交換（T1002を主軸へ)．B0°．旋削工具選択.
N206 G43 H2.;	工具補正有効．工具補正番号2.
N207 G00 X200.0 Y0 Z－78.0 M08;	早送りでX200.0　Y0　Z－78.0へ．クーラントON.
N208 X104.0 M03;	X104.0へアプローチ．主軸正回転.
N209 M126;	待合わせMコード126.
;	
N210 G42 X84.0;	刃先R補正右．X84.0へ.
N211 G01 X90.0 Z－81.0 F0.15;	面取り.
N212 Z－200.0;	Z－200.0へ.
N213 X104.0;	X104.0へ逃げ.
N214 G00 G40 X200.0 M09;	刃先R補正キャンセル．X200.0へ．クーラントOFF.
N215 G28 U0 M05;	X方向レファレンス点復帰．主軸停止.
N216 G28 V0 W0;	Y，Z方向レファレンス点復帰.
N217 M30;	エンドオブデータ.

表9.5　工具主軸側のプログラム例

［第2刃物台側のプログラム］

プログラム	概　説
O600 (DOUJI1　KAKOU);	プログラム番号600．同時加工.
N10 G28 U0 M09;	X方向レファレンス点復帰．クーラントOFF.
N11 G28 W0;	Z方向レファレンス点復帰.
N12 M26;	心押台後退.
N13 G00 G53 X0 Z－200.0;	早送りで機械座標系のX0　Z－200.0へ移動（刃物台のインディックス点に設定).
N14 G50 S2000;	主軸最高回転速度2000min^{-1}.
N15 M01;	オプショナルストップ
;	
N400 (GAIKEI ARA);	シーケンス番号400．外径荒加工.
N401 T0101 M69;	工具番号01．工具番号01．主軸ブレーキアンクランプ.
N402 G54 G99 G18 G40 G97 S700 M46;	ワーク座標系設定．主軸1回転当たりの送り．X－Z平面選択．刃先R補正キャンセル．周速一定制御キャンセル．主軸回転数770min^{-1}．C軸接続解除.
N403 G00 Z2.0 M08;	早送りでZ2.0へ．クーラントON.
N404 X104.0 M03;	X104.0へアプローチ．主軸正回転.
N405 X94.0;	切削送りでX94.0へ切込み.

N406 G01 Z－79.8 F0.25;	Z－79.8へ．送り速さ0.25mm/rev.
N407 X104.0;	X104.0へ逃げ．
N408 G00 Z2.0;	早送りでX2.0へ．
N409 M125;	待合わせMコード125.
;	
N410 X88.0;	X88.0へ切り込み．
N411 G01 Z－79.8;	Z－79.8へ．
N412 X95.0;	X95.0へ逃げ．
N413 G00 Z2.0;	Z2.0へ
N414 X82.0;	X82.0へ切り込み．
N415 G01 Z－79.8;	Z－79.8へ．
N416 X90.0;	X90.0へ逃げ．
N416 G00 Z2.0;	Z2.0へ．
N417 X80.4;	X80.4へ切り込み．
N418 G01 Z－79.8;	Z－79.8へ．
N419 X104.0;	X104.0へ逃げ．
N420 G53 X0 Z－200.0;	機械座標系のX0　Z－200.0へ．
N421 M01;	オプショナルストップ．
;	
N500 (GAIKEI SHIAGE);	シーケンス番号500．外径仕上げ加工．
N501 T0505 M69;	工具番号05．工具番号05．主軸ブレーキアンクランプ．
N502 G54 G99 G18 G40 G97 M46;	ワーク座標系設定．主軸1回転当たりの送り．X－Z平面選択．刃先R補正キャンセル．周速一定制御キャンセル．C軸接続解除．
N503 G00 Z2.0 M08;	早送りでZ2.0へ．クーラントON.
N504 X104.0;	X104.0へアプローチ．
N505 M126;	待合わせMコード126.
;	
N506 G42 X74.0;	刃先R補正右．X74.0へ．
N507 G01 X80.0 Z－1.0 F0.15;	面取り．
N508 Z－80.0;	Z－80.0へ．
N509 X94.0;	X94.0へ逃げ．
N510 G00 G40 X200.0 M09;	刃先R補正キャンセル．X200.0へ逃げ．クーラントOFF
N511 G53 X0 Z－200.0 M09;	機械座標系のX0　Z－200.0へ．
N512 M01;	オプショナルストップ．
;	
N15 G28 U0;	X方向レファレンス点復帰．

N16 G28 W0;	Z方向レファレンス点復帰.
N19 M30;	エンドオブデータ.

表9.6　第2刃物台側のプログラム例

(5) プログラムの詳細

①クーラントのON，OFFは各刃物台で単独で指令できるが，主軸回転数や主軸回転指令などはタイミングを見て慎重に指令する．スタート時の加工はタイムシミュレーションによれば第2刃物台の加工が先行するので，主軸回転数や回転指令は第2刃物台側から指令する．もし工具主軸側のN110付近で指令すると第2刃物台の加工に間に合わないと予想されるため，N402ブロックで回転数を，N404ブロックで主軸回転指令を行なう．

②N111とN405の切込み量

第2刃物台のN405ブロックで切込んだ直径で，Zマイナス方向に加工した後，工具主軸のN111ブロックでX方向に切込むが，X94.0の外径に接触しないよう直径を0.5mm大きくして，X94.5に切り込んでいる．このように指令すると工具は工作物に干渉しない．

③N111 ～ N117とN410 ～ 419

これらのブロックは，工具主軸側と第2刃物台側が同時に加工している状態である．工具主軸と第2刃物台は主軸に対して対向の位置にあるので，干渉することはない．したがって，自由にプログラムすることができる．

④N209，N505

N210，N506ブロック以降の加工は仕上げ加工である．仕上げ加工は荒加工と同時に加工しないほうがよいので，N209，N505で待合わせを行なう．この加工の主軸の回転数，正回転指令は工具主軸側から行なう．主軸回転と同時に2つの刃物台が同時に移動を始め，加工が終了するとそれぞれの刃物台がレファレンス点に復帰して，すべての加工が完了となる．

9.3.2 同時加工の例2

外径加工－内径加工の例をプログラムしてみよう．

(1) 加工図

図9.8は外径加工－内径加工を同時加工する加工図，**表9.7**は加工する工具の配置と加工時間の概算を示す．第2刃物台には回転工具を装備していないので，旋削加工の同時加工がピンチ加工の主体となる．材質はS45C，素材の外径はϕ100，またϕ38の穴はすでに加工されているものとする．仕上げ粗さはRa3.2程度とする．

外径－内径同時加工では，工具どおしの干渉が重要なポイントとなる．

(2) 切削条件と加工時間

表9.7に切削条件と加工時間の計算値を示す．

順序	Tコード	作業区分	主軸回転数	切削速度	送り速度	送り長さ	加工時間	備	考
1a	T1001	端面荒	—	150	0.2	35	0.26	R0.8	工具主軸
1b		外径荒	800	(206 ~ 175)	0.25	197	0.99		
2a	T1002	外径溝	500	(140 ~ 113)	0.08	15	0.38	刃幅3.0	
3a	T1003	端面仕	—	200	0.2	13	0.07	R0.4	
3b		外径仕	900	(200 ~ 250)	0.15	102	0.76		
4a	T0404	内径荒	800	(100 ~ 125)	0.25	180	0.9	φ32, R0.8	第2刃物台
5a	T0606	内径溝	500	(80)	0.08	9	0.23	刃幅3.0	
6a	T0808	内径仕	900	(140 ~ 110)	0.15	122	0.91	φ32, R0.4	

(注)・工具主軸のATC時間：0.2min, 第2刃物台の工具交換時間：0.05minとする.

表9.7 切削条件と加工時間

1a ~ 3bは工具主軸による外径加工を主体に, 4a ~ 6aは第2刃物台による内径加工を主体に加工する.

(3) タイムシミュレーション

図9.9は同時加工におけるタイムシミュレーションを表わし, どの時点で工具の待合わせをすれば良いかのシミュレーションを行なう図である.

この表の内容は次のようになる.

①工具主軸側と第2刃物台側のプログラムが同時にスタートするが, 第2刃物台側は工具交換時点で工具主軸側からの指示を待つ. 工具主軸側の端面荒加工が終了した後, 第2刃物台側との待合わせ行ない, ここから工具主軸側と第2刃物台側が同時にスタートし, 工具主軸側は外径荒加工, 第2刃物台側は内径荒加工を行なう.

②工具主軸側が外径荒加工を, 第2刃物台側は内径荒加工を同時に行なう.

③内径荒加工が外径荒加工より早く終了するので, 第2刃物台が工具主軸側の加工終了を待つ.

④工具主軸側の外径溝加工後ATCを行ない, 次の工具で端面仕上げ加工を行なった後, 第2刃物台側との待合わせを行なう.

⑤待合わせ後, 工具主軸側は外径仕上げ加工, 第2刃物台側は内径仕上げ加工を開始し, 外径仕上げ加工が先に終了するので, 第2刃物台側の内径仕上

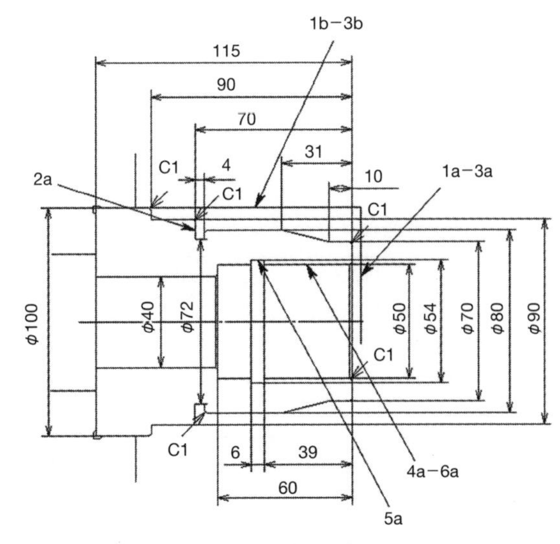

図9.8 同時加工例2

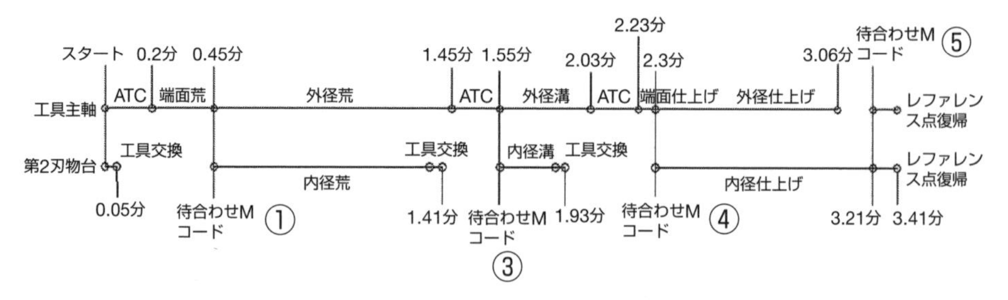

図9.9　タイムシミュレーション

げ加工の終了を待つ.

待合わせ後，それぞれ単独でレファレンス点に復帰する.

［同時加工箇所］

加工工程中お互いの工具が干渉しないよう加工の順序を検討する．**表9.7**の中で，1a ～ 3bは工具主軸側，4a ～ 6aは第2主軸側の加工とする.

・1bと4aは同時加工．ほぼ加工時間は同じ.

・3bと6aは同時加工．3bの方が早く終了する.

このような加工内容をタイムシミュレーションに表わすと**図9.9**のようになる.
タイムシミュレーションから加工時間は，3.41minであるが，同時加工がない通常のNC旋盤では，**表9.7**の加工時間と工具交換時間（6回）の合計時間となり，4.8minとなる.

通常のNC旋盤に比較して約71％の時間で完成することになり，大幅な時間の短縮につながる.

(4)　プログラム例

表9.8，**表9.9**は表**9.7**，**図9.9**に基づいて作成したプログラムである．上下刃物台の共通部分の指令，つまり同時加工の主軸回転数や主軸回転指令などは主に工具主軸側から指令するが，タイミングを見て第2刃物台からの指令もある.

［工具主軸側のプログラム］

プログラム	概　説
O600 (DOUJI　KAKOU);	プログラム番号600．同時加工
N30 M26;	心押台後退.
N31 G50 S2000;	主軸最高回転速度2000min^{-1}.
;	
N100 (GAIKEI　ARA);	シーケンス番号100．外径荒加工.
N101 T1001 M69;	工具番号1001を工具交換位置へ．主軸ブレーキアンクランプ.

N102 G28 U0 M09;	X方向レファレンス点復帰．クーラントOFF.
N103 G28 V0 W0;	Y，Z方向レファレンス点復帰.
N104 G55 G99 G18 G40 G97 S500 M46;	ワーク座標系設定．主軸1回転当たりの送り．X－Z平面．刃先R補正キャンセル．周速一定制御キャンセル．工具回転数500min^{-1}．C軸接続解除.
N105 G361 B0. D1.;	工具交換（T1001を主軸へ）．B0°．旋削工具選択.
N106 T1002;	工具番号1002（次工具）を工具交換位置へ.
N107 G43 H1.;	工具補正有効．工具補正番号1.
N108 G00 X104.0 Y0 Z20.0 M08;	早送りでX104.0　Y0　Z20.0へ．クーラントON.
N109 G01 G96 Z0.2 F1.0 S150 M03;	切削送りでZ0.2へ．送り速さ1.0mm/rev．周速一定制御ON．周速150m/min．主軸正転.
N110 X36.0 F0.2;	端面加工X36.0へ．送り速さ0.2mm/rev.
N111 Z2.0;	Z2.0へ逃げ.
N112 G00 G97 X90.4 S800;	早送りでX90.4へ．周速一定制御キャンセル．主軸回転数800min^{-1}.
N113 M130;	待合わせMコード130.
;	
N114 G01 Z－89.8 F0.25;	切削送りでZ－89.8へ．送り速さ0.25mm/rev.
N115 X104.0;	X104.0へ逃げ.
N116 G00 Z2.0;	早送りでZ2.0へ.
N117 X80.4;	X80.4へ切り込み.
N118 G01 Z－69.8;	切削送りでZ－69.8へ.
N119 X92.0;	X92.0へ逃げ.
N120 G00 Z2.0;	早送りでZ2.0へ.
N121 G42 X70.4;	刃先R補正右．X70.4へ切り込み.
N122 G01 Z－10.0;	切削送りでZ－10.0へ.
N123 X80.88 Z－32.0;	X80.88　Z－32.0へテーパ加工.
N124 G40 X85.0;	刃先R補正キャンセル．X85.0へ逃げ.
N125 G00 X200.0;	早送りでX200.0へ.
N126 G28 U0;	X方向レファレンス点復帰.
N127 G28 V0 W0;	Y，Z方向レファレンス点復帰.
N128 M01;	オプショナルストップ.
;	
N200 (GAIKEI MIZO);	シーケンス番号200．外径溝加工.
N201 M69;	主軸ブレーキアンクランプ.
N202 G28 U0 M09;	X方向レファレンス点復帰．クーラントOFF.
N203 G28 V0 W0;	Y，Z方向レファレンス点復帰.

N204 G55 G99 G18 G40 G97 S500 M46;	ワーク座標系設定．主軸1回転当たりの送り．X－Z平面．刃先R補正キャンセル．周速一定制御キャンセル．工具回転数500min^{-1}．C軸接続解除．
N205 G361 B0. D1.	工具交換（T1002を主軸へ）．B0°．旋削工具選択．
N206 T1003;	工具番号1003（次工具）を工具交換位置へ．
N207 G43 H2.;	工具補正有効．工具補正番号2.
N208 G00 X92.0 Y0 Z20.0 M08;	早送りでX92.0 Y0 Z20.0．クーラントON.
N209 M131;	待合わせMコード131.
;	
N210 G01 Z－70.0 F1.0 M03;	切削送りでZ－70.0へアプローチ．主軸正転．
N211 X72.0 F0.08;	X72.0へ溝加工．送り速さ0.08mm/rev.
N212 X82.0 F0.5;	X82.0へ逃げ．
N213 G43 H12.；	工具補正番号12に切り替え．
N214 G42 Z－64.0;	刃先R補正右．Z－64.0へ．
N215 X78.0 Z－66.0 F0.08;	C1面取り．
N216 X72.0;	X72.0へ．
N217 G40 Z－66.3 K－1.0;	刃先R補正キャンセル．Z－66.3へ逃げ．
N218 X100.0 F0.5;	X100.0へ．
N219 G00 X200.0 M09;	X200.0へ．クーラントOFF.
N220 G28 U0;	X方向レファレンス点復帰．
N221 G28 V0 W0;	Y，Z方向レファレンス点復帰．
N222 M01;	オプショナルストップ．
;	
N300 (GAIKEI　SHIAGE);	シーケンス番号300．外径仕上げ加工．
N301 M69;	主軸ブレーキアンクランプ．
N302 G28 U0 M09;	X方向レファレンス点復帰．クーラントOFF.
N303 G28 V0 W0;	Y，Z方向レファレンス点復帰．
N304 G55 G99 G18 G40 G97 S900 M46;	ワーク座標系設定．主軸1回転当たりの送り．X－Z平面．工具径補正キャンセル．周速一定制御キャンセル．主軸回転数900min^{-1}．C軸接続解除．
N305 G361 B0. D1.;	工具交換（T1003を主軸へ）．B0°．旋削工具選択．
N306 G43 H3.;	工具補正有効．工具番号3.
N307 G00 X74.0 Y0 Z20.0 M08;	早送りでX74.0　Y0　Z20.0へ．クーラントON.
N308 G01 G96 Z0 S200 F1.0 M03;	切削送りでZ0へ．送り速さ1.0/rev．周速一定制御ON．周速200m/min．主軸正転．
N309 X48.0 F0.2;	X48.0へ端面加工．送り速さ0.2mm/rev.
N310 Z2.0;	Z2.0へ逃げ．
N311 G00 G42 G97 X64.0 S900;	早送りでX64.0へ．刃先R補正右．周速一定制御キャンセル．主軸回転数900min^{-1}.

N312 M132;	待合わせMコード132.
;	
N313 G01 X70.0 Z－1.0 F0.15;	C1面取り.
N314 Z－10.0;	Z－10.0へ.
N315 X80.0 Z－31.0;	X80.0　Z－31.0へテーパ加工.
N316 Z－69.0;	Z－69.0へ外径加工.
N317 X86.0;	X86.0へ.
N318 X90.0 Z－71.0;	C1面取り.
N319 Z－90.0;	Z－90.0へ.
N320 X98.0;	X98.0へ.
N321 X102.0 Z－92.0；	C1面取り.
N322 G00 G40 X200.0 M09;	早送りでX200.0へ逃げ．刃先R補正キャンセル．クーラントOFF.
N323 M01;	オプショナルストップ.
;	
N32 M133;	待合わせMコード133.
;	
N33 G28 U0 M05;	X方向レファレンス点復帰．クーラントOFF.
N34 G28 V0 W0;	Y，Z方向レファレンス点復帰.
N35 M30;	エンドオブデータ.

表9.8　工具主軸側のプログラム例

［第2刃物台側のプログラム］

プログラム	概　説
O700 (DOUJI KAKOU);	プログラム番号700．同時加工.
N10 G28 U0 M09;	X方向レファレンス点復帰．クーラントOFF.
N11 G28 W0;	Z方向レファレンス点復帰.
N12 M26;	心押台後退.
N13 G00 G53 X0 Z－200.0;	早送りで機械座標系のX0　Z－200.0へ移動（刃物台のインディックス点に設定）.
N14 M01;	オプショナルストップ
;	
N400 (NAIKEI ARA);	シーケンス番号400．内径荒加工.
N401 T0404 M69;	工具番号04. 工具番号04. 主軸ブレーキアンクランプ.
N402 G54 G99 G18 G40;	ワーク座標系設定．主軸1回転当たりの送り．X－Z平面選択．刃先R補正キャンセル.
N403 G00 X200.0 Z20.0;	早送りでX200.0　Z20.0へ.
N404 M130;	待合わせMコード130.
;	

N405 X42.0 Z2.0 M08;	早送りでX42.0　Z2.0へ．クーラントON.
N406 G01 Z－59.8 F0.25;	送り速さ0.25mm/revでZ－59.8へ.
N407 X39.6;	X39.6へ.
N408 Z－117.0;	Z－117.0.
N409 X39.4;	X39.4へ逃げ.
N410 G00 Z2.0;	早送りでZ2.0へ.
N411 X49.6;	X49.6へ.
N412 G01 Z－59.8;	Z－59.8へ.
N413 X39.4;	X39.4へ逃げ.
N414 G00 Z10.0;	早送りでZ10.0へ.
N415 X200.0 M09;	X200.0へ．クーラントOFF.
N416 G53 X0 Z－200.0;	機械座標系のX0　Z－200.0へ.
N417 M01;	オプショナルストップ.
;	
N500 (NAIKEI MIZO);	シーケンス番号500．内径溝加工.
N501 T0606 M69;	工具番号06, 工具番号06．主軸ブレーキアンクランプ.
N502 G54 G99 G18 G40;	ワーク座標系設定．主軸1回転当たりの送り．X－Z平面選択．刃先R補正キャンセル.
N503 M131;	待合わせMコード.
;	
N504 G00 X200.0 Z20.0 M08;	早送りでX200.0　Z20.0へ．クーラントON.
N505 X48.0;	X48.0へ.
N506 G01 Z－43.5 F1.0;	送り速さ1.0mm/revでZ－43.5へ.
N507 X54.0 F0.08;	X54.0へ溝加工.
N508 X48.0;	X48.0へ逃げ.
N509 G42 Z－46.2;	刃先R補正右．Z－46.2へ.
N510 X50.4 Z－45.0;	C0.2面取り.
N511 X54.0;	X54.0へ.
N512 G40 Z－44.8 K1.0;	刃先R補正キャンセル．Z－44.8へ逃げ.
N513 X48.0;	X48.0へ.
N514 T0616;	工具補正番号16に変更.
N515 G41 Z－37.8;	刃先R補正左．Z－37.8へ.
N516 X50.4 Z－39.0;	C0.2面取り.
N517 X54.0;	X54.0へ.
N518 G40 Z－39.2 K－1.0;	刃先R補正キャンセル．Z－39.2へ逃げ.
N519 X48.0;	X48.0へ
N520 G00 Z20.0;	早送りでZ20.0へ.
N521 X200.0 M09;	X200.0へ．クーラントOFF.

N522 G53 X0 Z－200.0;	機械座標系のX0　Z－200.0へ.
N523 M01;	オプショナルストップ.
;	
N600 (NAIKEI SHIAGE);	シーケンス番号600. 内径仕上げ加工.
N601 T0808 M69;	工具番号08. 工具番号08. 主軸ブレーキアンクランプ.
N602 G54 G99 G18 G40;	ワーク座標系設定. 主軸1回転当たりの送り. X－Z平面選択. 刃先R補正キャンセル.
N603 G00 X200.0 Z20.0 M08;	早送りでX200.0　Z20.0へ. クーラントON.
N604 M132;	待合わせMコード132.
;	
N605 G41 X56.0 Z2.0;	刃先R補正左. 早送りでX56.0　Z2.0へ.
N606 G01 X50.0 Z－1.0 F0.15;	送り速さ0.15mm/revでC1面取り.
N607 Z－60.0;	Z－60.0へ.
N608 X42.0;	X42.0へ.
N609 X40.0 Z－61.0;	C1面取り.
N610 Z－117.0;	Z－117.0へ.
N611 G40 X39.6;	刃先R補正キャンセル. X39.6へ逃げ.
N612 G00 Z20.0;	早送りでZ20.0へ.
N613 X200.0 M09;	X200.0. クーラントOFF.
N614 G53 X0 Z－200.0	機械座標系のX0　Z－200.0へ.
N615 M01;	オプショナルストップ.
N16 M133;	待合わせMコード133.
;	
N17 G28 U0;	X方向レファレンス点復帰.
N18 G28 W0;	Z方向レファレンス点復帰.
N19 M30;	エンドオブデータ.

表9.9　第2刃物台側のプログラム例

(5) プログラムの詳細

①N30 ～ N31

同時加工のプログラムのメイン側を工具主軸側としており，心押台の後退指令や主軸最高回転速度の指令のような共通の刃物台に関する指令は，なるべく工具主軸側から指令するが，第2刃物台からの指令とだぶっても問題はない．ただし，主軸の実回転数や周速一定機能など各刃物台に影響する指令は，指令のタイミングを間違わないようにしなければならない．

②N104 ～ N105

ワーク座標系はG55を使う．N104ブロックでのS500とN109ブロックでの「G96 S150」は工具主軸側の単独の指令なので，第2刃物台側には何の影響も与えない．したがって通常のプログラムとして指令するが，N112ブロックの「G97 S800」

は第2刃物台側に影響するので（第2刃物台側の回転数と同じにする），第2刃物台からの指令は必要がない．

N105ブロックでT1001の工具を主軸に装着し，B軸の角度をゼロ度とする．またD1.の指令によりNCに旋削工具を認識させる．

③N113

端面の加工終了後，N113ブロックでMコード（M130）による待合わせを行なう．このプログラムでは，このMコードによってN114ブロックと第2刃物台側のN405ブロックがスタートし，内径荒加工が始まる．

④N114 ～ N124

N114 ～ N124は外径荒加工である．工具経路を**図9.10**に示す．外径および端面の仕上げしろを0.2mmとしている．

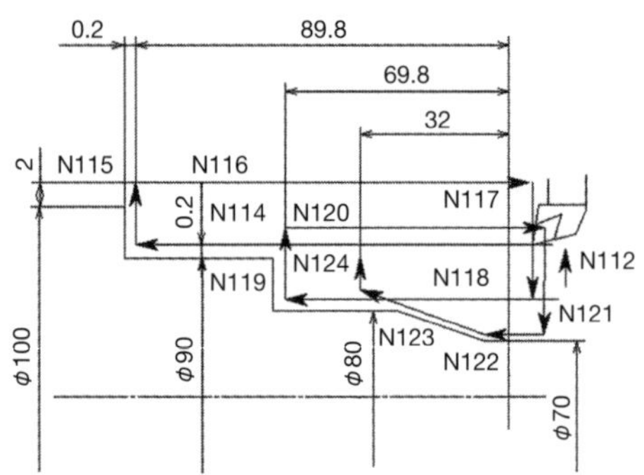

図9.10　外径荒加工の工具経路

⑤N200 ～ N209

外径溝加工と内径溝加工を同時加工するので，外径溝加工の開始する時点（N209ブロック）で第2刃物台との待合わせを行なう．このブロックから第2刃物台の内径工具による溝加工と同時加工を行なう．

⑥N210 ～ N218

このブロックは外径溝加工であり，工具の経路を**図9.11**に示す．面取り加工があるので刃先R補正を使う．溝加工には，**図9.12**のように工具の先端に2つの工具補正を使い，プログラムは図形の各点を指令する．

H2のX補正量はツールプリセッタに当てることによって，X－200.0と求められた場合，H2とH12のX補正量は同じ補正量だからH12のX補正量もX－200.0となる．H2のZ補正量もツールプリセッタに当てることによって求まり，Z－300.0とするとH12のZ補正量は工具の刃幅（ここでは3mm）だけマイ

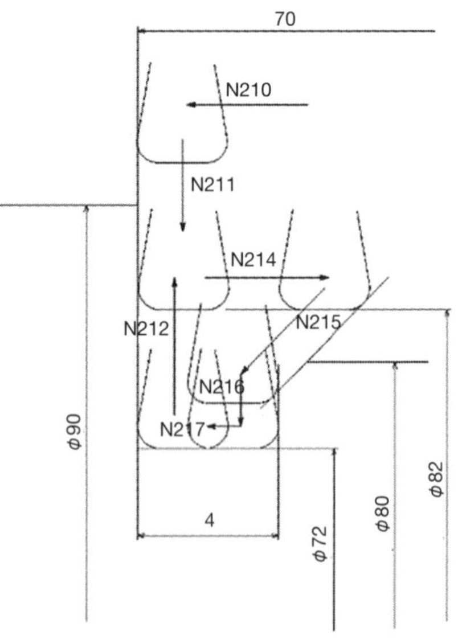

図9.11　外径溝加工の工具経路

ナスして，Z－303.0となる．刃先Rの大きさはH2，H12とも同じ0.2mmとなる．刃先点は刃先のマイナス側に「3」，プラス側に「4」を入力する．N217ブロックで，刃先R補正をキャンセルしながら，Z－66.3へ移動（溝端面から0.3mm，Zのマイナス方向に移動）するとき，刃先が工作物のX方向に食いこまないよう「K－1.0」を指令する．つまり，刃先R補正キャンセルの直前の位置に対し，Zのマイナス方向に「壁をつくる」ことによって工具の食い込みを防ぐのである．

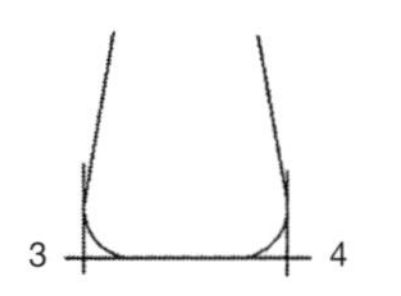

No.	X	Z	Y	R	C
H2	－200.0	－300.0	0.0	0.2	3
H12	－200.0	－303.0	0.0	0.2	4

図9.12　外径工具の2つの工具補正

⑦N304 ～ N312

このブロックは外径仕上げ加工である．N304ブロックの「S900」，N308ブロックの「G96 S200」は工具主軸側の単独の回転数なので独自に指令してもかまわないが，N311ブロックの「G97 S900」は第2刃物台と共通の回転数なので，間違ってはならない．

第2刃物台側との同時加工を行なうため，端面仕上げ加工後のN312ブロックで待合わせを行なう．

⑧N313 ～ N321

工具経路を**図9.13**に示す．

⑨N32

タイムシミュレーションによれば，内径仕上げ加工より外径仕上げ加工が早く終了する．したがって外径加工後，すぐに（たとえばN321ブロック付近で）主軸を停止させると，内径加工が終わらないうちに主軸が停止してしまい，大変危険である．このように加工が先行する場合は，後行する加工の終了を待ってから次の動作に移るようプログラムする．

ここでは，N32ブロックで第2刃物台の加工が終了するまで待合わせ，第2刃物台からのM133指令によって工具主軸，第2刃物台ともにレファレンス点に復帰し，すべての加工を終了する．

⑩N10 ～ N15

第2刃物台はレファレンス点からスタートし，機械座標系（G53）の「X0　Z－200.0」をインディックス点と設定した．実際は心押台や工作物に干渉しない位置なら，どこでもよいが，なるべく工作物に近い位置に設定することが望ましい．

⑪N402 ～ N404

N402でNCの初期設定をする．ワーク座標系はG54を使う．主軸回転数は工具主軸側と同じなので，ここでは指令しない．N403ブロックで工作物にアプローチし，工具主軸側からの待合わせMコードを待ってN405へ進む．

⑫N405 ～ N414

内径荒加工の工具経路を**図9.14**に示す．

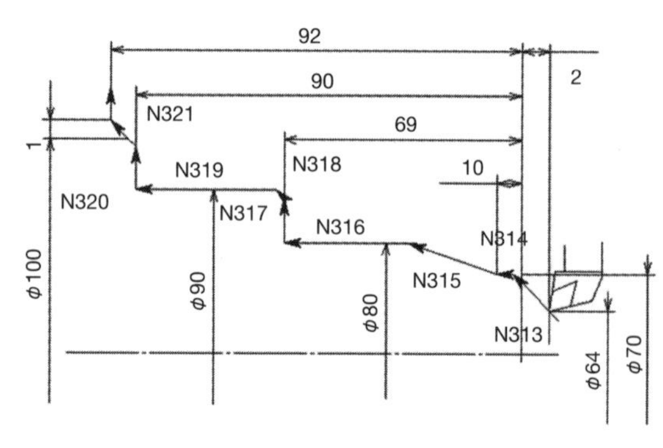

図9.13　外径仕上げ加工の工具経路

⑬N503

内径溝加工を外径溝加工と同時加工するため，N502ブロックで工具交換した後N503ブロックで工具主軸側からの待合わせを行なう．待合わせ後N504ブロックへ進む．

⑭N506 ～ N520

内径の溝加工の経路を**図9.15**に示す．外径溝加工の場合と同じように，工具の先端に2つの工具補正を使い（**図9.16**），図形の各点を指令する．T06のX補正量は，ツールプリセッタに当てることによって，X－150.0と求められた場合，T06とT16のX補正量は同じ補正量だからT16のX補正量もX－150.0となる．T06のZ補正量もツールプリセッタに当てることによって求まり，Z－250.0とするとT16のZ補正量は工具の刃幅（ここでは3mm）だけマイナスしてZ－253.0となる．刃先Rの大きさは，T06，T16とも同じ0.2mmとなる．刃先点は刃先のマイナス側に「2」，プラス側に「1」を入力する．

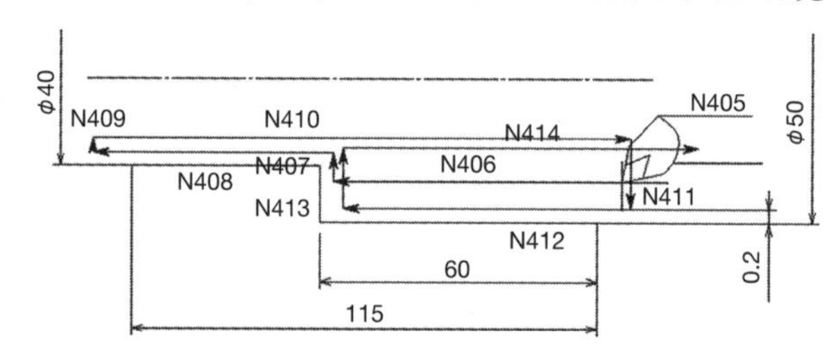

図9.14　内径荒加工の工具経路

N512ブロックの「K1.0」は外径溝加工と同様「G40」で刃先R補正をキャンセルしながら「K1.0」でZのプラス方向に「壁」をつくって工具の食い込みを防いでいる．N518ブロックでも同様に，工具を逃がすときに「K－1.0」でZのマイナス方向に「壁」をつくって工具の食い込みを防いでいる．

⑮N600 ～ N604

ここは内径仕上げ加工である．N602ブロックでNCの初期設定した後N603ブロックで工作物にアプローチし，N604ブロックで待合わせを行なう．工具主軸側の端面仕上げ加工が終了すると待合わせが解除され，N605へ進む．

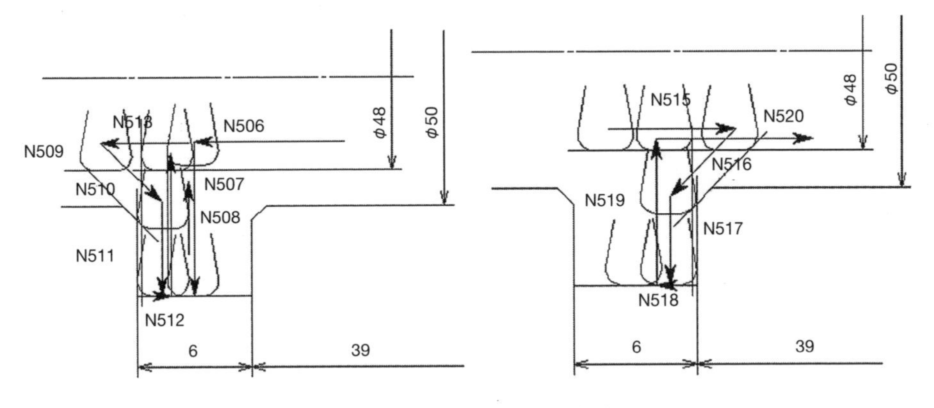

図9.15　内径溝加工の工具経路

⑯N605 ～ N612

内径仕上げ加工の工具経路を**図9.17**に示す．

⑰N16

待合わせMコードである．タイムシミュレーションによると，工具主軸側の外径仕上げ加工がすでに終了しているので，N16ブロックのMコードで工具主軸，第2刃物台ともにレファレンス点に復帰し，N19ブロックのM30ですべての加工を終了する．

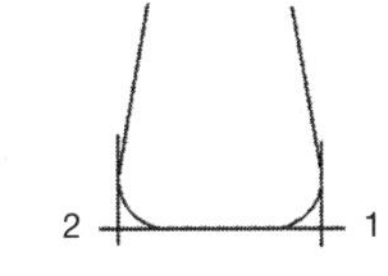

No.	X	Z	Y	R	C
T06	－150.0	－250.0	3.0	0.2	2
T16	－150.0	－253.0	0.0	0.2	1

図9.16　内径工具の2つの工具補正

9.4バランスカット（G68，G69）

9.4.1バランスカットの機能

細いシャフト物を旋盤加工するときは，加工物の両端面をチャックと回転センタでサポートし，さらに振れ止め装置などを使って加工するのが一般的である．しかし1台の刃物台しか持たない通常のタレット形NC旋盤では，Z方向のスライド面がないのが一般的であるため，普通旋盤などで使用する通常の振れ止め装置は使えない．したがってタレットの一面に特殊な振れ止め装置を取り付けて工作物をサポートすることになり，サポートの方法が非常に複雑になる．

2つの刃物台を持つターニングセンタの場合

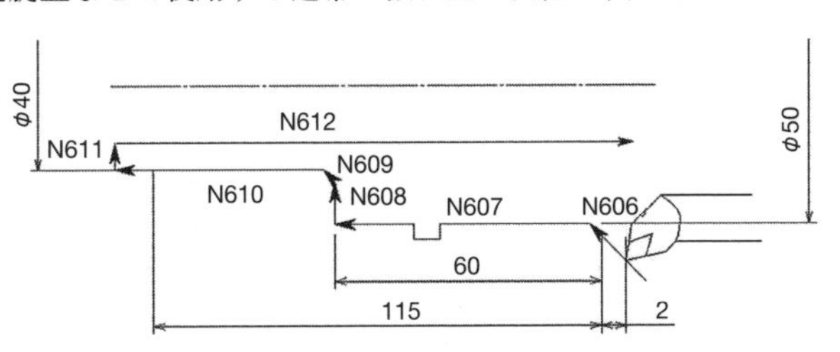

図9.17　内径仕上げ加工の工具経路

は，一方の刃物台に振れ止め装置をつけ，もう一方の刃物台に工具を取り付けて2つの刃物台を同時に移動させて加工する方法がとられるが，段付きの加工物に対してはサポートがむずかしくなる．

バランスカット方式はこれらの振れ止め装置を一切使用しないで，工具主軸側と第2刃物台側の両方から工作物に工具を当て，工作物を挟み込んで同時に加工することにより，工作物のたわみやビビリを抑制し精度のよい加工を行なう方式で，段付き形状なども容易に加工することができる．

9.4.2バランスカットのGコード

G68：バランスカットモードON

G69：バランスカットモードOFF

工具主軸側と第2刃物台側の工具が同時に加工するので，2つの工具の移動開始時にG68を指令することによって，工具主軸側と第2刃物台側の移動時に同期がとられ，2つの工具で同時に加工するので，各工具の送り速度は通常の速度の2倍にすることができる．

バランスカットモードで加工するときは，次の点に注意が必要である．

①G68，G69は単独ブロックで指令する．

②バランスカットモードは切削送りの状態で有効になるので，バランスカットを行なう直前にG68を指令する．

③工具主軸側と第2刃物台側のどちらか一方のプログラムで，G68またはG69を指令した場合，他方のプログラムでG68またはG69が指令されるまで，待合わせを行なう．したがって両方のプログラムのG68が読み込まれた時点で，両方の工具がスタートとする．

④2つの工具の移動を同期させるため，工具主軸側と第2刃物台側のプログラムは同じでなくてはならない．

⑤バランスカットモードでは刃先R補正機能を使うことができる．

⑥バランスカットモード中は，送りオーバライドやインタロックなどが工具主軸側と第2刃物台側が独立して有効となるので，これらの機能を同じ状態にしておく必要がある．

9.4.3プログラム例

(1) モデルワーク

バランスカットのモデルワークを**図9.18**に示す．全長が450mm，直径が35mmの段付きワークである．一方は三つ爪チャックで，片方はセンタでサポートしている．中央付近がくびれているので，1本の工具による加工ではたわみが発生し寸法が出にくい．これを工具主軸および第2刃物台の工具で挟みこみ，同時に加工する．ここでは荒加工は終了しているものとし，仕上げ加工のプログラム例を示す．

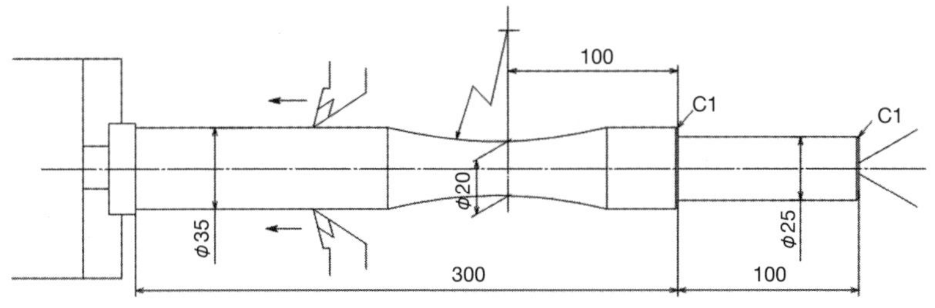

図9.18 バランスカットモデルワーク

もちろんプログラムは工具主軸側と第2刃物台側の2つを作成する．工具主軸側のプログラム例を**表9.10**に，第2刃物台側のプログラム例を**表9.11**に示す．

(2) 切削条件

- 工作物の材質はS45Cとする．
- 工具主軸側の外径工具の工具番号はT1005，刃先Rは0.8mm，刃先点は3，B軸の傾きはゼロ°とする．
- 第2刃物台側の外径工具はT0606とし，刃先Rは0.8mm，刃先点は3とする．
- 主軸回転数は1800min^{-1}，送り速さは通常加工の2倍程度の0.3mm/revとする．

(3) プログラム例

［工具主軸側のプログラム例］

プログラム	概　説
O500 (BALANCE CUT);	プログラム番号500（バランスカット）.
; ;	
N550 (GAIKEI　SHIAGE);	シーケンス番号500．外径仕上げ加工
N551 T1005 M69;	工具番号1005を工具交換位置へ．主軸ブレーキアンクランプ．
N552 G28 U0 M09;	X方向レファレンス点復帰．クーラントOFF.
N553 G28 V0 W0;	Y，Z方向レファレンス点復帰．
N554 G55 G99 G18 G40 G97 S1800 M46;	ワーク座標系設定．主軸1回転当たりの送り．X－Z平面．刃先R補正キャンセル．周速一定制御キャンセル．工具回転数1800min^{-1}．C軸接続解除.
N555 G361 B0. D1.;	工具交換(T1005を主軸へ)．B0.(垂直位置)．旋削工具選択.
N556 G43 H5.;	工具補正有効．工具補正番号5.
N557 G00 Y0 Z2.0 M08;	早送りでY0　Z2.0（Xはレファレンス点位置）へ．クーラントON.
N558 M120;	待合わせMコード.
;	

N559 X100.0 M03;	X100.0へ．主軸正転．
N560 G68;	バランスカットモード
N561 G01 G42 X19.0 F0.5；	切削送りでX19.0（面取り開始点）へ．刃先R補正右
N562 X25.0 Z－1.0 F0.3;	X25.0 Z－1.0へ．送り速さ0.3mm/rev.
N563 Z－100.0;	Z－100.0（外径加工）へ．
N564 X33.0;	X33.0へ．
N565 X35.0 Z－101.0;	C1面取り．
N566 Z－139.224;	R250.0の開始点へ．
N557 G02 Z－260.776 R250.0;	R250.0の終点へ．
N558 G01 Z－400.0;	Z－400.0（外径加工）へ．
N559 X45.0;	X45.0へ逃げ．
N560 G69;	バランスカットモードキャンセル．
N561 G00 G40 X400.0 M09;	早送りでX400.0へ．刃先R補正キャンセル．クーラントOFF.
N562 G28 U0 M05;	X方向レファレンス点復帰．主軸停止．
N563 G28 V0 W0;	Y，Z方向レファレンス点復帰．
N564 M01;	オプショナルストップ．
～ ; ;	

表9.10　工具主軸側のプログラム例

［第2刃物台のプログラム例］

プログラム	概　説
O600 (BALANCE CUT);	プログラム番号600．バランスカット
～ ; ;	
N650 (GAIKEI SHIAGE);	シーケンス番号650．外径仕上げ加工．
N651 T0606 M69;	工具番号06．工具番号06．主軸ブレーキアンクランプ．
N652 G54 G99 G18 G40 G97 M46;	ワーク座標系設定．主軸1回転当たりの送り．X－Z平面選択．刃先R補正キャンセル．周速一定制御キャンセル．C軸接続解除．
N653 G00 Z2.0 M08;	早送りでZ2.0（Xは機械座標系の0）へ．クーラントON.
N654 M120;	待合わせMコード
;	
N655 X100.0;	X100.0へ．
N656 G68;	バランスカットモード
N657 G01 G42 X19.0 F0.5;	切削送りでX19.0（面取り開始点）へ．刃先R補正右
N658 X25.0 Z－1.0 F0.3;	X25.0 Z－1.0へ．送り速さ0.3mm/rev.
N659 Z－100.0;	Z－100.0（外径加工）へ．

N660 X33.0;	X33.0へ.
N661 X35.0 Z－101.0;	C1面取り.
N662 Z－139.224;	R250.0の開始点へ.
N663 G02 Z－260.776 R250.0;	R250.0の終点へ.
N664 G01 Z－400.0;	Z－400.0（外径加工）へ.
N665 X45.0;	X45.0へ逃げ.
N666 G69;	バランスカットモードキャンセル.
N667 G00 G40 X200.0　M09;	早送りでX200.0へ. 刃先R補正キャンセル. クーラントOFF.
N668 G53 X0 Z－400.0;	機械座標系のX0　Z－400.0へ.
N669 M01;	オプショナルストップ.
～ ; ;	

表9.11　第2刃物台側のプログラム例

(4) プログラムの詳細

①工具主軸側，第2刃物台側とも，この仕上げ加工に入る前に種々の加工を終了しているとし，したがってこの仕上げ加工時の工具のスタート点は，工具主軸側はX，Y，Zのレファレンス点，第2刃物台側はタレットが旋回しても心押台に干渉しない位置（ここではG53 X0 Z－400.0）とする．

②N551～N555

N551ブロックで，T1005の工具を工具交換待機位置に呼び出し，N555ブロックでT1005の工具を工具主軸に装着するとともに，B0°に旋回し，D1.の指令で旋削工具の認識をさせる．2つの刃物台が同時に加工するので，ここでは工具主軸側のプログラムをメインとして，主軸の回転数や主軸の正転，停止などは工具主軸側のプログラムで行なう．したがって，第2刃物台側では主軸回転数や主軸の起動指令は行なわない．

③N556～N558

工具番号5番の補正量を読み込み，Z2.0へ移動する．センタで工作物をサポートしているので，心押台との干渉を避けるため，工具はZ方向にアプローチしてからX方向にアプローチする．N558ブロックでMコードによる待合わせを行ない，第2刃物台からのM120信号を待って（あるいはその逆の場合もある）次のブロックへ進む．

④N560

このブロックでバランスカットモードになり，第2刃物台の工具の移動と同期される．以降のブロックからは加工プログラムであるが，プログラムの内容は第2刃物台のプログラムと同一である．

⑤N561

刃先R補正を右側にしてX19.0にアプローチした．この時心押台と干渉しないよう十分注意する．

⑥N566 ～ N567

R250.0円弧の始点と終点の座標値である．**図9.19**においてR250.0の中心をOとすると，OA=250.0，OB=250－(17.5－10)＝242.5となるので，

⊿OABにおいて $AB = \sqrt{250.0^2 - 242.5^2} = 60.776$ となる．

従って円弧の開始点AのZ座標値は200.0－60.776＝139.224となる．また円弧の終点DのZ座標値は200.0+60.776＝260.776となる．

⑦N559 ～ N561

N559ブロックでX方向に逃げた後G69の指令でバランスカットモードをキャンセルする．この指令以降は第2刃物台の移動に制約されることなく，移動することができる．

G40の指令で刃先Rをキャンセルしながら工具が工作物から退避する．退避するときは心押台に干渉しないよう，まずX方向から退避し次にZ方向に退避する．

⑧N651 ～ N652

T06の工具を呼び出し，6番の補正番号の補正量を読み込む．N652ブロックではG54のワーク座標系とT0606でワーク座標系の設定を行なう．N652ブロックに主軸の回転数を指令しない．主軸の回転数は工具主軸側から指令される．

⑨N653 ～ N654

X座標値は機械原点のままZ2.0にアプローチする．工作物にアプローチする場合斜めに移動すると心押台に干渉する恐れがあるので，まずZ方向にアプローチしてからX方向にアプローチする．N654ブロックでMコードによる待合わせを行い，工具主軸側から指令されるM120（この逆もある）を待って次のブロックに進む．

⑩N656

このブロックでバランスカットモードになり，工具主軸の工具の移動と同期される．以降のプログラムの内容（N657 ～ N665）は工具主軸のプログラムと同一である．

⑪N666

N665ブロックでX方向に逃げた後G69の指令でバランスカットモードをキャンセルする．この指令以降は工具主軸の移動に制約されることなく，

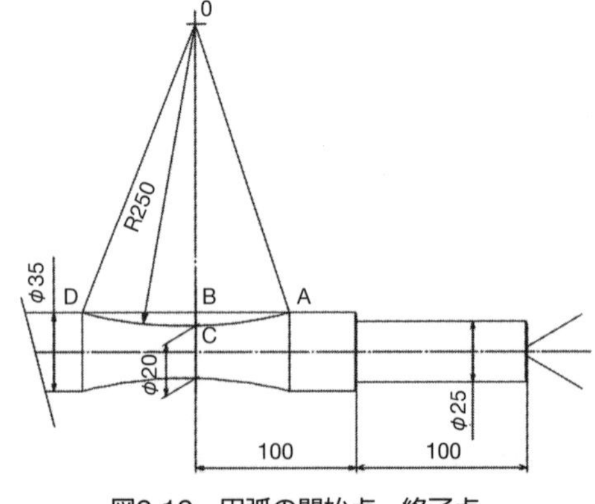

図9.19　円弧の開始点，終了点

移動することができる.

⑫N667 ~ N668

G40の指令で刃先R補正をキャンセルしながら工具が工作物から退避する. 工具主軸の場合と同様, 退避するときは心押台に干渉しないよう, まずX方向から退避し次にZ方向に退避する.

9.5 スピニング加工

9.5.1 スピニング加工の切削方式

図9.20のように平刃バイトの切れ刃を送り方向に対して傾斜させて取り付け, 工作物を通常の旋削加工と同様に回転させ, バイトをZ軸方向に送りをかけて加工する切削法をシェービング加工といっている. この方法によれば, バイトの心高を正確に合わせる必要がなく, また切りくずはほぼ真下に落ちるのでその処理が非常に簡単であるという利点がある. この方式を応用した加工法にスピニング加工法がある.

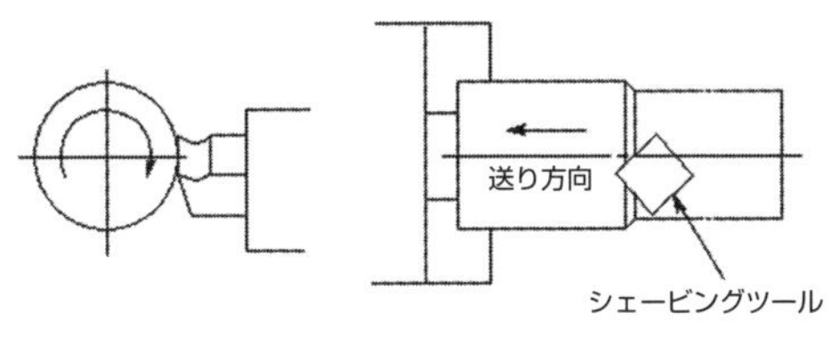

図9.20 シェービング加工

スピニング加工には**図9.21**のようなシャンクの先端に丸駒状チップを取り付けたスピニングツールを使用し, 工作物と工具を回転させて加工する方法である.

工具主軸に取り付けたスピニングツールをB軸ゼロまたは多少傾斜させ, 工具はY軸方向から工作物の外周に当て, Z方向に送りをかけて加工する (**図9.22**).

[主な特徴]

①通常の角シャンクによる外径加工ではシャンクに曲げ応力がかかりビビリの原因となるが, このスピニング加工では, 切削抵抗がB軸主軸方向にかかるので重切削に向いており, ニッケル合金や耐熱鋼などの難削材に効果的である.

②工具を取付ける構造上より, 旋削の切込み方向は, X軸ではなくY軸となる.

③引き目は旋削加工と同様, 円周方向の旋削目になる.

④隅Rは丸駒インサートの半径より大きい加工でなければならない.

⑤スピニングツールの外径が通常の旋削チップの刃先Rより十分大きいので, 送り速さは通常の数倍となり, 加工時間は大幅に短縮される.

この加工法においては, 切りくずの処理性や工具の寿命, 加工能率向上などに対するB軸の傾き角度, 工作物とスピニングツールとの回転比, インサートの形状など通常の旋削加工の切削条件に比べて検討する課題が多く, 試行錯誤しながら個々の加工状況に適した条件を見出すことが多い.

9.5.2 プログラム例

(1) 切削条件

図9.22に示すϕ100の外径を主軸回転数650m/min，ϕ30スピニングツール回転数1000min^{-1}，送り速度500mm/min，加工長さ200mmを加工する場合のプログラム例を**表9.12**に示す．主軸およびスピニングツールは逆回転で加工するものとする．

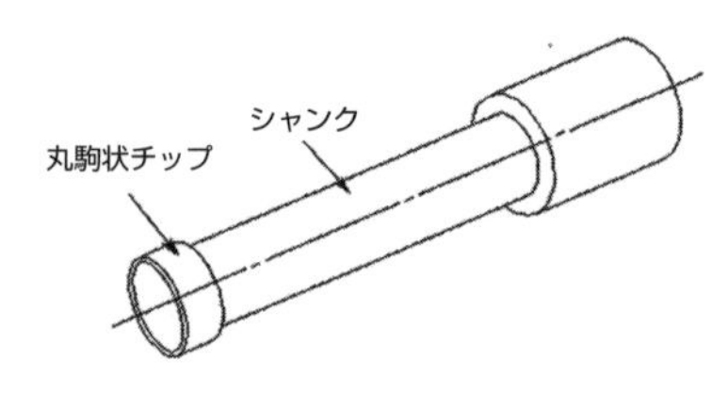

図9.21　スピニングツール

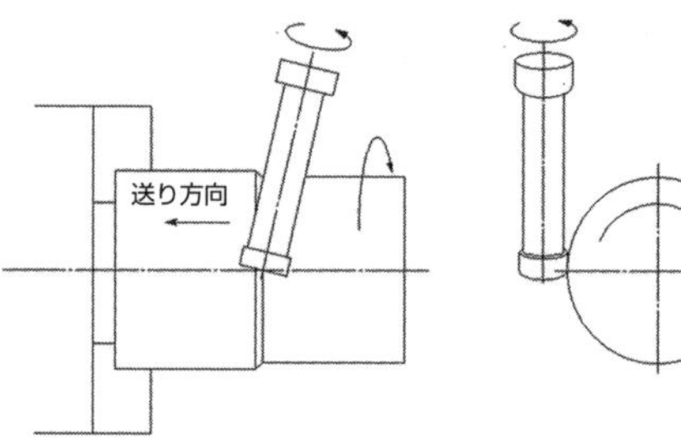

図9.22　スピニング加工法

プログラム例

プログラム	概　説
O700;	プログラム番号700.
N30 M26;	心押台後退.
N31 G50 S2000;	主軸最高回転速度2000min^{-1}.
;	
N100 ;	シーケンス番号100.
N101 T1001 M69;	工具番号1001を工具交換位置へ．主軸ブレーキアンクランプ.
N102 G28 U0 M09;	X方向レファレンス点復帰．クーラントOFF.
N103 G28 V0 W0;	Y，Z方向レファレンス点復帰.
N104 G55 G98 G19 G40 G97 M46;	ワーク座標系設定．毎分当たりの送り．Y－Z平面．刃先R補正キャンセル．周速一定制御キャンセル．C軸接続解除.
N105 G361 B－15.0 D0.;	工具交換（T1001を主軸へ）．B－15.0°．回転工具選択.
N106 G43 H1.;	工具補正有効．工具補正番号1.
N107 G00 X200.0 Y65.0 Z20.0 M08;	早送りでX200.0　Y65.0　Z20.0へ移動．クーラントON.
N108 M90 S1000 ;	主軸と工具主軸との同時運転モードON．工具主軸の回転数1000min^{-1}.
N109 S650 M04 ;	主軸の回転数650min^{-1}．主軸と工具主軸逆回転.
N110 X0;	早送りでX0へ.
N111 G01 Z－200.0 F500;	切削送りでZ－200.0へ.

N112 X130.0 M09;	X130.0へ逃げ．クーラントOFF.
N113 G00 X200.0 M05;	早送りでX200.0へ．主軸，工具主軸の回転停止
N114 M91;	主軸と工具主軸との同時運転モードOFF.
N115 G28 U0;	X軸レファレンス点へ.
N116 G28 V0 W0;	Y，Z軸レファレンス点へ.
N117 M01;	オプショナルストップ.
～ ; ;	

表9.12　スピニング加工のプログラム例

(2) プログラムの詳細

①N105

G361 の指令でT1001の工具を工具主軸に取付け，**図9.22**のようにB－15.0で15°マイナス方向に傾けて加工するものとする.

②N107

早送りでX200.0　Y65.0　Z20.0に近づく．ϕ100の工作物のYプラス側で加工するため，(100/2) + (30/2) ＝65.0となる．加工の外径寸法はY軸で合わせる.

③N108，N109

N108ブロックのM90は，主軸と工具主軸の同時運転モードONのMコードである．指令は次のように行なう.

M90：主軸と工具主軸の同時運転モードON

M90 S＊＊＊＊;

M90と同一ブロックのS＊＊＊＊ (min^{-1}) で工具主軸の回転数を指令する.

M91：主軸と工具主軸の同時運転モードOFF

(注)・M90の指令はG97の状態で指令する.

・M90，M91を指令する前に主軸および工具主軸が停止していること.

・主軸の回転数の指令はM90ブロックより後のブロックで行ない，同時に主軸回転の指令も行なう.

通常主軸と工具主軸は同時に運転できないようになっているので，同時に運転させたい場合はM90を指令する．「M90　S＊＊＊＊；」の指令によって工具主軸の回転数が指定され，N109ブロックの「S＊＊＊＊　M04;」の指令で主軸の回転数が指定され，M04で両方の主軸が逆回転する．以降のブロックは通常の旋削加工のプログラムである.

④N114

M91の指令で主軸と工具主軸との同時運転モードをOFFし，最初の状態に戻しておく.

9.6 ミルターン加工

9.6.1 ミルターン加工の概要

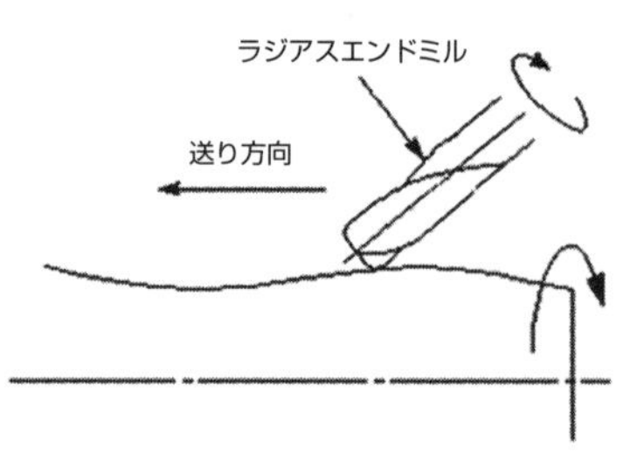

図9.23 ミルターンの切削モデル

工具主軸にボールエンドミルやラジアスエンドミルのようなコーナRの付いた工具を取付け，回転させた工作物の外周または内周に接触させ，工具に送りをかけて加工する方法をミルターン加工という（**図9.23**）．ミルターン加工ではエンドミル加工と同様，断続切削になるため，通常の旋削加工のような円周方向の切削目は形成されず，うろこ状の面に加工される．合成ゴムや樹脂，アルミニウム加工など，比較的に柔らかく長い切りくずが発生する素材の荒加工に利用されることが多い．

なお機械の仕様によっては，この機能が使えないものもあるので機械の仕様をチェックする必要がある．

［ミルターン加工の主な特徴］

①高速，断続加工なので，切りくずが分断され切りくずの処理が容易である．したがって，合成ゴムや樹脂などの切りくずが長く伸びて絡まる素材に効果的である．

②切削速度が工作物の回転数と回転工具との合算になるので，高速加工ができる．

③コーナR部が工具補正量の部分となるので，回転工具でありながら通常の旋削工具としてプログラムができる．

④工作物の回転は逆転，回転工具は正転で加工する．

⑤断続加工になるので加工表面はうろこ状になるが，工作物の回転数と回転工具の回転数の比率を適正に変えることによって，うろこの性状を改善することができる．回転工具の回転数を上げることによりうろこのサイズが小さくなり，回転数を下げるとうろこのサイズが大きくなる．

⑥加工時間Tは工作物の回転数と回転工具の送り速さによって次式で計算される．

$$\mathrm{T}=\frac{L}{N\times f}\ (\mathrm{min})\quad \text{または}\quad \mathrm{T}=\frac{L}{F}\ (\mathrm{min})$$

L：切削長さ（mm）

N：主軸回転数（min^{-1}）

f：主軸1回転当たりの送り量（mm/rev）

F：毎分当たりの送り量（mm/min）

9.6.2 加工例

(1) 加工図

図9.24はϕ20の2枚刃超硬ラジアスエンドミルで外径を加工する例である．工作物の素材は軟質ゴムなどの柔らかい材料を想定している．エンドミルのコーナRは2mmとし，エンドミルを工具主軸に取付けB軸－60°に傾けて加工する．

(2) 切削条件

この加工では工具主軸を正回転，主軸を逆回転にして加工する．切削速度をV=230m/minとすると，この速度は工作物の回転速度と回転工具の回転速度との合算になるので，この速度を主軸の回転に100m/min，工具の回転に130m/minに振り分ける．

従って主軸の回転数N1はϕ50では下記となる．

$$N1 = \frac{100 \times 1000}{3.14 \times 50} = 640 \quad \mathrm{min}^{-1}$$

また工具主軸の回転数N2は下記となる．

$$N2 = \frac{130 \times 1000}{3.14 \times 20} = 2070 \quad \mathrm{min}^{-1}$$

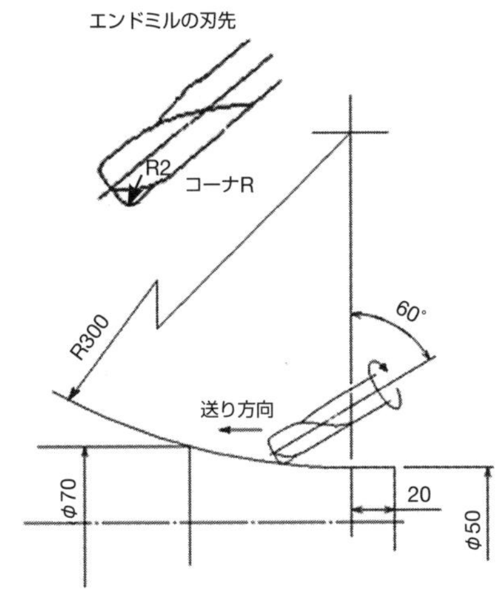

図9.24　ラジアスエンドミルによる加工

また送り速さは，回転工具1回転当たり0.3mm/rev，主軸1回転当たりの送り量を0.2mm/revとすると，工具主軸の送り量は次のように求まる．

工具主軸の毎分の送り速さはF=0.3×2070+0.2×640＝749mm/min

(3) ミルターン加工のプログラム例

プログラム例を**表9.13**に示す．

プログラム	概　説
O800 (MILL TURN);	プログラム番号800.（ミルターン）
N30 M26;	心押台後退.
N31 G50 S2000;	主軸最高回転速度2000min^{-1}.
;	
N100 ;	シーケンス番号100.
N101 T1001 M69;	工具番号1001を工具交換位置へ．主軸ブレーキアンクランプ.
N102 G28 U0 M09;	X方向レファレンス点復帰．クーラントOFF.
N103 G28 V0 W0;	Y，Z方向レファレンス点復帰.
N104 G55 G98 G18 G40 G97 M46;	ワーク座標系設定．毎分当たりの送り．X－Z平面．刃先R補正キャンセル．周速一定制御キャンセル．C軸接続解除.
N105 G361 B－60.0 D1.;	工具交換（T1001を主軸へ）．B－60.0°．旋削工具選択.
N106 G43 H1.;	工具補正有効．工具補正番号1.

(N150 M＊＊；)	(主軸と工具主軸との同時運転モード．)
N107 S2070 M13；	工具主軸の回転数2070min^{-1}．工具主軸正転.
N108 G00 X200.0 Y0 Z10.0 M08;	早送りでX200.0　Y0　Z10.0へ．クーラントON.
N109 G42 X50.0 S640 M04;	刃先R補正右．X50.0 へアプローチ．主軸回転数640min^{-1}．主軸逆転.
N110 G01 Z－20.0 F749;	Z－20.0へ切削．送り速度749mm/min.
N111 G02 X74.0 Z－104.0 R300.0;	時計回り円弧補間．終点X74.0　Z－104.0．回転半径300mm.
N112 G01 G40 X90.0 M09;	刃先R補正キャンセル．X90.0へ逃げ．クーラントOFF
N113 G00 X200.0 M05;	早送りでX200.0へ．主軸と工具主軸の回転停止.
(N151 M＊＊;)	(主軸と工具主軸との同時運転モードキャンセル．)
N114 G28 U0;	X軸レファレンス点へ.
N115 G28 V0 W0;	Y，Z軸レファレンス点へ.
N116 M01;	オプショナルストップ.

表9.13　プログラム例（ミルターン切削）

(4) プログラムの詳細

①N105

工具交換指令した後B－60.0へ傾ける．工具主軸にはエンドミルが付いているが指令としては「D1.」で旋削工具として認識させる．

②N106

「G43　H1.」の指令で工具補正量が取り込まれる．工具補正量を求めるときは旋削工具の場合と同様にして求める．つまり**図9.25**のように，工具主軸をB－90.0にして，コーナRの部分をツールプリセッタに当てることによって，XとZの補正量が求まる．また刃先Rは2.0mm，仮想刃先点の番地は3となる（**図9.26**）．

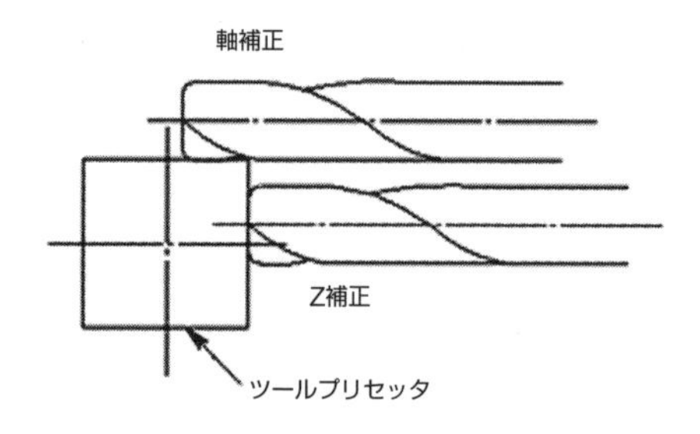

図9.25　回転工具のコーナR部をツールプリセッタに当てる

工具形状補正

工具補正量 →

番号	X軸	Z軸	Y軸	半径	T
01	−410.000	−201.000	0.000	2.000	3
02	0.000	0.000	0.000	0.000	0
03	0.000	0.000	0.000	0.000	0
04	0.000	0.000	0.000	0.000	0
05	0.000	0.000	0.000	0.000	0

ツールプリセッタで求める

図9.26　回転工具の工具補正量

③N150，N151

このミルターン加工では，主軸と工具主軸を互いに反対方向

（たとえば工具主軸が正転，主軸が逆転など）へ同時に回転させて加工を行なう．しかし通常の機械は互いに反対方向に同時に回転させることが出来ない仕様の場合が多いので，互いに反対方向の同時回転できる機能を付加させた仕様にして同時回転モードを指令しなければならない．加工終了後は同時回転モードをキャンセルしておく．この機能を使う時は機械仕様の確認が必要である．

④N107

工具主軸の回転数を2070min^{-1}とし，正回転を指令した．

工具主軸の回転を指令するときはS＊＊＊＊とM13を同一ブロックに指令する．

⑤N109

刃先R補正を右にしてX50.0へアプローチした．

G97 S640 M04を指令することによって主軸側の回転数が640min^{-1}となり，主軸が逆転する．

このミルターン加工は，主軸を逆回転して行なう．

⑥N110 ～ N112

R300.0の円弧加工である．円弧加工が終了したあと刃先R補正をキャンセルしてX90.0へ逃げ，クーラントをOFFする．

⑦N113

早送りでX200.0へ逃げ，M05の指令で工具主軸，主軸ともに回転が停止する．

9.7　ターンミル加工

9.7.1　ターンミル加工による切削

ターンミル加工とは**図9.27**のように，回転している加工物にフライス工具やエンドミルなどの底刃を当てて，曲面を加工する切削方法をいう．

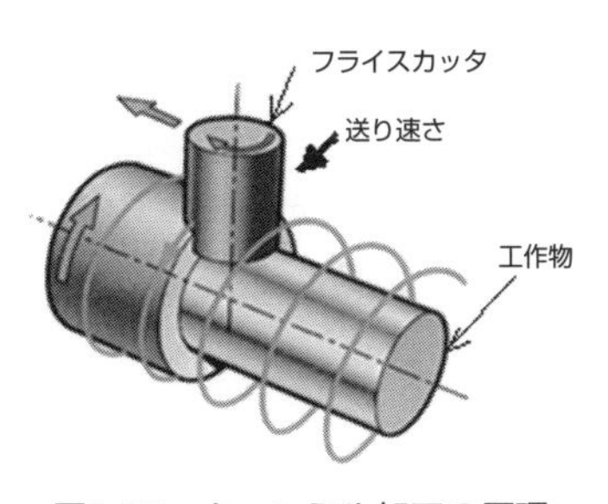

図9.27　ターンミル加工の原理

図9.28はフライスカッタでクランクシャフトを加工している状態を示している．クランクシャフトを主軸に取付けてゆっくり回転すると同時にフライスカッタが回転しながらX，Y方向に運動し，偏心したクランク部を円形に加工する例である．

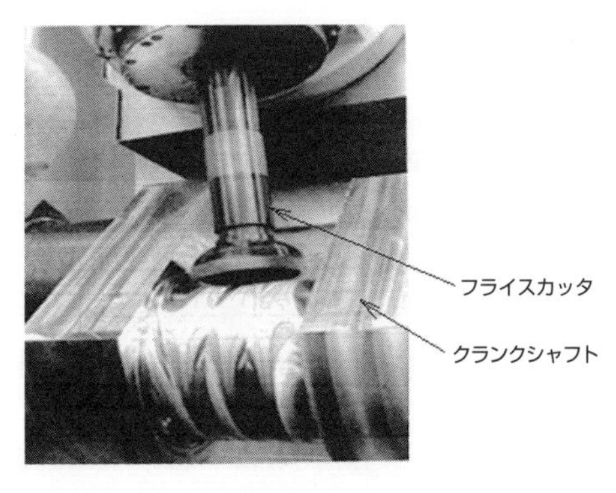

図9.28　ターンミル加工例（クランクシャフト）

[ターンミル加工の特徴]

①工作物を回転中にフライスカッタを直径方向に送ることによって円筒面を形成する．

②フライスカッタをX－Y方向に同時に移動させることによって，偏心面（軸上のカムなど）を形成することができる．

③加工物を回転させると同時に3軸以上でカッタを送ることによってタービンブレードのような加工物を形成することができる．

④基本的にはミリング加工なので，優れた切りくず処理能力をもち，切りくずの排出量も大きい．

9.7.2　ターンミルにおける加工切削条件の計算

図9.29のように工作物を回転させ，同時にフライスカッタも回転させて工作物の外周を加工するときの切削条件を計算してみる．

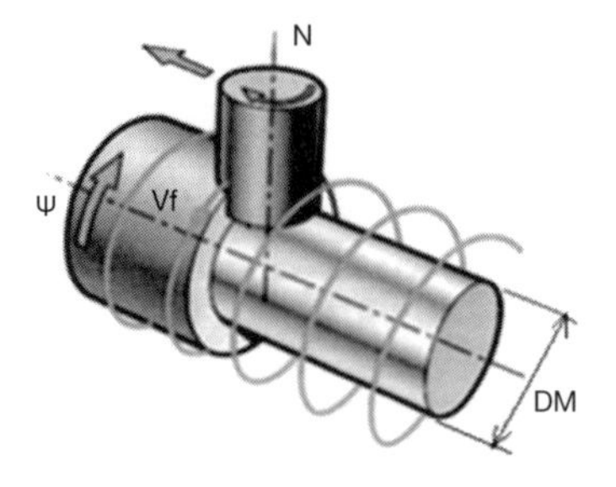

図9.29　ターンミル加工の計算記号

(1) 一般的なフライス加工

・工具回転数：N

$$N = \frac{1000 \times Vc}{Dc \times \pi} \quad min^{-1}$$

Vc；切削速度　m/min

Dc；カッタ直径　mm

・送り速さ：V_f

工作物の円周方向のカッタの送り速さ：V_f

$V_f = Zn \times N \times fz$　mm/min

Zn：カッタの刃数

N：工具回転数　min^{-1}

fz：1刃あたりの送り量　mm/刃

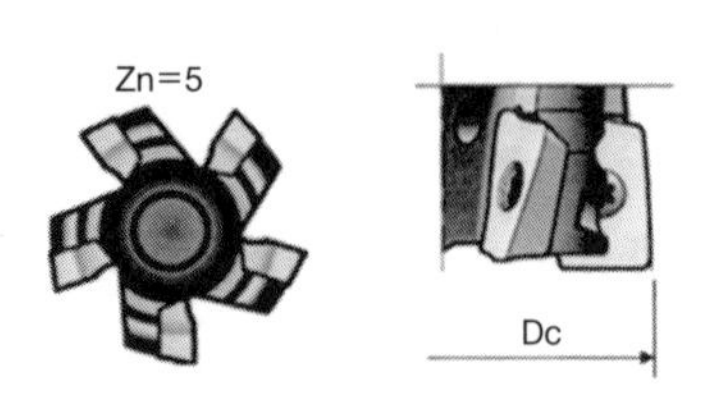

図9.30　ターンミル加工のカッタ

(2) ターンミリング

・被削材回転角　ψ

$$\Psi = \frac{v_f \times 360}{DM \times \pi} \quad deg/min$$

DM：加工径　mm

9.7.3　カッタの移動

カッタには**図9.30**のように数枚のチップが取り付けられているが，このカッタを**図9.31**のように工作物の中心と一致する位置で加工すると，カッタのチップが中心に向かって多少内側に傾斜しているため，カッタの中心部が通過した工作面は凸形になって平面にはならない．これを可能な限り小さくするために，数枚あるチップの内最小1枚はワイパチップ［**図9.32 (a)**］とし，さらに**図9.32 (b)** のようにカッタの中心を工作物の中心からE_{w1}ずらした位置（これをオフセットという）

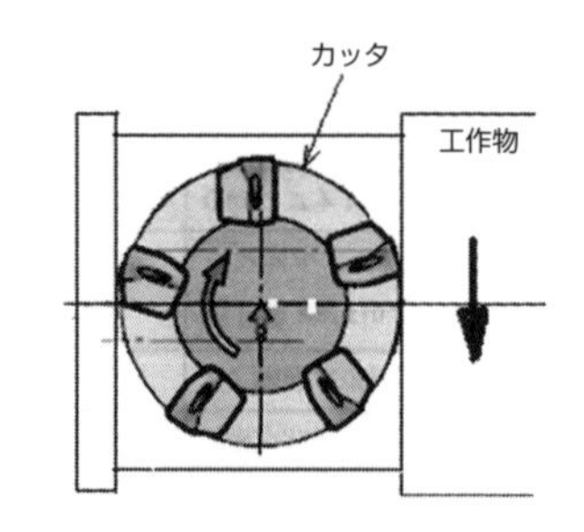

図9.31　カッタが工作物の中心位置

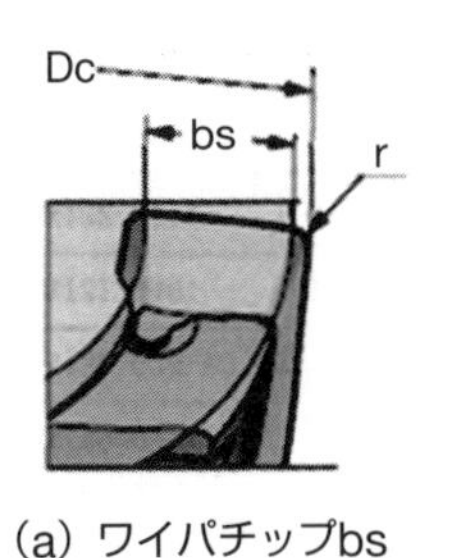

(a) ワイパチップbs

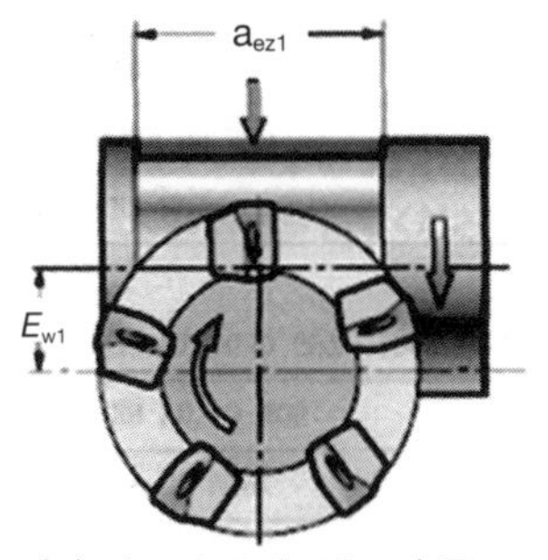

(b) カッタのオフセットE_{w1}

図9.32 カッタの構成

で加工することが重要である.

つまり，カッタが回転中はチップがいつも工作物の中心に位置するよう，カッタの位置をY方向にずらすのである．したがって実際に加工される幅はカッタ径ではなく，それよりの多少狭いa_{ez1}の幅となる.

最適なオフセット量はカッタ外径とワイパチップの幅により異なるので，サンドビック社のカタログから引用した数値を**図9.33**に示す.

たとえば，CoroMill390のϕ80のカッタを使う時には，E_{w1}は30.7mmとするとa_{ez1}は46.8mmとなり，次にオフセット量をE_{w2}にして加工すると加工幅がa_{ez2}に広がるということである.

図9.34のような長い加工物の場合は，工作物1回転ごとにZ方向にa_{ez1}の80％以内の送りで全長を加工し，再度a_{ez2}のオフセット量で加工するとよいといわれている.

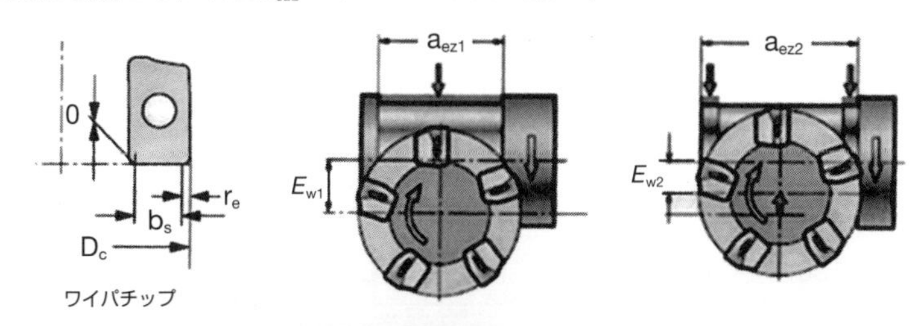

CoroMill® 390

Cutter diameter, mm	D_c	Dimensions, mm b_s	E_{w1}	E_{w2}	E_{w3}	a_{ez1}	a_{ez2}	a_{ez3}
18	40	9,0	10,70	0,00	–	30,43	37,60	–
	44	9,0	12,70	0,00	–	32,44	41,60	–
r_ε = 1,2	50	9,0	15,70	0,00	–	35,24	47,60	–
κ_r = 90°	54	9,0	17,70	0,00	–	36,99	51,60	–
	63	9,0	22,20	8,93	0,00	40,65	57,49	60,60
	66	9,0	23,70	11,17	0,00	41,80	59,12	63,60
	80	9,0	30,70	19,88	0,00	46,80	66,18	77,60
	84	9,0	32,70	22,14	0,00	48,13	68,06	81,60

図9.33 カッタのオフセット例（サンドビック）

9.7.4 ターンミル加工のプログラム例

(1) 加工図

ターンミル加工の加工図を**図9.35**に示す．ϕ250の円柱に75mm偏心したϕ100の円柱を加工する．ここでは仕上げ加工のみのプログラムとする．

(2) 切削条件

前述の切削条件の計算式により，工具回転数，送り速さ，被削材回転角を求める．

使用する工具はCoroMillϕ80(5枚刃）とし，切削速度Vcは150m/min，1刃当たりの送り量fzは0.05mm/刃とする．

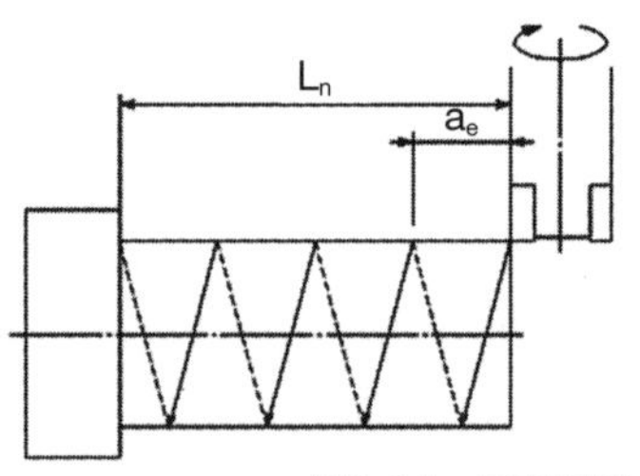

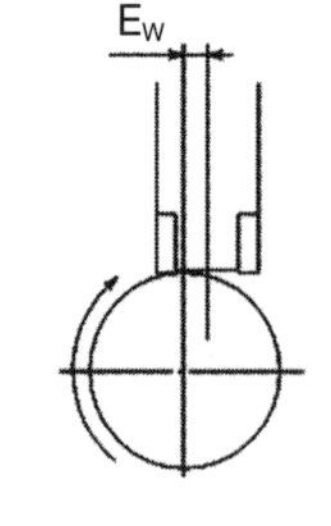

図9.34　長手加工

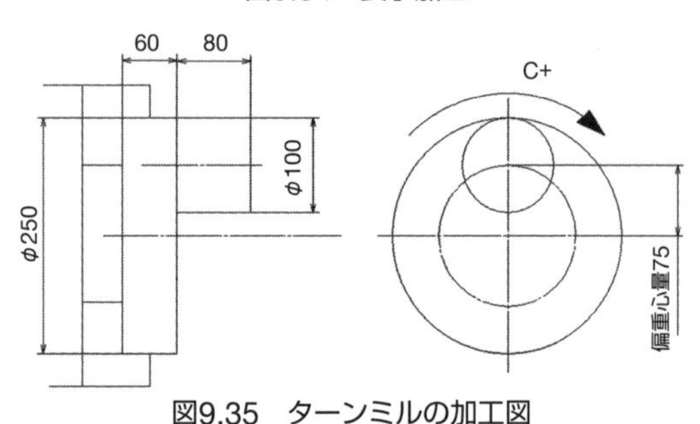

図9.35　ターンミルの加工図

①工具回転数：N

$$N = \frac{1000\times Vc}{Dc\times\pi} = \frac{1000\times150}{20\times3.14} = 597\ \mathrm{min}^{-1}$$，したがってN＝600とする．

②送り速さ：V_f

$$V_f = Zn\times N\times fz = 5\times600\times0.05 = 150\ \mathrm{mm/min},$$

③被削材回転角：ψ

$$\Psi = \frac{V_f\times360}{DM\times\pi} = \frac{150\times360}{100\times3.14} = 172\ \ \mathrm{deg/min},$$

したがってψ＝170とする．

(3) プログラム

加工は**図9.36**のAの状態を初期（被削材回転角Cをゼロ）とし，主軸を時計方向に1回転させて加工終了とする．プログラムは後述するマクロプログラムを使用するため，**図9.37**に示した変数を割当てる．**表9.14**にメインプログラム例，**表9.15**にサブプログラムを示す．プログラムはメインプログラムとサブプログラムを作成する．

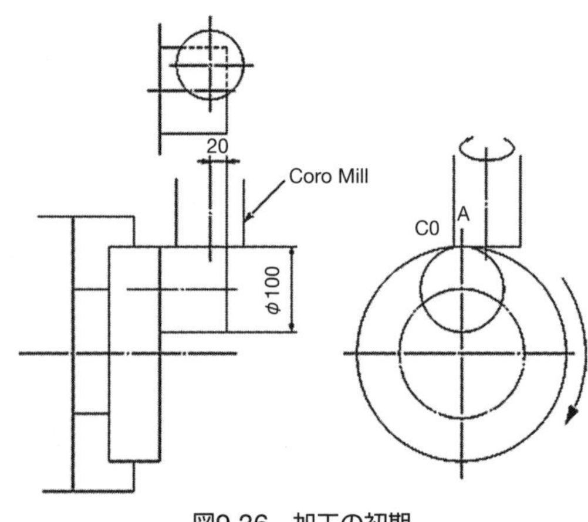

図9.36　加工の初期

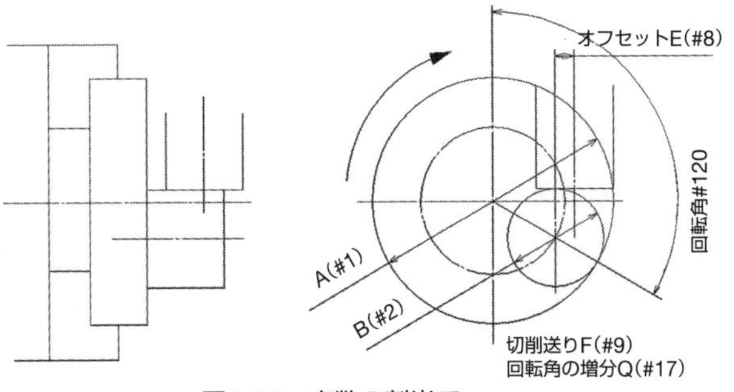

図9.37　変数の割当て

メインプログラム

プログラム	概　説
O1000；	プログラム番号1000.
； ；	
N110 (80 MILL)；	
N111 T1001　M69；	T1001を工具交換位置へ．主軸ブレーキアンクランプ.
N112 G28 U0　M09；	X軸レファレンス点復帰．クーラントOFF.
N113 G28 V0 W0；	Y，Z軸レファレンス点復帰.
N114 G54 G98 G19 G40 G97 S600 M45；	ワーク座標系設定．送り速さmm/min．Y－Z平面．工具径補正キャンセル．工具回転数600min^{-1}．C軸接続.
N115 G28 H0；	C軸レファレンス点復帰.
N116 G361 B0. D0.；	工具交換（T1001を工具主軸へ）交換後B0°へ．回転工具選択.
N117 G43 H1.；	工具補正有効．工具補正番号1.
N118 G00 X300.0 Y－100.0 Z－20.0 M08；	早送りでX300.0，Y－100.0，Z－20.0へ．クーラントON
N119 G65 P1001 A250.0 B100.0 F150 E30.7 Q0.5；	単純マクロプログラム呼び出し．大径(A)250.0mm．小径(B)100.0mm．送り速さ(F)150mm/min．カッタのオフセット量(E)30.7mm．回転角度の増分(Q)0.5°.
N120 G01 X300.0 F300;	X方向へ逃げ.
N121 G28 H0;	C軸レファレンス点復帰.
N122 G28 U0 M09；	X軸レファレンス点復帰．クーラントOFF.
N123 G28 V0 W0 M05；	Y，Z軸レファレンス点復帰．工具主軸回転停止.
N124 M46;	C軸接続解除.
N125 M01;	オプショナルストップ.
； ；	

表9.14　メインプログラム例

サブプログラム

プログラム	概　説
O1001（TURN MILL SUB）;	プログラム番号1001．ターンミルサブプログラム
N150 G00 X#1;	X#1（X250.0）へアプローチ．
N151 C0;	C軸0°．
N152 M13;	工具主軸正回転．
N153 G01 Y－[#8] F150;	送り速さ150mm/minでY－[#8](Y－30.7)へ．
N154 #100=[#1－#2]/2;	大径と小径との偏心量を#100に代入．
N155 #120=0;	回転角度を初期．
N156 WHILE[#120 NE 360.0] DO1;	回転角度が360.0°に等しくなるまでDO1～END1を繰返す．
N157 #120=#120+#17;	回転角度を計算．
N158 IF[#120 LT 360.0] GOTO160;	回転角度が360.0°未満ならN160へ．
N159 #120=360.0;	#120を360.0°に置き換える．
N160 #101=[#100*COS[#120]+#2/2]*2;	加工点のX座標値を計算．
N161 #102=#100*SIN[#120]+#8;	加工点のY座標値を計算．
N162 G01 X#101 Y－[#102] C#120 F#9;	直線補間でX#101 Y－[#102] C#120へ送り速さF#9で移動．
N163 END1;	加工終了．
N164 M99;	サブプログラム終了．

表9.15　サブプログラム例

(4) プログラムの詳細

①N119

G65は単純マクロ呼び出しのGコードで，O1001のサブプログラムにジャンプして種々の動作を行なう．

G65 P1001 A250.0 B100.0 F150 E30.7 Q0.5；

G65：単純マクロ呼び出し指令

P1001：O1001へジャンプ．

A250.0：変数番号#1に250.0を割り当てる．つまり大径を250.0mmとする．

B100.0：変数番号#2に100.0を割り当てる．つまり小径を100.0mmとする．

F150：#9に150を割り当てる．工具の送り速さを150mm/minとする．

E30.7：#8に30.7mmを割り当てる．工具のオフセット量を30.7mmとする．

Q0.5：#17に0.5を割り当てる．主軸の回転角度の増分値とする．

この指令によってマクロプログラム（サブプログラム）の各変数に割り当てられ，ϕ100のターンミル加工を行なう．

②N120

マクロプログラムを実行し加工が完了するとN120ブロックに復帰し，X300.0へ

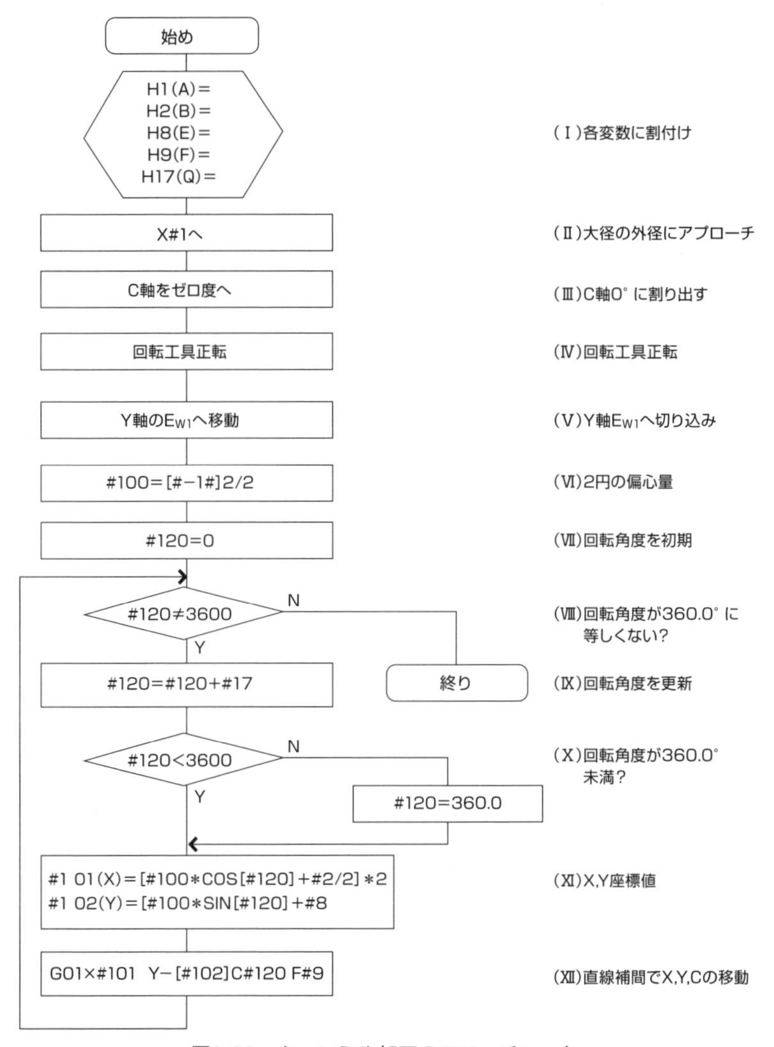

図9.38　ターンミル加工のフローチャート

移動する.

③N121 ~ N123

C軸のレファレンス点復帰，さらにN122ブロック以降でX，Y，Z軸のレファレンス点復帰を行なう.

④N124

加工が終わったらC軸の接続を解除し，旋削モードにしておく.

⑤O1001

このプログラムはカスタムマクロプログラムである．メインプログラムから呼び出されてこのプログラムが実行されるが，**図9.38**に示すフローチャートに従い，いろいろな記号を使ってプログラムを作成している．フローチャートの内容を順に説明しよう．

（Ⅰ）メインプログラムでA，B，E，F，Qが指令されると，これらのアドレスに対応する変数に各数値を割り当てる．

（Ⅱ）大径の外径φ250.0にアプローチする（N150）．

（Ⅲ）C軸はすでにN115でレファレンス点復帰しているが，ここでCのゼロ度に移動する．ここがターンミル加工の開始角度である（N151）．

（Ⅳ）工具主軸を正転させ，加工の準備にはいる（N152）．

（Ⅴ）Yプラス方向にターンミル加工のオフセット位置に移動する．N153の#8はアドレスEの変数であるから，Y－30.7へ移動する（N153）．

（Ⅵ）大径と小径との偏心量を計算する．偏心量は（A－B）/2の式で求まるので，A，Bを変数に置き換えて#100＝［#1－#2］/2とし，その偏心量を#100というコモン変数に置き換える．この式で［　］は一般の数式のカッコ（　）と同じである（N154）．

（Ⅶ）C軸の回転角度を#120というコモン変数に割当てる．N151ブロックでC軸がゼロ度になったので，その位置を#120=0の式でC軸を初期（ゼロ度）とする（N155）．

（Ⅷ）菱形（◇）の記号を判断記号といい，菱形内の条件式の問いかけに「イエス」ならば「Y」側に,「ノー」ならば「N」側に進む．#120≠360.0の式は「#120は360.0ではない？」という意味であり，#120が360.0と等しくないときは「Y」側へ進み，（ⅩⅡ）までの間を「WHILE［＜条件式＞］DOm・・・ENDm」という条件付き繰返しのサイクルとなる．つまり，#120（C軸の回転角）が360.0°になるまで（Ⅷ）から（ⅩⅡ）を繰返すのである．そして，（Ⅷ）で#120が360.0に等しくなるとこのサイクルから抜け出し，N164へ進む（N156～N163）．
条件付き繰返しサイクルについては次項を参照願いたい．

（Ⅸ）#17はQの変数であり，C軸回転角度の増分量を示す．ここではQ0.5なので，「#120=#120+#17」の式によって#120が0.5°づつ増加する．「#120=#120+#17」の式は，「#120+#17」の値を#120というコモン変数に置きかえるという意味であり，通常の数式とは異なることに注意が必要である（N157）．

（Ⅹ）菱形の記号は判断記号である．ここではC軸の回転角#120が360.0°未満ならN160ブロックへ，未満でなければN159 → N160ブロックへ進み，#120=360.0としてX，Y座標値を求める（N158，N159）．

（Ⅺ）移動するX，Yの座標値を求めXの座標値を#101に，Yの座標値を#102に置き換える（N160，N161）．

（Ⅻ）でX，Y，CがFの速さで移動する．移動が終わると（Ⅷ）に戻り，C軸が

360.0に回転するまでX，Y，Cの移動を繰返すのである(N162)．

⑥C軸回転角度に対するX，Yの座標値

図9.39はC軸が#120に回転したときの小径#2とミリングカッタとの関係を示す．これよりX座標値とY座標値を求めてみる．

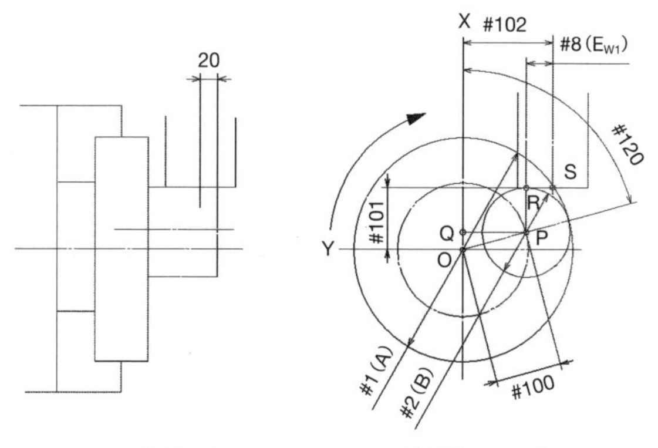

図9.39　#101，#102の計算チャート

#100は2円の偏心量である．小径#2の中心PからX軸に垂線を引いてその交点をQとしたとき，⊿POQにおいて

OQ＝#100×cos［#120］

PQ＝#100×sin［#120］

が成り立つ．

従って#101はOQ+PRだから

#101＝#100×cos［#120］＋#2/2

となり，X座標値は#101の2倍となる．

また#102はPQ+#8だから

#102＝#100×sin［#120］＋#8

となる．

C軸の回転と同時にこのX，Y軸を同時に移動させ，C軸を一周させれば小径の外径を加工することができる．

このように，カスタムマクロプログラムのいろいろな計算式や条件式を使ってプログラムすることにより，プログラムを簡素化することが出来ので，カスタムマクロを理解しておくと非常に便利である．

9.7.5　カスタムマクロの概略

カスタムマクロの詳細は「MCカスタムマクロ入門」（大河出版）を参考にされることをお勧めする．

ここではカスタムマクロの概略を説明する．

(1)　変数と引数

通常のNCでの指令はX100.0やZ－20.0などのようにアドレスの後ろに数値を指令してプログラムを作成するが，マクロプログラムにおいてはX#1やZ#2のようにアドレスの後ろに変数を指定し，その変数に実数を割り当ててプログラムを実行することができる．ここで#1＝100.0としたとき，#1を変数，100.0を引数（ひきすう）の値といい，X#1と指令した時はX100.0と同じ内容を示す．

(2) 変数の種類

マクロプログラムに使用される変数には**表9.16**のように4種類ある．

ユーザーが主に使用する変数はローカル変数とコモン変数である．ローカル変数はマクロプログラムの呼出しの際に使用される変数で，その呼び出しプログラム中のAやBなどの各アドレスには**表9.17**に示す変数番号が割り当てられている．これを引数指定という．引数指定にはタイプⅠとタイプⅡがあるが，**表9.17**はタイプⅠを示す．この場合の変数番号は26種類しかない．

変数番号	変数の種類	機能
#0	未定義変数〈空〉	常に未定義の変数で〈空〉とよばれ，値を代入することができない．
#1 ～ #33	ローカル変数	マクロプログラムでローカルに使用される変数で，因数の受け渡しに使用される． ユーザーが自由に使用できる変数である． 電源をOFFにすると初期化されて，変数値は〈空〉になる．
#100 ～ #149 #500 ～ #549	コモン変数	メインプログラム，サブプログラム，マクロプログラム及びそれらのすべての多重状態を通して共通に使用できる変数である． コモン変数は引数指定をすることができない． いずれも，リセットによってデータは〈空〉にはならない． #100 ～ #149は電源をOFFにすると初期化されてデータが〈空〉になるが，#500 ～ #549は電源がOFFにされてもデータは保持される．
#1000 ～	システム変数	現在位置や工具補正量などNCの各種データの読みとりまたは書き込みを行なうなど，用途によりあらかじめ変数の内容が決まっている変数であり，ユーザーが自由に変更できない．

表9.16　変数の種類

コモン変数とはメインプログラム，そこからよばれる各サブプログラムを通じて共通に使うことのできる変数で，あるマクロで使っているコモン変数を他のマクロでも使うことができる．

変数番号は「#100はAからBまでの距離」 などのように，ユーザーが独自にその用途を決めることができる．

システム変数はNC装置のデータを読み込んだり，NC装置に書き込んだりするために使用される変数で，変数番号と用途があらかじめ決められているのでユーザーでは変更できない．

(3) マクロプログラムの呼び出し

マクロプログラムの呼び出し指令は「G65（単純呼び出し）」と「G66（モーダル呼び出し）」があるが，ここではG65について説明する．

G65のフォーマットは

　　G65 Pp　＜引数指定＞；

p：サブプログラム番号

となる．たとえば

G65 P2000 A1.0 B2.0 K3.0;

と指令するとサブプログラムO2000へジャンプしてサブプログラムを実行する．この時#1（A）＝1.0，#2（B）＝2.0，#6（K）＝3.0が同時にサブプログラムに引き渡される．サブプログラムでの処理が終わるとM99の指令でメインプログラムに復帰する（**図9.40**）.

アドレス	対応する変数番号
A	#1
B	#2
C	#3
I	#4
J	#5
K	#6
D	#7
E	#8
F	#9
H	#11
M	#13
Q	#17
R	#18
S	#19
T	#20
U	#21
V	#22
W	#23
X	#24
Y	#25
Z	#26

表9.17　引数指定（タイプⅠ）

(4) 式と演算

マクロプログラムの中で使われる演算指令の一部を**表9.18**に示す．

加減乗除型，関数型があるが，関数型の変数は[ ]でくくる．

四則演算，関数などを組み合わせた場合の演算優先順序は次のようになる．

① 関数形演算
② 乗法形演算
③ 加法形演算
④ 比較形演算

計算の順序例を**図9.41**に示す．演算順序を優先させる場合には［ ］でくくる．

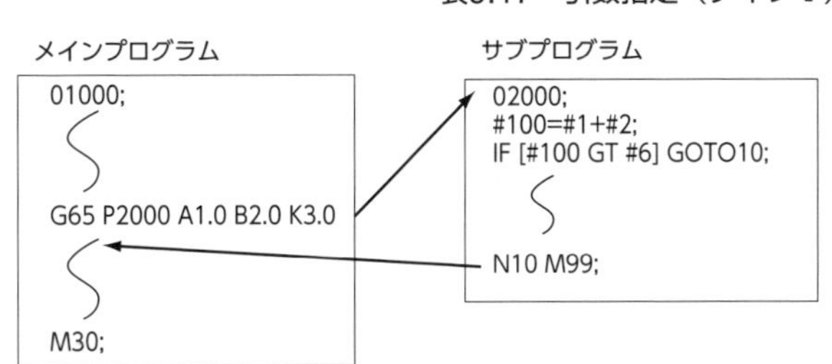

図9.40　マクロプログラム呼出し

(5) 分岐命令

条件式の判別によってプログラムの進行方向を変える命令を分岐命令という．分岐命令には無条件分岐と条件分岐がある．無条件分岐とはプログラムを指定のシーケンス番号に無条件にジャンプさせることで，「GOTO文」という．指令は次のように行なう．

GOTO n;　　nはシーケンス番号

条件分岐とは，**表9.19**に示す演算子を用いた条件式の判別によってプログラムの流れを変える命令をいい，フローチャートで表わせ

種　類	機　能	フォーマット
加法 乗法	和 差 積 商	#i=#j＋#k #i=#j－#k #i=#j＊#k #i=#j/#k
関数系	正弦 余弦 正接 逆正弦 逆正接	#i=SIN[#j] #i=COS[#j] #i=SIN[#j] #i=ASIN[#j] #i=ATAN[#j]

表9.18　演算指令

ば**図9.42**になる.

種類	英語の綴り	記号	例	意味
EQ	EQual（イコール）	=	#A = #B	[#A]と[#B]が等しいなら
NE	Not EQual（ノット　イコール）	≠	#A ≠ #B	[#A]と[#B]が等しいないなら
GT	Greater Than（グレーター　ザン）	>	#A > #B	[#A]が[#B]より大きいなら
GE	Greater EQual（グレーター　イコール）	≧	#A ≧ #B	[#A]が[#B]より大きいか等しいなら
LT	Less Than（レス　ザン）	<	#A < #B	[#A]が[#B]より小さいなら
LE	Less EQual（レス　イコール）	≦	#A ≦ #B	[#A]が[#B]より小さいか等しいなら

表9.19　演算子

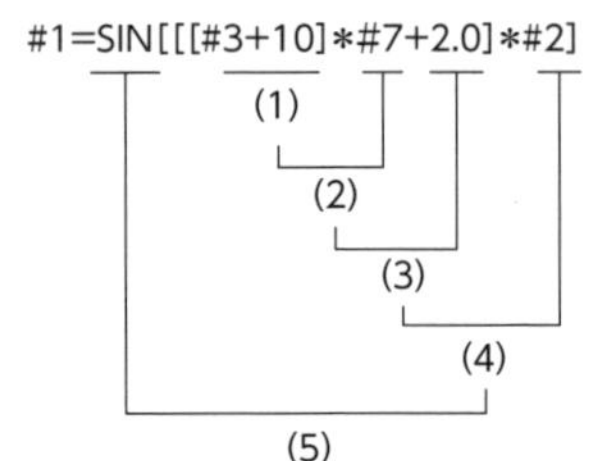

図9.41　計算の順序例

フローチャートの菱形の図形が判断の記号で，この記号の中に条件式を記入する．条件式を満足すれば「Y」へ，満足しなければ「N」方向へ進む．

(6)．繰返し

「WHILE 」文や「DO」文でプログラムを繰返して実行することができる．

「DO」文を無条件繰返しといい，**図9.43**に示すようにDOmからENDm（mは識別番号）の間を無条件で繰返す．この繰返しから脱出するには「IF」などを使って条件を設定し，条件が不満足なら脱出するというプログラムを作成する．

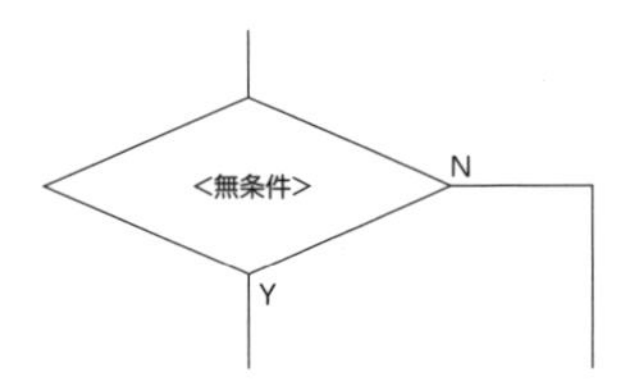

図9.42　分岐命令

図9.43の例は#1が1づつ増加していくが，11になったらN2ブロックにジャンプするプログラムである．

条件付き繰返しは「WHILE」文などともいわれ，**図9.44**のように条件が成立している間は「WHILE<条件式>DOm」から「ENDm」までの処理を繰返し，条件が不成立になったら「DOm」の次のブロックへ進む．

このようにプログラムを作るとプログラムが非常に短くなり，わかりやすいプ

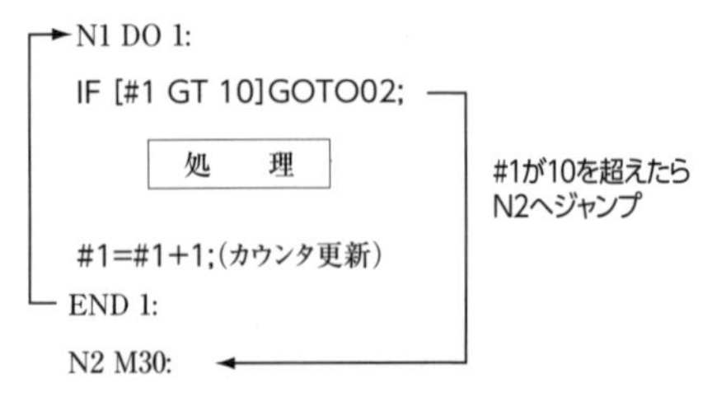

図9.43　無条件繰返し

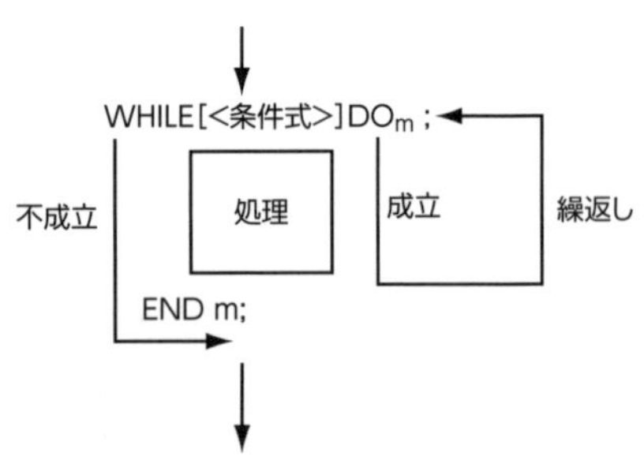

図9.44　条件付き繰返し

ログラムとなる.

本書のマクロプログラムは「WHILE<条件式>DOm」～ DOmの条件式繰返しを採用したが，他の方法もいろいろ考えられるので，読者の皆さんには，個別に工夫していろいろ挑戦されることを大いに期待する.

第10章 旋削加工のねじ切り

10.1 ねじ切り工具

ねじには三角ねじや台形ねじなど，いろいろな種類がある．ターニングセンタでもNC旋盤と同様，三角ねじや台形ねじなどの特殊なねじも加工できる．
ねじ切り加工にはねじ切り工具を用いる．ねじ切り工具の選定時には次の点に注意する．

(1) ねじ切り工具は総形バイトなので，工具の形状がそのまま加工形状になる．したがってねじ山の角度に一致したチップを選ばなければならない．たとえばメートルねじやユニファイねじなら山角が60°のもの，管用ねじなら55°のものを選ぶ．

(2) ねじ切りチップには，普通刃チップと仕上げ刃付きチップがある．普通刃チップでの加工の場合は一般にねじ山の山頂にバリが生じやすいので，バリを除くため仕上げ刃チップを使用することが多い．仕上げ刃チップはねじの外径または内径の寸法のばらつきを少なくし，軸心とねじ部との同心度を上げる作用もある．

10.2 ねじの切込み方法

ねじを加工するときは，ねじ山をいくつかに分割し数回に分けて加工する．切込みが深くなるにつれて切れ刃と工作物との接触長さが長くなって工具への負担が重くなるので，工具への負担を軽くするため，切込みを増すたびに切込み量を徐々に少なくすることが重要である．
ねじの切り込み方法に**図10.1**に示す3通りがある．

(Ⅰ) ラジアルインフィード

内周，外周方向から，ねじ底の頂点に向かって真っすぐに切り込む方法．左右両切れ刃で切削するため，切れ刃の両側から切りくずがでるので切りくず処理が難しいが，ねじ切りの標準の切り方でありプログラムが簡単である．

(Ⅱ) フランクインフィード

ねじ山の稜線（30°）に沿っ

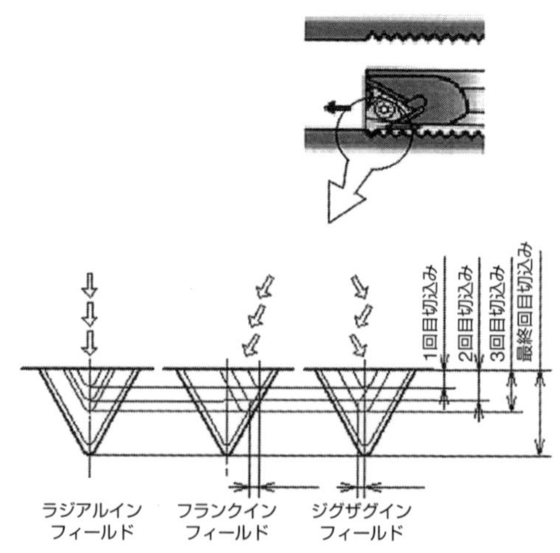

図10.1 ねじの切り込み方法

て切り込む方法で，片刃で切削し，最後の仕上げ加工は両刃で加工する．

ねじ切りスタート点を，切込みごとにΔWを計算し，スタート点を工作物に近づけてからねじ切りを開始する．Uを切込み量とするとΔWは次の式による．

ΔW=U×tan30・・・・①

（Ⅲ）ジグザグインフィード

左右の切れ刃で交互に切削するように切り込む方法で，片刃で切削し，最後の仕上げ加工は両刃で加工する．

ねじ切りのスタート点を左右にずらす量ΔWは上記の式①で求め，この量だけねじのスタート点を左右にずらして加工する．

10.3　ねじ切りのG機能とプログラム例

ねじ切り加工の指令にはG32，G92，G76のG機能がある．

(1) G32：基本型ねじ切り

内外径のストレートねじ，内外径のテーパねじ，正面ねじ（スクロール），タップの加工ができる．

［指令］

G32 X___Z___Q___F___;

X：ねじの各回の切り込み直径，またはスクロールねじのねじ切り終点のX座標値

Z：ねじ切りの終点Z座標値，またはスクロールねじの各回の切り込み深さ

Q：ねじ切り開始のシフト角度．多条ねじの加工に用いる．小数点なしの1/1000°単位で指令する．

F：ねじのリード．

・ストレートねじ

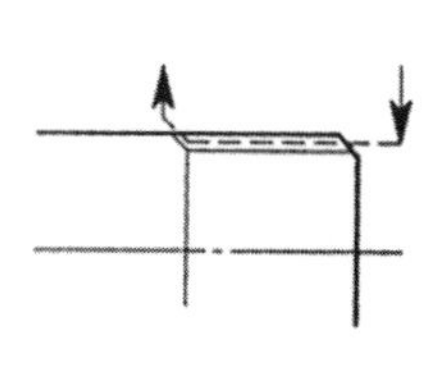

・テーパねじ

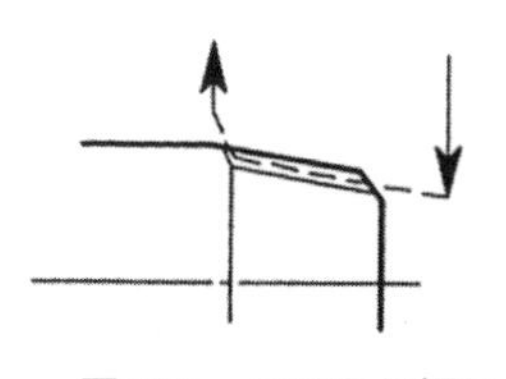

・正面ねじ（スクロールねじ）

図10.2　G32ねじ切り

G32 Z___F___Q___;　　G32 X___Z___F___Q___;　　G32 X___F___Q___;

(2) G92：単一形固定サイクルねじ切り

内外径のストレートねじ切り，内外径のテーパねじ切りができる．通常ねじ切りはG92を使うことが多い．

［指令］

G92 X___Z___R___Q___F___;

X, Z, Q, F：G32の場合と同じ.
R：テーパねじ切り終了点から開始点を見たときのX方向の距離と方向. 符号付きの半径指令. **図10.3**の場合はマイナスの符号が付く.

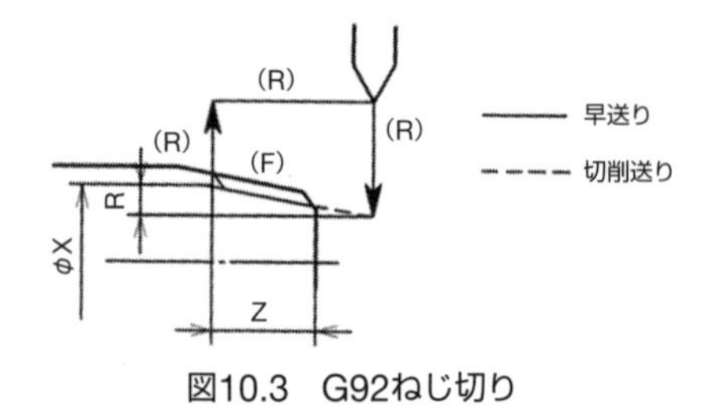

図10.3　G92ねじ切り

この1ブロックの指令により,
・工具は早送りでX方向に切り込み
・ねじ切り終点に向かってねじ切りを行ない
・早送りでX方向へ逃げ
・早送りでスタート点に戻る
の4つの動作を行なう.

[プログラム例]

図10.4の外径ねじ切りにおいて, **表10.1**の切込み量とした場合のプログラムは, **表10.2**のようになる. G92はモーダルなので1度だけ指令し, 2回目以降のねじ切りはX方向の切り込み位置を指令する. 第2刃物台で加工するものとする.

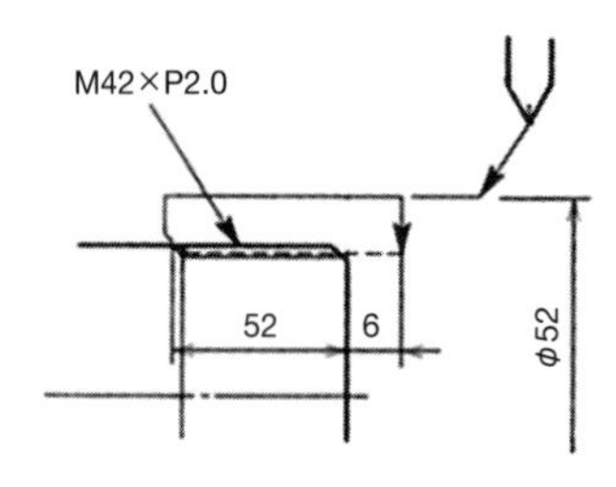

図10.4 G92のねじ切り例

1回目	0.3
2回目	0.15
3回目	0.13
4回目	0.1
5回目	0.09
6回目	0.08
7回目	0.08
8回目	0.07
9回目	0.06
10回目	0.06
11回目	0.05
12回目	0.05

表10.1　G92ねじ切りの切り込み量

プログラム	概　説
⁓ ; ;	
N500 T0505 M69 ;	工具番号05. 工具補正番号05. 主軸ブレーキアンクランプ.
G54 G99 G18 G40 G97 S800 M08 ;	ワーク座標系設定. 主軸1回転あたりの送り. X-Z平面選択. 刃先R補正キャンセル. 周速一定制御キャンセル. 主軸回転数800min^{-1}. クーラントON.

G00 X52.0 Z10.0 M03；	G54のワーク座標系でX52.0　Z10.0へ．主軸正転．
G01 Z6.0 F1.0；	切削送りでZ6.0へ．
G92 X41.4 Z－52.0 F2.0 M23；	G92によるねじ切り開始．1回目の切込み位置がX41.4（＝42－0.3×2）．ねじ切り終点位置はZ－52.0．リード2.0．チャンファリングON．
X41.1；	切り込み位置がX41.1（＝41.4－0.15×2）．
X40.84；	切り込み位置がX40.84（＝41.1－0.13×2）．
X40.64；	切り込み位置がX40.64（＝40.84.－0.1×2）．
X40.46；	切り込み位置がX40.46（＝40.64－0.09×2）．
X40.3；	切り込み位置がX40.3（＝40.46－0.08×2）．
X40.14；	切り込み位置がX40.14（＝40.3－0.08×2）．
X40.0；	切り込み位置がX40.0（＝40.14－0.07×2）．
X39.88；	切り込み位置がX39.88（＝40.0－0.06×2）．
X39.76；	切り込み位置がX39.76（＝39.88－0.06×2）．
X39.66；	切り込み位置がX39.66（＝39.76－0.05×2）．
X39.56；	切り込み位置がX39.56（＝39.66－0.05×2）．
G00 Z10.0 M24；	Z10.0へ逃げ、チャンファリングOFF．
G53 X0 Z－200.0；	機械座標系のX0　Z－200.0へもどる．
M01；	オプショナルストップ．

表10.2　G92ねじ切りプログラム例

(3) G76：複合形固定サイクルねじ切り

内外径のストレートねじ切り，内外径のテーパねじ切りができる．

［指令］

G76 P（m）（r）（a）　Q（Δ d min）　R（d）＿；

G76 X＿ Z＿ R（i）　P（k）　Q（Δd）　F＿；

P（1）：Pの後に6ケタの数字を指令する．

P（m）（r）（a）

（a）――ねじ山の角度．0，29，30，55，60，80°のいずれか．モーダルで次に指令されるまで有効．パラメータはメートルねじでは60°．

（r）――チャンファリング量．リードをLとすると，0.0L ～ 9.9Lの範囲において0.1きざみで，2桁の数値で指令．モーダルなので次に指令されるまで有効．パラメータは1.0L．

（m）――最終仕上げ繰返し回数．1 ～ 99．モーダルで次に指定されるまで有効．パラメータは1回

（例）　P021260・・・最終仕上げ繰返し回数m=02，チャンファリング量r＝1.2L，

ねじの山角度 a ＝60°

Q（Δdmin）：　最小切込み量．モーダルで次に指定されるまで有効．パラメータでも設定．

R（d）：仕上げしろ．半径指定．モーダルで次に指令されるまで有効．パラメータでも設定．

X，Z：ねじ切り終了点の座標値．

R（i）：テーパ量．G92の場合と同じ符号付きの半径指令．i=0とするとストレートねじ．

P（k）：ねじ山の高さ．符号なしの半径指令．

Q（Δd）：1回目の切込み量．符号なしの半径指令．

F　：　ねじのリード．

G76の指令で，1回目の切込み量から切削面積が計算され，“切削量一定，片刃切削”となるよう切込み量が決定され，この切込み量で最終回まで自動的にねじ切りが行なわれる．最後にdの切込み量で最終加工を行ないスタート点Aに戻る（**図10.5**）．X方向の切り込み法は，ねじ山角度を指定することによってその角度に沿った方向に切り込む（**図10.6**）．

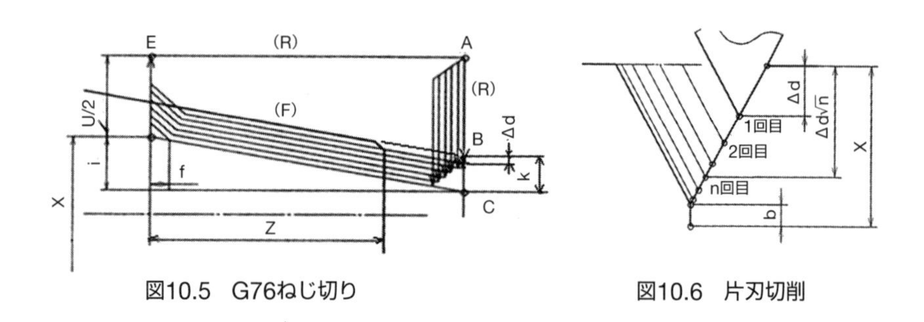

図10.5　G76ねじ切り　　　図10.6　片刃切削

［ねじ切りプログラム例］

前記G92の場合を例にして，G76で指令すると**表10.3**になる．山角度や仕上げ回数，チャンファリング量は，パラメータに設定されている数値をそのまま使用することにする．

プログラム	概　説
； ；	
N500 T0505；	工具番号05、工具補正番号05.
G54 G99 G18 G40 G97 S800 M08；	ワーク座標系設定．主軸1回転あたりの送り．X－Z平面選択．刃先R補正キャンセル．周速一定制御キャンセル．主軸回転数800min^{-1}．クーラントON.
G00 X52.0 Z10.0 M03；	早送りでX52.0　Z10.0へ．主軸正転.
G01 Z6.0 F1.0；	切削送りでZ6.0へ.
G76 X39.56 Z－52.0 R0 P1.22 Q0.3 F2.0 M23；	G76によるねじ切り開始．最終ねじ切り終了点X39.56　Z－52.0．R0でストレートねじ．ねじ山高さ1.22（＝（42.0－39.56）/2）．1回目の切り込み量0.3．リード2.0．チャンファリングON.
G00 Z10.0 M24；	Z10.0へ逃げ．チャンファリングOFF.
G53 X0 Z－200.0；	機械座標系のX0　Z－200.0へもどる.
M01；	オプショナルストップ.

表10.3　G76ねじ切りプログラム例

第11章 固定サイクル

固定サイクルとは，通常複数のブロックで構成される一連の加工動作を1ブロックで指令できるようにしたプログラムで，プログラムを簡素化することができる．ターニングセンタにおける固定サイクルには，旋削用固定サイクルと穴あけ用固定サイクルの2種類がある．

11.1 旋削用の固定サイクル

旋削用の固定サイクルには，単一形固定サイクルと複合形旋削用固定サイクルの2種類がある．

11.1.1 単一形固定サイクル

G90，G92，G94で指令される固定サイクルのことで，**図11.1**に指令の方法を示す．

(1) 外径，内径切削サイクル（G90）

外径，内径切削サイクルとは，X方向に切り込んでZ方向に加工する固定サイクルで，外径，内径を加工する．X，Zの指令点は加工の終点位置Cで，**図11.1**のようにテーパ加工の場合はRのアドレスに+，－の符号を付け，加工の開始点を指令する．固定サイクル中はX方向の切込み量を指令するだけである．

(2) ねじ切りサイクル（G92）

ねじ切りの指令は，外径，内径切削サイクル（G90）と同じで，X方向の切込みはねじ山の高さをいくつかに分割して指令する．ねじ切りサイクルの特徴は，主軸回転と送り速度が同期し正確なねじを加工できることである．ねじのリードが送り量Fとなる．

ねじ切りの詳細は，第10章に述べてある．

(3) 端面切削サイクル（G94）

端面切削サイクルとは，Z方向に切込んでX方向に加工する固定サイクルで，端面を加工する．X，Zの指令点は加工の終点位置Cで，**図11.1**のように端面に傾きがあるときは，Rのアドレスに+，－の符号を付け，加工の開始点を指令する．

11.1.2 複合形旋削用固定サイクル

仕上げ形状の情報を与えることによって，途中の荒加工の工具軌跡を自動的に決定する固定サイクルで，プログラムの作成が非常に簡単になる．**表11.1**に示すG70番台の機能であるが，オプションとして取扱うことがあるので，納入機械の仕様を確認する必要がある．

外径，内径 切削サイクル	G90 X＊＊.＊＊ Z＊＊.＊＊ R＊＊.＊＊ F＊.＊； X, Z；加工終点位置（C点） R；テーパの傾き F；送り	A→B→C→Dの順に移動
ねじ切り サイクル	G92 X＊＊.＊＊ Z＊＊.＊＊ R＊＊.＊＊ F＊.＊； X, Z；加工終点位置（C点） R；テーパの傾き F；ねじのリード	A→B→C→Dの順に移動
端面切削 サイクル	G94 X＊＊.＊＊ Z＊＊.＊＊ R＊＊.＊＊ F＊.＊； X, Z；加工終点位置（C点） R；テーパの傾き F；送り	A→B→C→Dの順に移動

図11.1　単一形固定サイクル

G70	仕上げサイクル
G71	外径荒削りサイクル
G72	端面荒削りサイクル
G73	閉ループ切削サイクル
G74	端面突切りサイクル
G75	外径，内径突切りサイクル
G76	複合形ねじ切りサイクル

表11.1　複合形旋削用固定サイクルのG機能

(1) 仕上げサイクル（G70）

外径，内径の仕上げ形状を指令することによって，ならい加工で仕上げ切削を行なうことができる．通常G71，G72，G73のプログラムで荒加工を行なった後にG70を使い，仕上げ加工を行なう．

［指令］

G70　P（ns）　Q（nf）；

ns：仕上げ形状の最初のブロックのシーケンス番号

nf：仕上げ形状の最後のブロックのシーケンス番号

(2) 外径，内径荒削りサイクル（G71）

外径，内径の仕上げ形状を指令すると，X方向に切り込んでZ方向に加工を行ない，仕上げしろを残した形状に加工する．荒加工の加工経路は自動的に決定される．

［指令］

G71　U（Δd）　R（e）；

G71　P（ns）　Q（nf）　U（Δu）　W（Δw）　F（f）　S（s）　T（t）；

Δd　：X方向の切込み量（半径値）
e　　：X方向の逃げ量（半径値）．パラメータでも設定できる．
ns　：仕上げ形状の最初のブロックのシーケンス番号
nf　：仕上げ形状の最後のブロックのシーケンス番号
Δu　：X方向の仕上げしろ（直径値）
Δw　：Z方向の仕上げしろ
f, s, t：送り量，主軸回転数（または周速一定速度），工具機能．ns～nf間でのf，s，tは無視され，仕上げ形状のG70が指令されたときに有効になる．

図11.2において，A－B－C間の仕上がり形状を与えることによって，X方向の仕上げしろΔu/2，Z方向の仕上げしろΔwを残して荒加工を行なう．

工具はA点にアプローチしここでG71を指令すると，X方向にΔu/2，Z方向にΔwだけ逃げたD点に移動してから，X方向にΔdだけ切込んでZ方向に加工を行なう．Z方向の加工終了点に達するとeだけ逃げ，早送りでZのスタート点に戻り，再度ΔdだけX方向に切込んで加工が行なわれる．

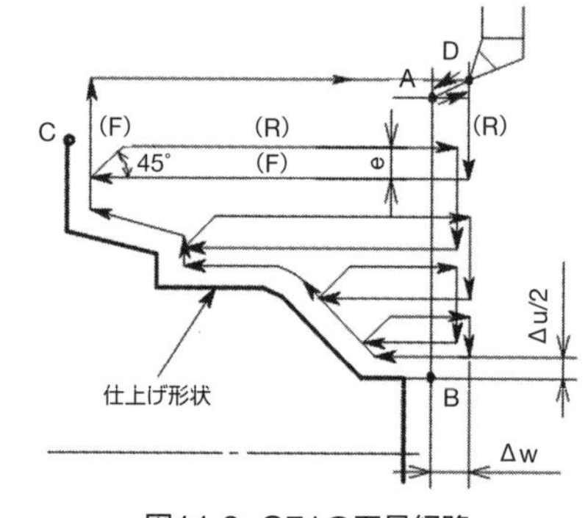

図11.2　G71の工具経路

X方向の仕上げしろに達すると，Δu/2，Δwを残してならい加工を行ない，加工が終了する．図中（R）は早送り，（F）は切削送りを示す．

(3) 端面荒削りサイクル（G72）

外径，内径の仕上げ形状を指令すると，Z方向に切込んでX方向に加工を行ない，仕上げしろを残した形状に加工する．荒加工の加工経路は自動的に決定される．

[指令]

G72　W（Δd）　R（e）；
G72　P（ns）　Q（nf）　U（Δu）　W（Δw）　F（f）　S（s）　T（t）；

Δd：Z方向の切込み量
e　　：逃げ量．パラメータでも設定できる．
ns　：仕上げ形状の最初のブロックのシーケンス番号
nf　：仕上げ形状の最後のブロックのシーケンス番号
Δu　：X方向の仕上げしろ（直径値）
Δw　：Z方向の仕上げしろ
f, s, t：送り量，主軸回転数（または周速一定速度），工具機能．ns～nf間でのf, s, tは無視され，仕上げ形状のG70が指令されたときに有効になる．

図11.3において，A－B－C間の仕上がり形状を与えることによってX方向の仕上げ

しろΔu/2，Z方向の仕上げしろΔwを残して荒加工を行なう．

工具はA点にアプローチし，ここでG72を指令すると，X方向にΔu/2，Z方向にΔwだけ逃げたD点に移動してからZ方向にΔdだけ切り込んでX方向に加工を行なう．X方向の加工終了点に達するとeだけ逃げ，早送りでXのスタート点に戻り，再度ΔdだけZ方向に切込んで加工が行なわれる．

Z方向の仕上げしろに達すると，Δu/2，Δwを残してならい加工を行ない，加工が終了する．

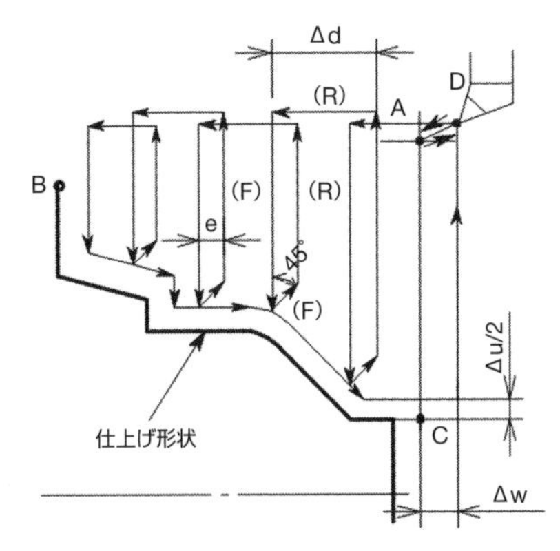

図11.3　G72の工具経路

(4) 閉ループサイクル（G73）

外径，内径の仕上げ形状を指令すると，X，Z方向に切込んで，仕上げ形状と同じ形状のならい加工を行ない，最後は仕上げしろを残した形状に加工する．荒加工の加工経路は自動的に決定される．鍛造品や鋳造品などのように，製品形状に対してある一定の削りしろをもつ工作物の加工に便利であるが，削りしろが不揃いの場合には，加工回数を多くしなければならない．

[指令]

G73　W（Δk）　U（Δi）　R（d）；

G73　P（ns）　Q（nf）　U（Δu）　W（Δw）　F（f）　S（s）　T（t）；

- Δk　：Z方向の逃げ量（Z方向荒削り全取りしろと方向）
- Δi　：X方向の逃げ量（X方向荒削り全取りしろと方向）
- d　：分割回数．荒削り回数と同じ回数．
- ns　：仕上げ形状の最初のブロックのシーケンス番号
- nf　：仕上げ形状の最後のブロックのシーケンス番号
- Δu　：X方向の仕上げしろ（直径値）
- Δw　：Z方向の仕上げしろ
- f, s, t：送り量，主軸回転数（または周速一定速度），工具機能．ns～nf間でのf, s, tは無視され，仕上げ形状のG70が指令されたときに有効になる．

図11.4において，A－B－C間の仕上がり形状を与えることによって，X方向の仕上げしろΔu/2，Z方向の仕上げしろΔwを残して荒加工を行なう．

工具はA点にアプローチしここでG73を指令すると，X方向にΔi+Δu/2，Z方向にΔk+Δwだけ逃げたD点に移動してから，Δu/2，Δwを残して指定された分割回数のならい加工を行なう．図中（R）は早送り，（F）は切削送りを示す．

(5) 端面突切りサイクル（G74）

端面の溝加工やドリルによる深穴加工に便利なプログラムである．またステップフィード（間欠送り）の加工なので，切りくず処理が容易である．

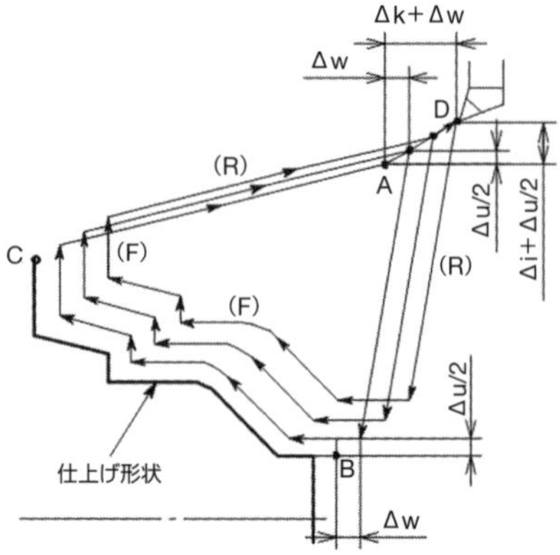

図11.4 G73の工具経路

［指令］

G74　R（e）；

G74　X（U）　Z（W）　P（Δi）　Q（Δk）　R（Δd）　F（f）；

e　：戻り量．パラメータでも設定できる．

X　：溝加工のX方向終了点（C点）

Z　：溝加工のZ方向終了点（C点）

U　：溝加工のX方向終了点（インクレメンタル量で直径指定）

W　：溝加工のZ方向終了点（インクレメンタル量）

Δi：X方向の移動量．符号なしの半径指定．小数点指令は不可．

Δk：Z方向の1回の切り込み量．符号なし．小数点指令は不可．

Δd：切底（C点）での工具の逃げ量（半径指定）

F　：送り量

図11.5において，工具はA点にアプローチし，G74を指令することによって，X方向にΔiだけ移動し，Z方向にΔkだけ加工したあとeだけ戻り，再度Δkを加工する．これをステップフィード（間欠送り）というが，1回のΔkの加工ごとに工具が戻る動作になるので，切りくずが切れた状態になり，切りくず処理が容易になる．切底（C点）に達すると，Δdだけ逃げ，Zのスタート点に戻って，X方向に次の切込みを行なう．

図中（R）は早送り，（F）は切削送りを示す．

これを利用して，深穴ドリル加工の場合は下記のプログラムとなる．

G74　R(e)；

G74　Z(W)　Q(Δk)　F(f)；

X方向の移動量をゼロにすることによって，深穴加工ができる．

(6)　外径，内径突切りサイクル（G75）

外径や内径の溝加工に便利なプログラムである．またステップフィード（間欠送り）の加工なので，切りくず処理が容易である．

［指令］

G75　R（e）；

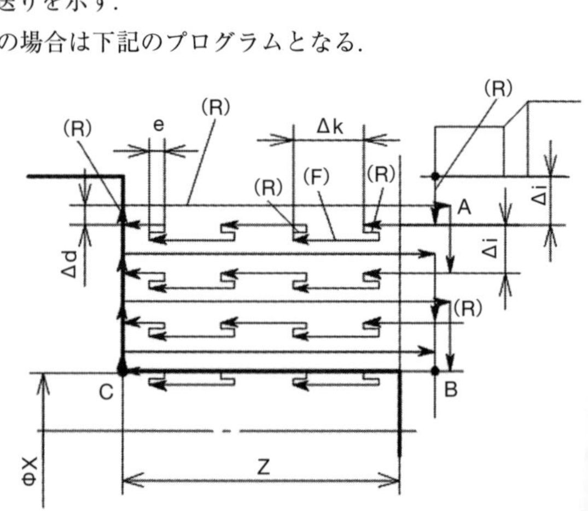

図11.5 G74の工具経路

G75 X(U) Z(W) P(Δi) Q(Δk) R(Δd) F(f);

e ：戻り量(半径指定). パラメータでも設定できる.

X ：溝加工のX方向切底点 (C点)

Z ：溝加工のZ方向終了点 (C点)

U ：溝加工のX方向切底点 (インクレメンタル量で直径指定)

W ：溝加工のZ方向終了点 (インクレメンタル量)

Δi ：X方向の1回の切込み量. 符号なしの半径指定. 小数点指令は不可.

Δk ：Z方向の1回の移動量. 符号なし. 小数点指令は不可.

Δd ：切底 (C点) での工具の逃げ量

F ：送り量

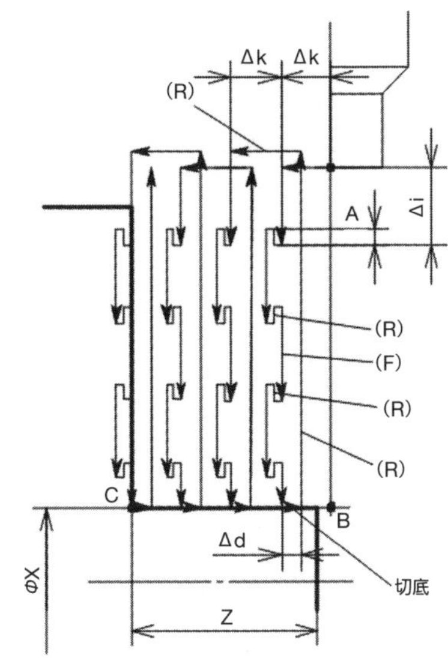

図11.6 G75の工具経路

図11.6において，工具はA点にアプローチし，G75を指令することによってZ方向にΔkだけ移動し，X方向にΔiだけ加工したあとeだけ戻り，再度Δiを加工する．これをG74と同じようにステップフィード（間欠送り）いうが，これによって切りくず処理が容易になる．切底（C点）に達するとΔdだけ逃げ，Xのスタート点に戻ってZ方向に次の切り込みを行なう．図中（R）は早送り，（F）は切削送りを示す．

これを利用して，突切り加工の場合は下記のプログラムとなる．

G75 R(e);

G75 X(U) P(Δi) F(f);

Z方向の移動量をゼロにすることによって，突切り加工ができる．

11.1.3 複合形固定サイクルのプログラム例

G70，G71の機能を使って**図11.7**に示す図形の外径荒加工，仕上げ加工を行なう時のプログラム例を**表11.2**に示す．

荒加工の工具をT01，仕上げ加工の工具をT05とする．G71は2ブロッ

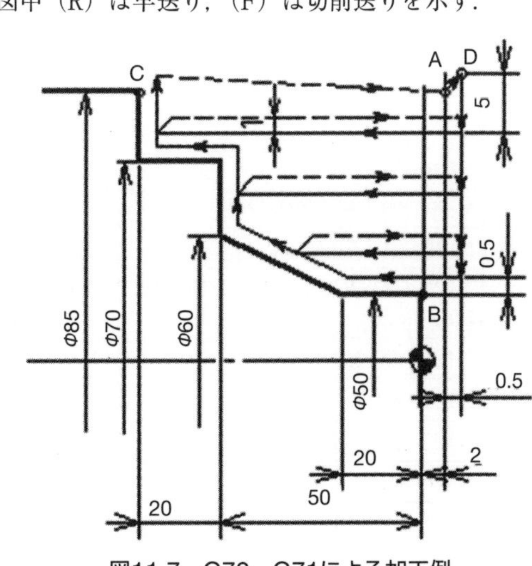

図11.7 G70，G71による加工例

クにわたって指令するが，指令の中でパラメータの値をそのまま使用するときはそのアドレスを指令する必要はない．荒加工の工具経路は，X，Z方向の仕上げしろを残すまでX方向に切込んでZ軸に平行に加工し，最終荒加工は仕上げしろを残してならい加工を行なう．荒加工が終了した後はT05の工具によって仕上げをならい加工で行なう．

(1) N121 G71 U5.0 R1.0;

U5.0：X方向の切り込み量は半径値で5mm.

R1.0：Z方向に荒加工した後のX方向への逃げ量は半径値で1mm．パラメータの値でよければ指令の必要はない．

(2) G71 P123 Q128 U1.0 W0.5 F0.3;

P123，Q128：N123，N128のことで，N123～N128で指令された形状（ここでは**図11.7**のB～Cの形状）を示す．

U1.0，W0.5：X方向の仕上げしろが直径で1.0mm，Z方向の仕上げしろが0.5mm.

F0.3：荒加工時の送り量は0.3mm/rev.

(3) N124 G01 Z－20.0 F0.1;

N124は仕上げ形状の一部であるが，ここに指令されたF0.1は仕上げ加工時の送り量を示す．

(4) N152 P123 Q128;

N123～N128の形状の仕上げをならい加工で行なう．その送り量はN124のF0.1である．

このプログラムによって，N123～N128で示された形状をX方向に5mm切込むごとに送り量0.3mm/revでZ方向に荒加工を行ない，仕上げしろをX，Zとも0.5mm残して荒加工を終了する．その後，N152でA→B→C→Aの経路でならい加工を行ない，外径を仕上げる．その時の送り速さはN123～N128で指定された速さになる．

N100 T0101;	T01工具呼出し
;	
N119 G54；	
N120 G00 X85.0 Z2.0 M03;	A点へ．主軸正転.
N121 G71 U5.0 R1.0；	固定サイクル開始．切込み5mm．逃げ1mm.
N122 G71 P123 Q128 U1.0 W0.5 F0.3;	N123～N128実行．仕上げしろX方向0.5 Z方向0.5．送り量0.3mm/rev
N123 G00 X50.0;	B点
N124 G01 Z－20.0 F0.1;	
N125 X60.0 Z－50.0;	仕上げ形状
N126 X70.0;	仕上げの送り量はF0.1
N127 Z－70.0;	
N128 X85.0;	C点

N129 G00 G53 X0 Z－200.0；	インデックス点へ.
；	
N150 T0505;	T05工具呼出し.
N151 G00 G54 X85.0 Z2.0　M03；	A点へ．主軸正転.
N152 G70 P123 Q128;	N123～N128の仕上げサイクル.
N153 G00 G53 X0 Z－200.0 M05;	インデックス点へ．主軸停止.

表11.2　G70，G71プログラム例

11.2　穴あけ用固定サイクル

11.2.1　穴あけ用固定サイクルの種類

穴あけ用固定サイクルはマシニングセンタの穴あけ用固定サイクルとは異なり，旋削加工による丸モノの工作物に側面から穴を加工する場合と，端面から穴を加工する場合に分けられる.

G機能一覧表によるG80，G83～G85（端面からの穴あけ），G87～G89（側面からの穴あけ）が穴あけ固定サイクルである（**表11.3**）.

Gコード	機　能
G80	穴あけ固定サイクルキャンセル
G83	端面ドリリングサイクル
G83.5	端面高速深穴ドリリングサイクル
G83.6	端面深穴ドリリングサイクル
G84	端面タッピングサイクル
M329　G84	端面同期式タッピングサイクル
G85	端面ボーリングサイクル
G87	側面ドリリングサイクル
G87.5	側面高速深穴ドリリングサイクル
G87.6	側面深穴ドリリングサイクル
G88	側面タッピングサイクル
M329　G88	側面同期式タッピングサイクル
G89	側面ボーリングサイクル

表11.3　穴あけ用固定サイクルGコード

11.2.2　穴あけ固定サイクルの一般的な指令形式

Gコードによって動作は異なるが，一般的には下記のような指令形式になる．これらのGコードはモーダルなので，1度指令すると固定サイクルをキャンセルするまで記憶されている．したがって，固定サイクルを終了するには「G80」を指令し，その後に各軸の通常の移動指令を行なう.

なお，固定サイクルのキャンセルは「01」グループのGコードでも実行できる.

[指令]

Gコードによって指令は異なるが，一般的には次のように指令する.

G___X(U)___Y(V)___Z(W)___C(H)___R___Q___P___K___F___;

G：　固定サイクルのGコード．G83～G89のいずれか（**表11.3**）.

X, Y, Z, C：穴あけ位置．アブソリュート指令.

U, V, W, H：穴あけ位置．インクレメンタル指令.

X, Z：穴底の位置（側面からの加工の時はX，端面からの加工の時はZが穴底の位置になる）

R：　R点の位置，イニシャル点からR点までの距離と方向

Q：　１回あたりの切込み量（小数点なし），穴あけごとに指令する．

P：　穴底でのドウェル時間（小数点なし）．

K：　固定サイクルの繰返し回数．Kを省略すると１回の穴あけとなる．K0を指令すると穴位置に移動後穴あけは行われず，穴加工のデータを記憶するのみ．

F：　送り量．mm/min

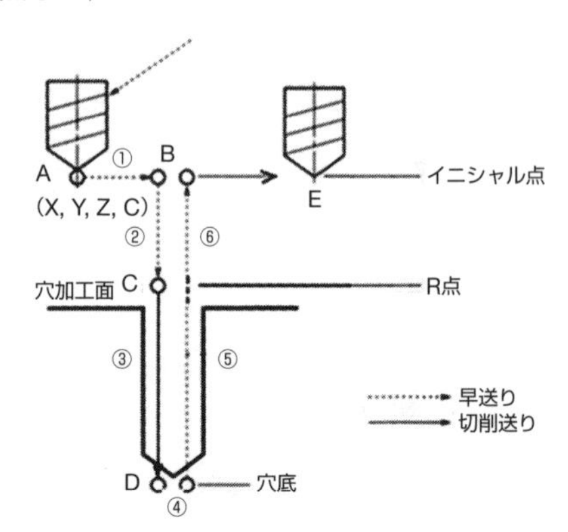

図11.8　穴あけ用固定サイクル動作

11.2.3　固定サイクルの動作

固定サイクルの一般的な動作を**図11.8**に示す．

(1) ATC位置（工具交換位置）からA点にアプローチする．ここは普通のプログラムで行なう．

(2) 固定サイクル指令によって，①～⑥の動作を開始する．

まず①の動作によりX，Y，Z，C座標値の穴位置に早送りで移動する．側面からの加工の時はY，Z，Cで穴位置を決定する．端面からの加工の時はX，Y，Cで穴位置を決定する．

CはC軸である．この時のX座標値またはZ座標値を「イニシャル点」という．

(3) さらに②の動作により，穴あけ直前の位置に早送りで移動する．

ここから実際の穴あけ加工が開始される．この点を「R点」という．

(4) ③の動作は実際に加工している状態で，穴底Dまで“F”の速さで加工する．

(5) ④の穴底においていろいろな動作をする．Gコードの種類によってその動作は異なるが，ドウェル時間だけ動作が休止したり，工具が逆転などを行なう．

(6) 加工終了後，工具は加工物からイニシャル点に退避する．

Gコードのよって種類によって，⑤の戻りの速さが早送りの場合もあり，切削送りの場合もある．

穴が複数個ある場合には，イニシャル点Bを経由して次の穴位置E点に移動し，再度穴あけ加工を行なう．

11.2.4　固定サイクルの詳細

(1) 端面ドリリングサイクル（G83），側面ドリリングサイクル（G87）

端面，外径からのセンタ加工や深さの浅い穴加工に利用される．R点より穴底までFの送り量で穴あけし，穴底に達してドウェルの後，イニシャル点に戻る．

[指令]

G83 X(U)___Y(V)___C(H)___Z(W)___R____P____F____；

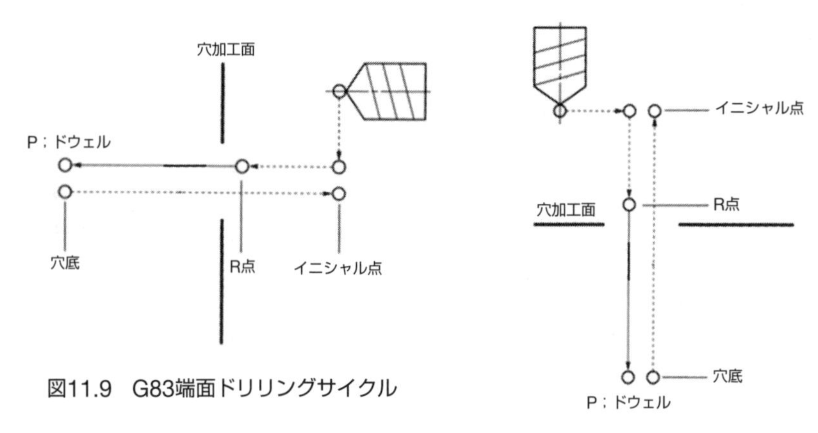

図11.9　G83端面ドリリングサイクル

図11.10　G87側面ドリリングサイクル

穴の位置決めは，X－Y軸または，X－C軸または，Y－C軸の指令で行なう(**図11.9**).

G87 Y(V)___Z(W)___C(H)___X(U)___R___P___F___;

穴の位置決めは，Y－Z軸または，Y－C軸または，Z－C軸の指令で行なう（**図11.10**).

(2) 端面高速深穴ドリリングサイクル（G83.5)，側面高速深穴ドリリングサイクル（G87.5)

端面，側面からの深い穴加工に利用される．**図11.11**，**図11.12**のようにQの切込みを行なった後d（パラメータで設定済）だけ戻り．さらにQで切込んで加工する．穴底に達してドウェルの後，イニシャル点に戻る．

Qは穴あけ加工ごとに指令する．ステップフィード加工を行なうので．切りくずを適当な長さに切断することができる．

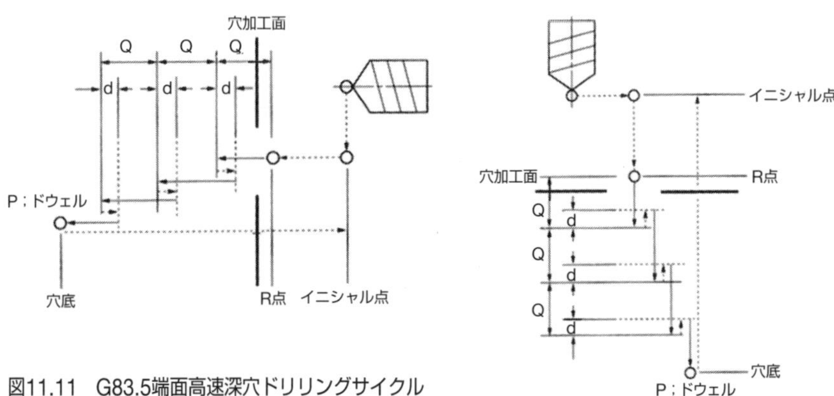

図11.11　G83.5端面高速深穴ドリリングサイクル

図11.12　G87.5側面高速深穴ドリリングサイクル

[指令]

G83.5 X(U)___Y(V)___C(H)___Z(W)___R___Q___P___F___;

穴の位置決めは，X－Y軸または，X－C軸または，Y－C軸の指令で行なう．

G87.5 Y(V)___Z(W)___C(H)___X(U)___R___Q___P___F___;

穴の位置決めは，Y－Z軸または，Y－C軸または，Z－C軸の指令で行なう．

(3) 端面深穴ドリリングサイクル（G83.6）．側面深穴ドリリングサイクル（G87.6）

端面，側面からの深い穴加工に利用される．

図11.13．**図11.14**のようにQの切込みを行なった後，R点まで戻り，さらにdまでアプローチしさらにQで切込んで加工する．穴底に達してドウェルの後イニシャル点に戻る．Qは穴あけ加工ごとに指令する．切込むごとにイニシャル点に戻るので，切りくず処理や刃先の冷却に効果がある．

[指令]

G83.6 X(U)___Y(V)___C(H)___Z(W)___R___Q___P___F___;

穴の位置決めはX－Y軸またはX－C軸またはY－C軸の指令で行なう．

G87.6 Y(V)___Z(W)___C(H)___X(U)___R___Q___P___F___;

穴の位置決めはY－Z軸またはY－C軸またはZ－C軸の指令で行なう．

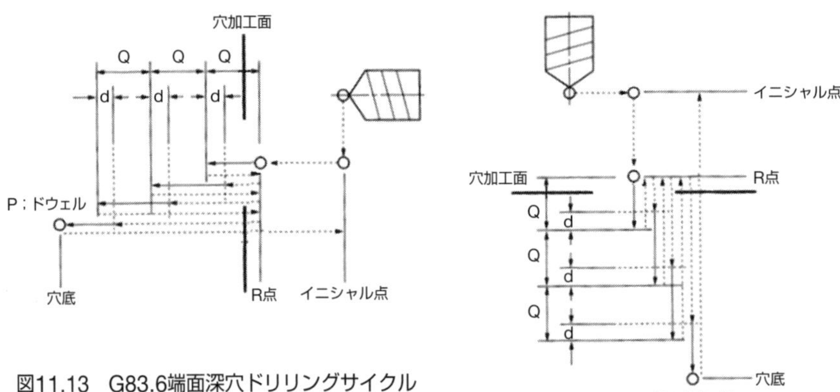

図11.13　G83.6端面深穴ドリリングサイクル

図11.14　G87.6側面深穴ドリリングサイクル

(4) 端面タッピングサイクル（G84）．側面タッピングサイクル（G88）

端面または側面からタップ加工を行なう．タッピングサイクルでは伸縮型のタップホルダを使い，R点はタップホルダの伸び量より大きな値を指令する．

また穴加工面とR点の距離は通常のねじ加工と同様，タップの加速距離を十分にとる必要がある．

図11.15．**図11.16**のように，工具を正回転にしてR点からタップ加工を行ない，穴底に達してドウェル後工具が逆回転してR点に戻り，工具が正回転してそのままイ

ニシャル点に戻る.

送り速さは毎分あたりの速さであり，F＝リード×工具回転数　の計算で求める.

[指令]

G84 X(U)___Y(V)___C(H)___Z(W)___R___P___F___;

穴の位置決めはX－Y軸またはX－C軸またはY－C軸の指令で行なう.

G88 Y(V)___Z(W)___C(H)___X(U)___R___P___F___;

穴の位置決めはY－Z軸またはY－C軸またはZ－C軸の指令で行なう

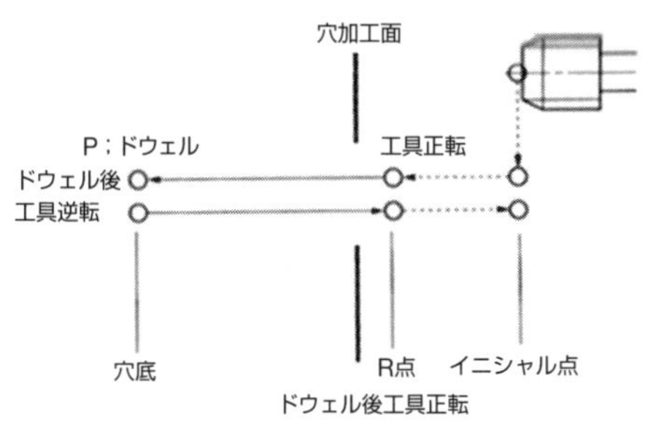

図11.15　G84端面タッピングサイクル

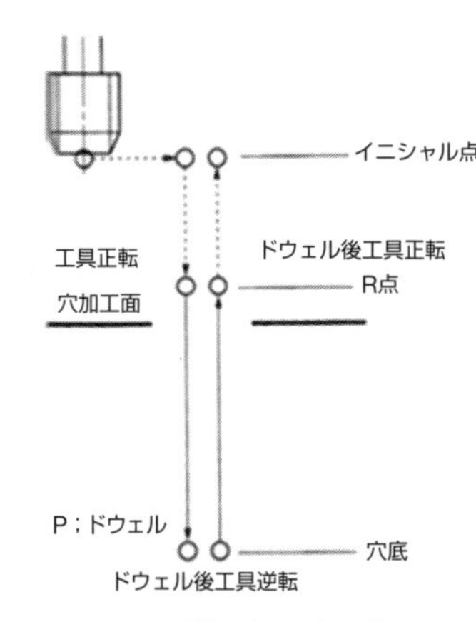

図11.16　G88側面タッピングサイクル

(5) 端面同期式タッピングサイクル（M329 G84），側面同期式タッピングサイクル（M329 G88）

タップ加工の時，工具主軸1回転あたりのX軸またはZ軸の送り速さをねじのリードと等しくなるように,主軸回転とリードを同期させて加工する.これを同期式タッピングサイクルという，精度の高いタップ加工ができ，またねじの深さがばらつかない．伸縮するタッパを使用しないで，通常の工具ホルダにタップを取り付けて加工する.

図11.17，**図11.18**において，工具の回転は停止したままイニシャル点に位置決めし，早送りでR点まで移動し，R点において主軸が回転を開始して穴底まで進み，穴底でドウェル後逆転してR点に戻り，その位置で主軸の回転が停止して，イニシャル点に戻る．複数のタップがあれば次のタップ位置に移動する.

[指令]

M329 S______；

G84 X（U）__Y（V）___C（H）__Z（W）__R___P___F___;

穴の位置決めは，X－Y軸または，X－C軸または，Y－C軸の指令で行なう.

M329 S______；

G88 Y（V）___Z（W）__C（H）__X（U）__R___P___F___;

穴の位置決めは，Y－Z軸または，Y－C軸または，Z－C軸の指令で行なう．

G84，G88の指令の内容は前項の端面タッピングサイクル，側面タッピングサイクルと同じであるが，タップ指令の前にM329を指令すると同期式タッピングサイクルとなる．

Sはタップの回転数を示すが．必ずM329と同一ブロックで指令する．

送り速さは毎分あたりの速さであり，F＝リード×工具回転数　の計算で求める．

サイクル開始と同時にタップが回転するので，あらかじめタップを回転させてはならない．

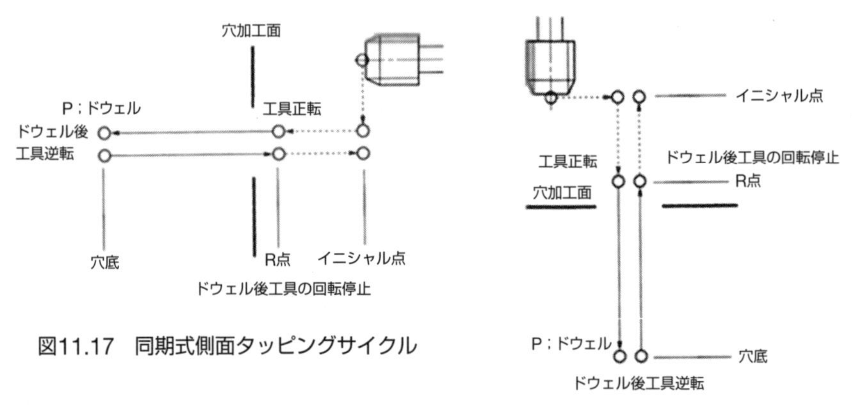

図11.17　同期式側面タッピングサイクル

図11.18　同期式側面タッピングサイクル

同期式タッピングサイクルは，G80の指令でキャンセルされる．

(6) 端面ボーリングサイクル（G85），側面ボーリングサイクル（G89）

端面，側面からのリーマやボーリング加工に利用される．ボーリング加工とは，直径方向を微調整できるボーリングバーを使用して，すでに加工された仕上げしろを旋削し．精度の高い穴に仕上げるものである．

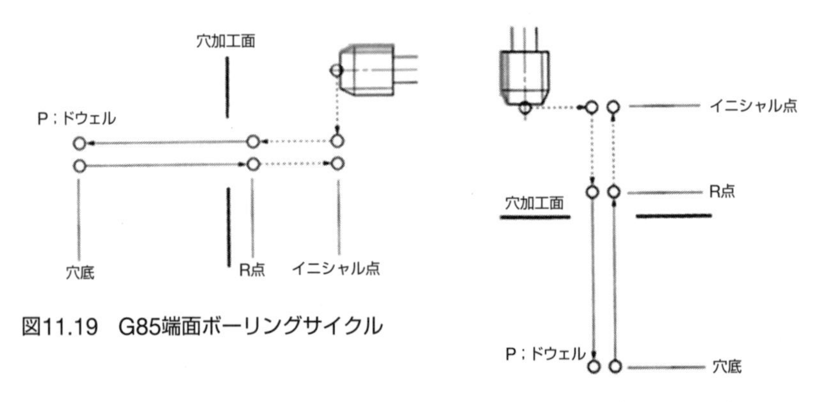

図11.19　G85端面ボーリングサイクル

図11.20　G89側面ボーリングサイクル

図11.19，**図11.20**のようにR点から穴底まで加工し，ドウェル後，切削送りでR点に戻り，さらに早送りでイニシャル点に戻る．

［指令］

G85 X（U）＿＿Y（V）＿＿C（H）＿＿Z（W）＿＿R＿＿P＿＿F＿＿；

穴の位置決めは，X－Y軸または，X－C軸または，Y－C軸の指令で行なう．

G89 Y（V）＿＿Z（W）＿＿C（H）＿＿X（U）＿＿R＿＿P＿＿F＿＿；

穴の位置決めは，Y－Z軸または，Y－C軸または，Z－C軸の指令で行なう

11.2.5　穴あけ固定サイクルのプログラム例

穴あけ固定サイクルのプログラム例を下記に述べる．

(1) 端面ドリリングサイクル（G83）．端面タップサイクル（G84）プログラム例1

図11.21に示す端面に6個のM8タップを加工するものとする．

［設定］

①加工工具は工具主軸に取り付けるものとし，加工順序は ϕ2.5センタ加工，ϕ6.8穴あけ加工，M8タップ加工の順とする．

②C軸の原点はX軸上とする（**図11.21**のイの位置）．

③穴の位置はX軸上とし，穴の位置決めはX－C軸で行なう．

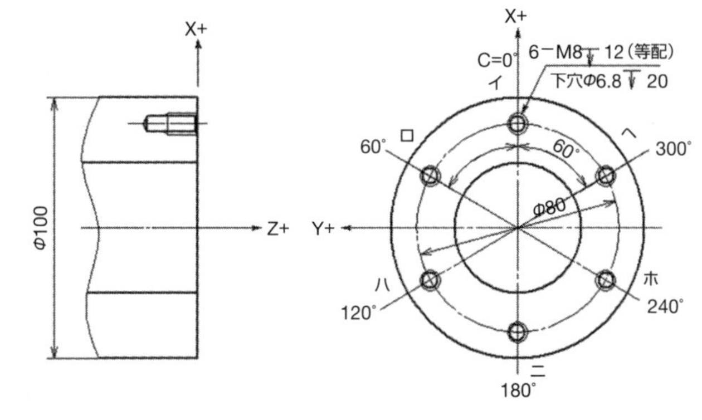

図11.21　穴あけ固定サイクル例1

メインプログラム

プログラム	概　説
N10 G18 G40 G80；	X－Z平面，刃先R補正キャンセル．固定サイクルキャンセル．
： ：	
N110 (2.5 CENTER)；	(ϕ2.5センタ加工)
N111 T1001 M69;	T1001を工具交換位置へ．主軸ブレーキアンクランプ．
N112 G28 U0　M09；	X軸レファレンス点復帰．クーラントOFF．
N113 G28 V0 W0 M05；	Y，Z軸レファレンス点復帰．工具主軸回転停止．
N114 G54 G98 G17 G40 G97 S1000 M45；	ワーク座標系設定．送り速さmm/min．X－Y平面．工具径補正キャンセル．工具回転数1000min^{-1}．C軸接続．

N115 G28 H0；	C軸レファレンス点復帰.
N116 G361 B－90.0　D0.；	工具交換（T1001を工具主軸へ）交換後B－90°へ．回転工具選択.
N117 T1002；	次工具を工具交換位置へ.
N118 G43 H1.;	工具補正有効．工具補正番号1.
N119 G00 X150.0 Y0 Z10.0 M08；	早送りでX150.0，Y0，Z10.0へ．クーラントON.
N120 C0;	C軸の0°.
N121 G01 X80.0 F200 M13；	送り速さ200mm/minでX80.0へ．工具主軸回転.
N122 G83 Z－5.0 R－7.0 P100 F80 K0；	端面ドリリングサイクル開始．穴底はZ－5.0．R点はZ3.0．ドウェル0.1秒．送り速さ80mm/min．K0で穴あけ固定サイクルのデータを記憶.
N123 M98 P2000；	サブプログラムO2000へ移行.
N124 G80；	固定サイクルキャンセル.
N125 G00 X150.0 M09；	早送りでX150.0へ．クーラント停止.
N126 G28 U0　M05；	X軸レファレンス点復帰．工具主軸回転停止.
N127 G28 V0 W0；	Y，Z軸レファレンス点復帰.
N128　M46；	C軸接続解除.
N129 M01；	オプショナルストップ.
;	
N210 (6.8 DRILL)；	(φ6.8ドリル加工)
N211 M69;	主軸ブレーキアンクランプ.
N212 G28 U0 M09；	X軸レファレンス点復帰．クーラントOFF.
N213 G28 V0 W0 M05；	Y，Z軸レファレンス点復帰．工具主軸回転停止.
N214 G54 G98 G17 G40 G97 S800 M45；	ワーク座標系設定．送り速さmm/min．X－Y平面．工具径補正キャンセル．工具回転数800min^{-1}．C軸接続.
N215 G28 H0；	C軸レファレンス点復帰.
N216 G361 B－90.0 D0.;	工具交換（T1002を工具主軸へ）交換後B－90°へ．回転工具選択.
N217 T1003;	次工具を工具交換位置へ.
N218 G43 H2.;	工具補正有効．工具補正番号2.
N219 G00 X150.0 Y0 Z10.0 M08；	早送りでX150.0，Y0，Z10.0へ．クーラントON.
N220 C0;	C軸の0°.
N221 G01 X80.0 F200 M13；	送り速さ200mm/minでX80.0へ．工具主軸回転.
N222 G83.5 Z－22.04 R－7.0 P100 F80 K0；	端面高速深穴ドリリングサイクル開始．穴底はZ－22.04．R点はZ3.0．ドウェル0.1秒．送り速さ80mm/min．K0で穴あけ固定サイクルのデータを記憶.
N223 M98 P2100；	サブプログラムO2100へ移行.
N224 G80；	固定サイクルキャンセル

N225 G00 X150.0 M09	早送りでX150.0へ．クーラントOFF
N226 G28 U0 M05；	X軸レファレンス点復帰．工具主軸回転停止
N227 G28 V0 W0；	Y，Z軸レファレンス点復帰
N228 M46；	C軸接続解除
N229 M01；	オプショナルストップ
；	
N320 (M8　TAP)；	(M8　タップ加工)
N321 M69；	主軸ブレーキアンクランプ．
N322 G28 U0 M09；	X軸レファレンス点復帰．クーラントOFF.
N323 G28 V0 W0 M05；	Y，Z軸レファレンス復帰．工具主軸回転停止.
N324 G54 G98 G17 G40 G97 S200 M45；	ワーク座標系設定．送り速さmm/min．X－Y平面．工具径補正キャンセル．工具回転数200min^{-1}．C軸接続.
N325 G28 H0;	C軸レファレンス点復帰.
N326 G361 B－90.0 D0.；	工具交換（T1003を工具主軸へ）交換後B－90°へ．回転工具選択.
N327 T1004;	次工具を工具交換位置へ.
N328 G43 H3.;	工具補正有効．工具補正番号3.
N329 G00 X150.0 Y0 Z20.0 M08；	X150.0，Y0，Z20.0へ．クーラントON.
N330 C0;	C軸の0°.
N331 G01 X80.0 F200 M13；	送り速さ200mm/minでX80.0へ，工具主軸回転
N332 G84 Z－15.75 R－12.0 P500 F250 K0；	端面タッピングサイクル開始．穴底はZ－15.75．R点はZ8.0．ドウェル0.5秒．送り速さ250mm/min．K0で穴あけ固定サイクルのデータを記憶.
N333 M98 P2000；	サブプログラムO2000へ移行．(6個のタップ加工)
N334 G80；	固定サイクルキャンセル.
N335 G00 X150.0 M09；	早送りでX150.0へ．クーラント停止.
N336 G28 U0 M05；	X軸レファレンス点復帰．工具主軸回転停止.
N337 G28 V0 W0；	Y，Z軸レファレンス点復帰.
N338 M46；	C軸接続解除.
N339 M01；	オプショナルストップ
： ：	

サブプログラム

プログラム	概　説
O2000（HOLE　POS　SUB）；	O2000サブプログラム(穴位置　サブプログラム)
N1110 C0；	主軸の角度C0（イ）
N1120 C60.0；	主軸の角度C60.0(ロ)

N1130 C120.0；	主軸の角度C120.0（ハ）
N1140 C180.0；	主軸の角度C180.0（ニ）
N1150 C240.0；	主軸の角度C240.0（ホ）
N1160 C300.0；	主軸の角度C300.0（ヘ）
N1170 M99；	メインプログラムへ復帰
O2100（HOLE POS KOUSOKU SUB）；	O2100サブプログラム（穴位置　高速　サブプログラム）
N2110 C0　Q3000；	主軸の角度C0（イ）
N2120 C60.0　Q3000；	主軸の角度C60.0(ロ)
N2130 C120.0　Q3000；	主軸の角度C120.0（ハ）
N2140 C180.0　Q3000；	主軸の角度C180.0（ニ）
N2150 C240.0　Q3000；	主軸の角度C240.0（ホ）
N2160 C300.0　Q3000；	主軸の角度C300.0（ヘ）
N2170 M99；	メインプログラムへ復帰

表11.4　穴あけ固定サイクル１のプログラム例

［工具の動き］

(a) N119～N125

（イ）N119ではG54の座標系でX150.0 Y0 Z10.0（**図11.22**のa）に移動する．Y0とはX軸上である．次にN120のC0で**図11.21**のイの位置へ，主軸が割出される．

（ロ）N121でX80.0（**図11.22**のb）に位置決めされる．この位置がイニシャル点となる．

（ハ）N122で端面ドリリングサイクルを開始する．R点は10－7＝3となりZ3.0（**図11.22**のc）である．穴底の座標値はZ－5.0（**図11.22**のd）で送り速さは80mm/minである．K0が指令されているので．この時点では工具は動かず．固定サイクルのデータを記憶するだけである．

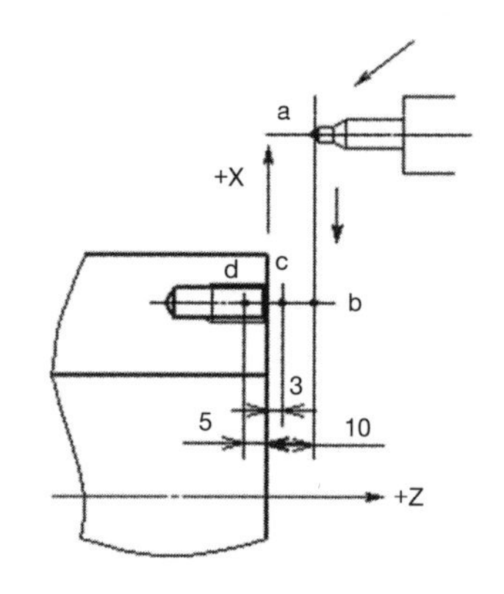

図11.22　センタの動き

（ニ）N123でサブプログラムO2000に移行する．N1110でC0が指令されているので，この時点でイの加工を行なう．次いでC60.0．C120.0・・・C300.0が指令されているので，主軸がその角度に旋回するごとにセンタ加工を行ない，すべての加工が終わると**図11.22**のbに戻る．

サブプログラムのN1170　M99；でメインプログラムに戻りN124　G80；の指令で固定サイクルが終了する．さらにN125においてX150.0に逃げた後X軸のレファレンス点に戻る．

(b) N219～N225

ドリル加工は高速深穴ドリリングサイクルである．

（イ）N219ではG54の座標系でX150.0 Y0 Z10.0（**図11.23**のa）に移動する．次にN220のC0で**図11.21**のイの位置へ主軸が割出される．

（ロ）N221でX80.0（**図11.23**のb）に位置決めされる．この位置がイニシャル点となる．

（ハ）N222で端面高速深穴ドリリングサイクルが開始する．R点は10－7＝3となり，Z3.0（**図11.23**のc）である．穴底の座標値は20+3.4×tan31°＝22.04となるので，Z－22.04（**図11.23**のd），送り速さは80mm/minである．

K0が指令されているので，この時点では工具は動かず，固定サイクルのデータを記憶するだけである．

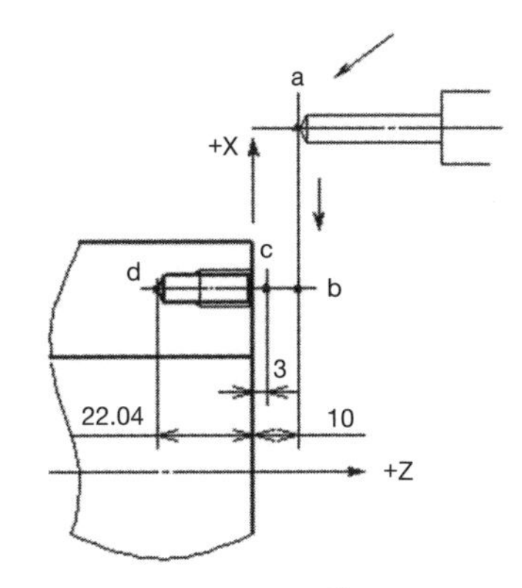

図11.23　ドリル動き

（ニ）N223でサブプログラムO2100に移行する．N2110でC0　Q3000が指令されているので，3mmずつ切込んでイの加工を行なう．

次いでC60.0．C120.0・・・C300.0が指令されているので，主軸がその角度に旋回するごとにステップフィードのドリル加工を行ない，すべての加工が終わると**図11.23**のbに戻る．

サブプログラムのN2170　M99；でメインプログラムに戻りN224　G80；の指令で固定サイクルが終了する．さらにN225においてX150.0に逃げた後X軸レファレンス点に戻る．

（c）N329～N334

タップ加工もセンタ加工と同様な動きになるが．タップの送り速さが「タップのリード×工具主軸の回転数」になることに注意が必要である．

（イ）N329ではG54の座標系で，X150.0 Y0 Z20.0（**図11.24**のa）に移動する．次にN330のC0で**図11.21**のイの位置へ主軸が割り出される．

（ロ）N331でX80.0（**図11.24**のb）に位置決めされる．この位置がイニシャル点となる．

（ハ）N332で端面タッピングサイクルが

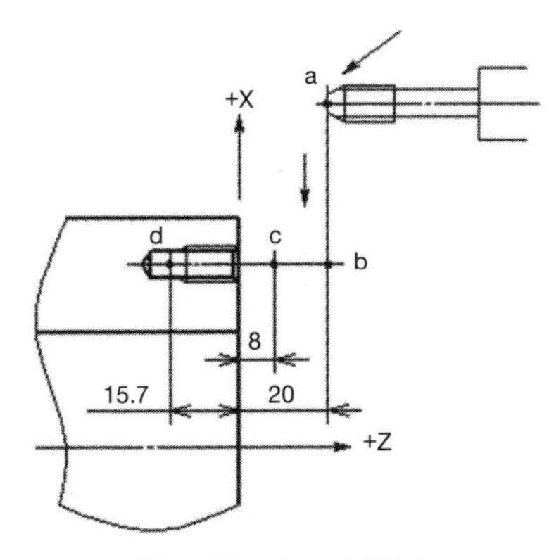

図11.24　タップの動き

開始する．R点は20－12＝8となりZ8.0（**図11.24**のc）である．タップ加工の場合は．タップの送り速度の加速距離を考慮して通常の切削加工の場合より長い距離にする．ここでは工作物の端面から8mmとした．タップの深さは12mmであるが，不完全ねじ部の長さをタップのリードの3倍とした場合，12+1.25×3＝15.75となるので，穴底の座標値をZ－15.7（**図11.24**のd）．送り速さは250mm/minとなる．

タップの加工深さはタッパの種類によって影響を受けるので．タップ加工後深さを測定し．穴底の位置を調整する必要がある．このブロックにK0が指令されているので．この時点では工具は動かず．固定サイクルのデータを記憶するだけである．

（ニ）N333でサブプログラムO2000に移行する．N1110でC0が指令されているので，この時点でイの加工を行なう．次いでC60.0．C120.0・・・C300.0が指令されているので，主軸がその角度に旋回するごとにタップ加工を行ない，すべての加工が終わると**図11.24**のbに戻る．

サブプログラムのN1170　M99；でメインプログラムに戻りN334　G80；の指令で固定サイクルが終了する．さらにN335においてX150.0に逃げた後X軸レファレンス点に戻る．

(2) 側面高速深穴ドリリングサイクル（G87.5），側面ボーリングサイクル（G89）プログラム例2

図11.25に示す側面に2個のφ6.8穴とφ20の穴を加工するものとする．

［設定］

(1) 加工工具は工具主軸に取り付けるものとし，加工順序はφ2.5センタ加工，φ6.8穴あけ加工，φ18エンドミル加工，φ20ボーリング加工の順とする．

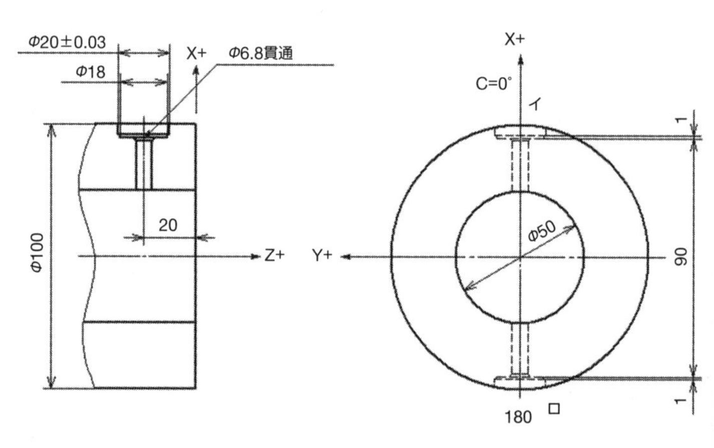

図11.25　タップの動き

(2) C軸の原点はX軸上とする（**図11.25**のイの位置）．

(3) 穴の位置はX軸上とし，穴の位置決めはZ－C軸で行なう．

プログラム	概　説
N10 G18 G40 G80；	X－Z平面．刃先R補正キャンセル．固定サイクルキャンセル．
； ；	
N110 (2.5 CENTER)；	(φ2.5センタ加工)
N111 T1001　M69;	T1001を工具交換位置へ．主軸ブレーキアンクランプ．
N112 G28 U0　M09；	X軸レファレンス点復帰．クーラントOFF．
N113 G28 V0 W0 M05；	Y，Z軸レファレンス点復帰．工具主軸回転停止．
N114 G54 G98 G19 G40 G97 S1000 M45；	ワーク座標系設定．送り速さmm/min．Y－Z平面．工具径補正キャンセル．工具回転数1000min^{-1}．C軸接続．
N115 G28 H0；	C軸レファレンス点復帰．
N116 G361 B0. D0.；	工具交換（T1001を工具主軸へ）交換後B0°へ．回転工具選択．
N117 T1002；	次工具を工具交換位置へ．
N118 G43 H1.；	工具補正有効．工具補正番号1.
N119 G00 X120.0 Y0 Z10.0 M08；	早送りでX120.0，Y0，Z10.0へ．クーラントON
N120 C0；	C軸の0°
N121 G01 Z－20.0 F200;	送り速さ200mm/minでZ－20.0へ．
N122 G87 X94.0 R－7.0 P100 F80；	側面ドリリングサイクル開始．穴底はX94.0．R点はX106.0．ドウェル0.1秒．送り速さ80mm/min.
N123 C180.0；	C180.0でセンタ加工．
N124 G80；	固定サイクルキャンセル．
N125 G00 X150.0 M09；	早送りでX150.0へ．クーラント停止．
N126 G28 U0 M05；	X軸レファレンス点復帰．工具主軸回転停止．
N127 G28 V0 W0;	Y，Z軸レファレンス点復帰．
N128 M46；	C軸接続解除
N129 M01；	オプショナルストップ
；	
N210 (6.8 DRILL)；	(φ6.8ドリル加工)
N211 M69;	主軸ブレーキアンクランプ．
N212 G28 U0 M09；	X軸レファレンス点復帰．クーラントOFF．
N213 G28 V0 W0 M05；	Y，Z軸レファレンス点復帰．工具主軸回転停止．

N214 G54 G98 G19 G40 G97 S1000 M45；	ワーク座標系設定．送り速さmm/min．Y－Z平面．工具径補正キャンセル．工具回転数1000min^{-1}．C軸接続．
N215 G28 H0;	C軸レファレンス点復帰
N216 G361 B0. D0.;	工具交換（T1002を工具主軸へ）交換後B0へ．回転工具選択．
N217 T1003；	次工具を工具交換位置へ．
N218 G43 H2.；	工具補正有効．工具補正番号2.
N219 G00 X120.0 Y0 Z10.0 M08；	早送りでX120.0，Y0，Z10.0へ．クーラントON
N220 C0;	C軸の0°．
N221 G01 Z－20.0 F200 M13；	送り速さ200mm/minでZ－20.0へ，工具主軸回転．
N222 G87.5 X42.0 R－7.0 Q3000 P100 F80；	側面高速深穴ドリリングサイクル開始．穴底はX42.0．R点はX106.0．1回の切込み3mmドウェル0.1秒．送り量80mm/min.
N223 C180.0　Q3000；	C180.0でドリル加工．1回の切込み3mm.
N224 G80；	固定サイクルキャンセル．
N225 G00 X150.0 M09；	早送りでX150.0へ．クーラント停止．
N226 G28 U0 M05；	X軸レファレンス点復帰．工具主軸回転停止．
N227 G28 V0 W0;	Y，Z軸レファレンス点復帰
N228 M46；	C軸接続解除
N229 M01；	オプショナルストップ
；	
N510 (18　ENDMILL)；	(φ18　エンドミル加工)
N511 M69;	主軸ブレーキアンクランプ．
N512 G28 U0　M09；	X軸レファレンス点復帰．クーラントOFF.
N513 G28 V0 W0 M05；	Y，Z軸レファレンス点復帰，工具主軸回転停止
N514 G54 G98 G19 G40 G97 S500 M45；	ワーク座標系設定．送り速さmm/min．Y－Z平面．工具径補正キャンセル．工具回転数500min^{-1}．C軸接続．
N515 G28 H0;	C軸レファレンス点復帰．
N516 G361 B0. D0.；	工具交換（T1003を工具主軸へ）交換後B0°へ．回転工具選択．
N517 T1004;	次工具を工具交換位置へ．

N518 G43 H3.;	工具補正有効．工具補正番号3.
N519 G00 X120.0 Y0 Z20.0 M08；	早送りでX120.0，Y0，Z20.0．クーラントON.
N520 C0;	C軸の0°.
N521 G01 Z－20.0 F200 M13；	送り量200mm/minでZ－20.0へ．工具主軸回転.
N522 G87 X90.0 R－7.0 P500 F60；	側面スポットドリリングサイクル開始．穴底はX90.0．R点はX106.0．ドウェル0.5秒．送り速さ60mm/min.
N523 C180.0；	C180.0でドリル加工.
N524 G80；	固定サイクルキャンセル.
N525 G00 X150.0 M09；	早送りでX150.0へ．クーラント停止.
N526 G28 U0 M05；	X軸レファレンス点復帰．工具主軸回転停止.
N527 G28 V0 W0；	Y，Z軸レファレンス点復帰.
N528 M46；	C軸接続解除.
N529 M01；	オプショナルストップ.
;	
N610 (20 BORING);	(φ20ボーリング加工)
N611 M69;	主軸ブレーキアンクランプ.
N612 G28 U0 M09；	X軸レファレンス点復帰．クーラントOFF.
N613 G28 V0 W0 M05；	Y，Z軸レファレンス点復帰．工具主軸回転停止.
N614 G54 G98 G19 G40 G97 S1600 M45；	ワーク座標系設定．送り速さmm/min．Y－Z平面．工具径補正キャンセル．工具回転数1600min^{-1}．C軸接続.
N615 G28 H0;	C軸レファレンス点復帰.
N616 G361 B0. D0.;	工具交換（T1004を工具主軸へ）交換後B0°へ．回転工具選択.
N617 T1005；	次工具を工具交換位置へ.
N618 G43 H4.;	工具補正有効．工具補正番号４.
N619 G00 X120.0 Y0 Z20.0 M08；	早送りでX120.0，Y0，Z20.0．クーラントON
N620 C0;	C軸の0°.
N621 G01 Z－20.0 F200 M13；	送り量200mm/minでZ－20.0へ，工具主軸回転

N622 G89 X92.0 R－7.0 P100 F128；	側面ボーリングサイクル開始．穴底はX92.0．R点はX106.0．ドウェル0.1秒．送り速さ128mm/min.
N623 C180.0；	C180.0でボーリング加工
N624 G80；	固定サイクルキャンセル
N625 G00 X150.0 M09；	早送りでX150.0へ．クーラント停止.
N626 G28 U0 M05；	X軸レファレンス点復帰．工具主軸回転停止.
N627 G28 V0 W0;	Y，Z軸レファレンス点復帰.
N528 M46；	C軸接続解除
N529 M01；	オプショナルストップ
∫ ： ：	

表11.5　穴あけ固定サイクル2のプログラム例

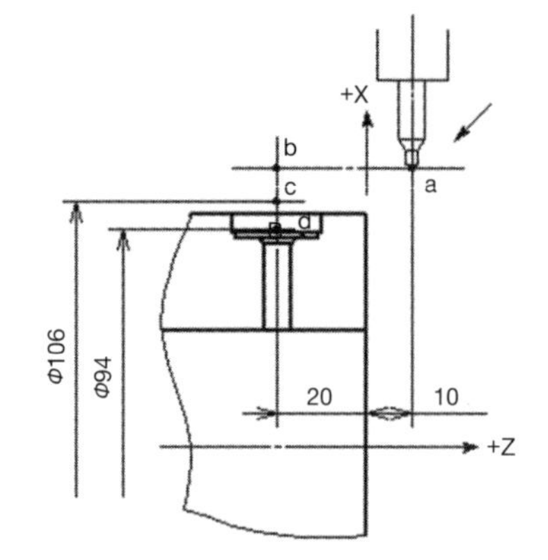

図11.26　センタの動き

［工具の動き］

(a) N119～N125

（イ）N119ではG54の座標系で，X120.0 Y0 Z10.0（**図11.26**のa）に移動する．Y0とはX軸上である．次にN120のC0で，**図11.25**のイの位置へ，主軸が割出される．

（ロ）N121でZ－20.0（**図11.26**のb）に位置決めされる．この位置がイニシャル点となる．

（ハ）N122で側面ドリリングサイクルが開始し，**図11.25**のイの穴が加工される．R点は120－7×2＝106となりX106.0（**図11.26**のc）である．穴底の座標値は，X94.0（**図11.26**のd）で送り速さは80mm/minとなる．

センタ加工が終わるとbの位置に戻る．

（ニ）N123　C180.0；の指令で**図11.25**のロの穴が選択され，センタ加工が行なわれる．すべての加工が終わると**図11.26**のbに戻る．

（ホ）N124　G80；の指令で穴あけ固定サイクルをキャンセルし，さらに

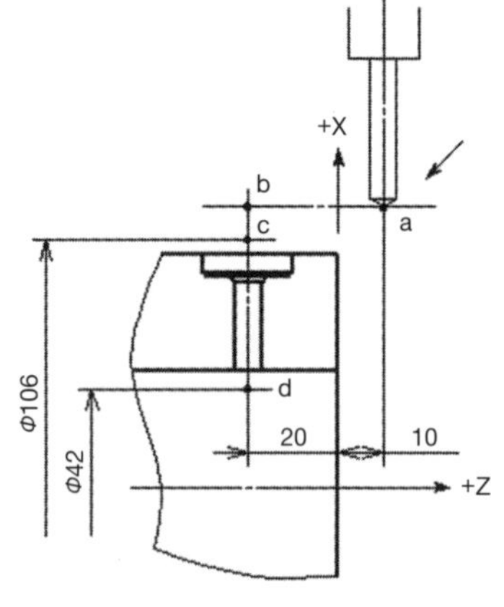

図11.27　ドリルの動き

N125において，X150.0に逃げた後，X軸レファレンス点に戻る．

(b) N219 ~ N225

(イ) N219ではセンタ加工と同様，G54の座標系でX120.0 Y0 Z10.0（**図11.27**のa）に移動する．

次にN220のC0で**図11.25**のイの位置へ主軸が割出される．

(ロ) N221でZ－20.0（**図11.27**のb）に位置決めされる．この位置がイニシャル点となる．

(ハ) N222で側面高速深穴ドリリングサイクルが開始し，**図11.25**のイの穴が加工される．R点は120－7×2＝106となりX106.0（**図11.27**のc）である．この穴は貫通なので，穴底の座標値をX42.0（**図11.27**のd）とし，送り量を80mm/minとした．Q3000の指令で3mmずつ，切込んで加工する．

加工が終了するとbの位置に戻る．

(ニ) N223 C180.0 Q3000；の指令で**図11.25**のロの穴が選択され，再度ドリル加工が行なわれる．この場合も3mmずつ，切込んで加工する．すべての加工が終わると，**図11.27**のbに戻る．

(ホ) N224 G80；の指令で穴あけ固定サイクルをキャンセルし，さらにN225においてX150.0に逃げた後，X軸レファレンス点に戻る．

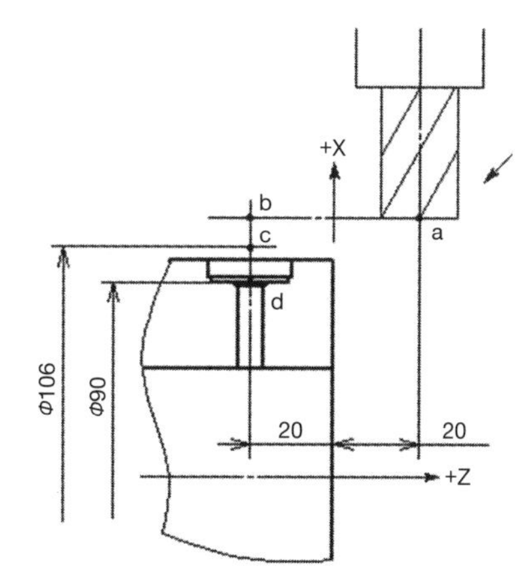

図11.28 エンドミルの動き

(c) N519 ~ N525

(イ) N519ではG54の座標系で，X120.0 Y0 Z20.0（**図11.28**のa）に移動する．エンドミルの直径が大きいので，センタ加工の時よりZ方向のアプローチ位置を長くとった．次にN520のC0で**図11.25**のイの位置へ主軸が割出される．

(ロ) N521でZ－20.0（**図11.28**のb）に位置決めされる．この位置がイニシャル点となる．

(ハ) N522で側面スポットドリリングサイクルが開始し，**図11.25**のイの穴が加工される．R点は，120－7×2＝106となりX106.0（**図11.28**のc）である．穴底を平坦にするため，工具主軸の回

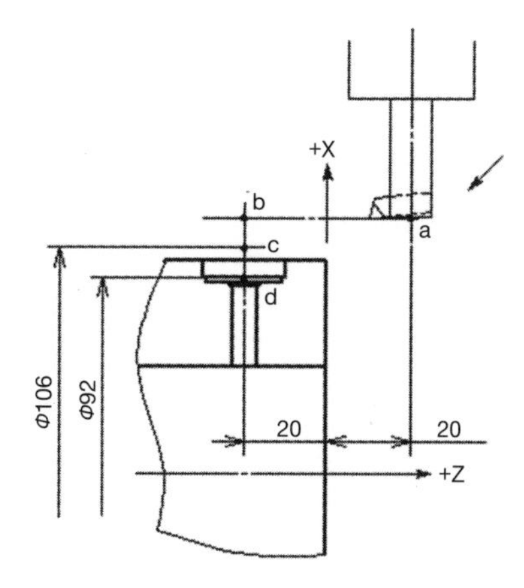

図11.29 ボーリングバーの動き

転数が約4回転になるようドウェル時間を0.5秒にした．

加工が終了するとbの位置に戻る．

（ニ）N523　C180.0;の指令でロの穴が選択され，再度エンドミル加工が行なわれる．すべての加工が終わると，**図11.28**のbに戻る．

（ホ）N524　G80；の指令で穴あけ固定サイクルをキャンセルし，さらにN525において，X150.0に逃げた後，X軸レファレンス点に戻る．

（d）N619 ～ N625

（イ）N619ではエンドミルの場合と同様に，G54の座標系で，X120.0 Y0 Z20.0（**図11.29**のa）に移動する．次にN620のC0で**図11.25**のイの位置へ，主軸が割出される．

（ロ）N621でZ－20.0（**図11.29**のb）に位置決めされる．この位置がイニシャル点となる．

（ハ）N622で側面ボーリングサイクルが開始し，**図11.25**のイの穴が加工される．R点は120－7×2＝106となりX106.0（**図11.29**のc）である．

加工が終わるとbの位置に戻る．

（ニ）N623　C180.0;の指令でロの穴が選択され，再度ボーリング加工が行なわれる．すべての加工が終わると，**図11.29**のbに戻る．

（ホ）N624　G80；の指令で穴あけ固定サイクルをキャンセルし，さらにN625において，X150.0に逃げた後，X軸レファレンス点に戻る．

第12章 NC加工プログラムの作成例

この章では，旋削加工と回転工具による加工プログラム例を作成し，いままで学んだ知識をもとにプログラムの詳細について述べる．

12.1 加工図

図12.1にモデルワークの加工図を示す．加工物の材質はS45C，素材の形状は外径φ105，内径φ38とし，第1工程は終了しているものとする．この章では第2工程の形状を加工するプログラムを作成する．外径がφ100，内径がφ40の段付き円筒形から外径4か所を80角に平面加工，端面に4か所のM8タップ加工，側面にφ25のくぼみとφ10の穴あけ加工，斜面の平面加工とφ8の穴あけ加工である．

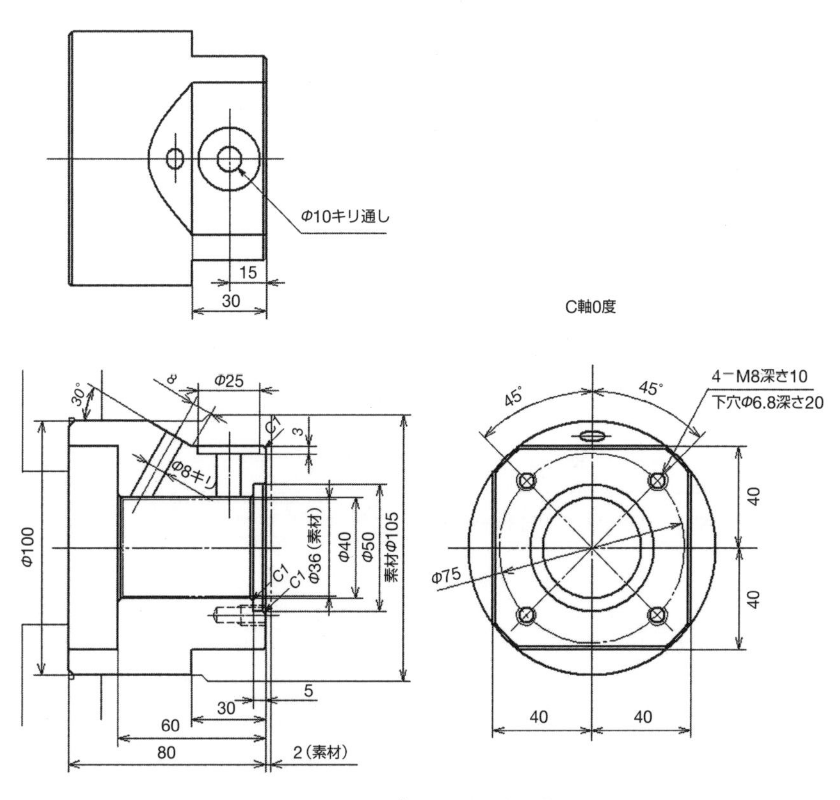

図12.1　モデルワークの加工図

加工順序はまず第2刃物台で段付き円筒状に加工し，その後工具主軸の回転工具で平面加工や穴あけ加工を行なうものとする．

12.2 旋削加工の加工順序と切削条件

素材寸法外径ϕ105，内径ϕ38の形状から**図12.2**に示す形状に旋削で加工する．

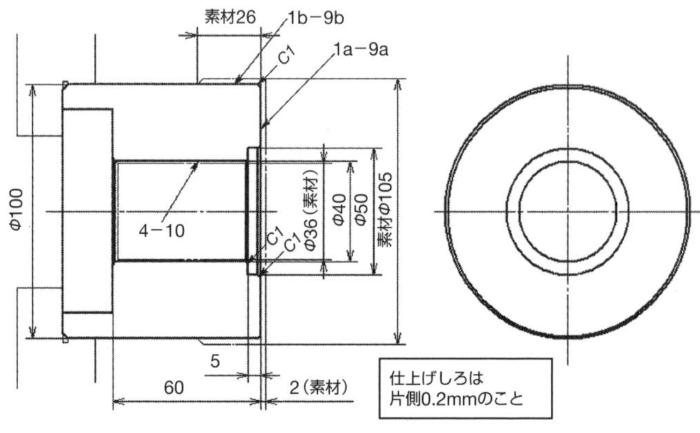

図12.2　旋削加工の形状

図12.3にツールレイアウトを示す．旋削加工は第2刃物台で行なうものとし，第2刃物台に4本の工具を**図12.3**の配置に取り付け，T01で端面および外径の荒加工，T04で内径の荒加工，T09で端面および外径の仕上げ加工，T10で内径の仕上げ加工を行なう．

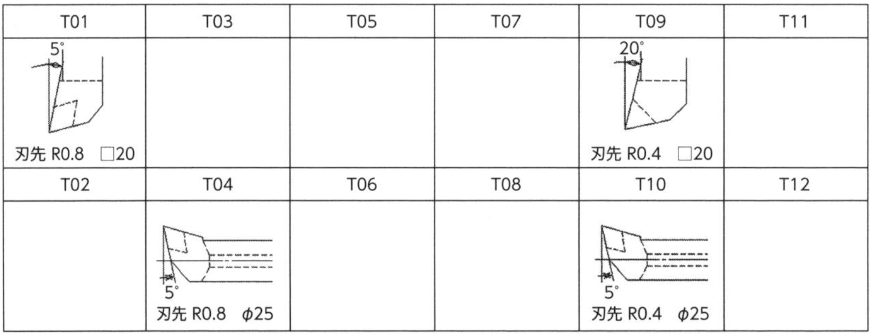

T01	T03	T05	T07	T09	T11
5° 刃先 R0.8　□20				20° 刃先 R0.4　□20	
T02	**T04**	**T06**	**T08**	**T10**	**T12**
	5° 刃先 R0.8　ϕ25			5° 刃先 R0.4　ϕ25	

図12.3　旋削加工のツールレイアウト

順序	Tコード	作業区分	加工部直径	回転数 min^{-1}	切削速度 m/min	送り mm/min	送り長さ
1a	T0101	端面荒	110 ～ 35	−	200	0.2	37.5
1b		外径荒	100	−	200	0.3	30
4	T0404	内径荒	50 ～ 40	1200	(188 ～ 150)	0.25	70
9a	T0909	端面仕	105 ～ 46	−	250	0.15	29.5
9b		外径仕	100	−	250	0.15	30
10	T1010	内径仕	50 ～ 40	1600	(250 ～ 200)	0.15	70

図12.4　旋削加工のタイムスタディ

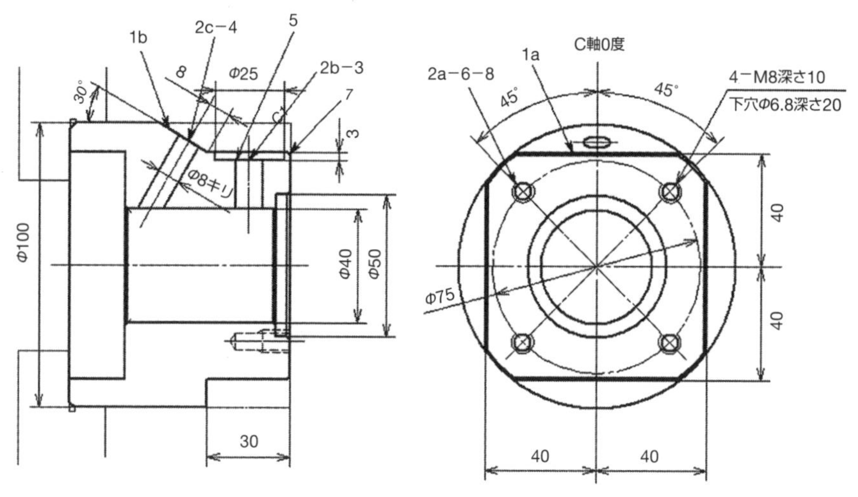

図12.5　回転工具による加工の形状

図12.2で,「1a」と表示したのは, 最初の数字が工具番号を表わし, 次のアルファベットは加工順を示す.

つまり「1a」は, T01の工具でまずa部（端面）を加工し, 次に「1b」の表示ではT01の工具でb部（外径）を加工するということを表わす.「4－10」はT04で加工した後T10で加工することを表わす.

図12.4はタイムスタディを示す. タイムスタディには各工具における切削条件などを表示し, 最終的には各ツールの切削時間と非切削時間をトータルして, この加工にどれだけ時間がかかるかを求めるのが目的であるが, この本では省略する.

T1001	T1002	T1003	T1004	T1005
Φ20ハイス エンドミル	Φ16ハイス リーディングドリル	Φ10ハイス ドリル	Φ8ハイス ドリル	Φ16ハイス エンドドリル
T1006	**T1007**	**T1008**	**T1009**	**T1010**
Φ6.8ハイス ドリル	Φ6.8ハイス 面取りミル	M8ハイス スパイラルタップ		

図12.6　回転工具のツールレイアウト

順序	Tコード	作業区分	加工部直径	回転数 min^{-1}	切削速度 m/min	送り mm/min	送り長さ
1a	T1001	80角	80	400	25	48	320×2＝640
1b		斜面	100～80	400	25	48	45×2＝90
2a	T1002	M8センタ	75	1000	19	80	6×4＝24
2b		φ10センタ	80				6
2c		φ8センタ	88				6
3	T1003	φ10穴あけ	85～30	650	20	70	27.5
4	T1004	φ8斜面穴あけ	88～35	800	20	80	35
5	T1005	φ25くぼみ	74	400	20	20	28
6	T1006	φ6.8穴あけ	75	930	20	90	25×4=100
7	T1007	面取り	80	630	20	95	80×4＝320
8	T1008	M8タップ	75	280	7	350	15×4=60

図12.7　回転工具のタイムスタディ

12.3　回転工具による加工順序と切削条件

図12.5は回転工具による加工の形状を示す．「1a」，「2b」などの記号は，旋削加工の場合と同様，工具番号の末尾および加工の順序を示す．

図12.6はツールレイアウトを示す．T1001からT1008の8本の工具を使い加工する．**図12.7**は回転工具の切削条件などを指示するタイムスタディを示す．

リーディングドリルはセンタ穴加工に使い，面取りミルは80角の面取り加工に使用する．プログラムはこのタイムスタディの切削条件に基づいて作成される．

12.4　プログラム例

12.4.1プログラムの構成

図12.1のワーク（加工物）を加工するプログラムの構成は，**図12.8**のようになっている．大きく分けて第2刃物台側と工具主軸側のプログラムに分かれる．

プログラム
- 第2刃物台側 ― メインプログラム
- 工具主軸側
  - メインプログラム
  - サブプログラム

図12.8　プログラムの構成

工具主軸側でも旋削加工は可能であるが，この例題では理解しやすいように，第2刃物台側のプログラムO2000で旋削加工，工具主軸側のプログラムO3000でフライス，穴あけ加工などを分担するようにした．

プログラムにはメインプログラムとサブプログラムがあるが，**図12.9**に示すように第2刃物台ではメインプログラムのみ，工具主軸側のプログラムにはメインプログラムとサブプログラムを使用して加工を行なっている．

このプログラム例では，第2刃物台と工具主軸側とで，同時に加工する動作はなく，第2刃物台による旋削加工終了後，工具主軸によるエンドミル加工，穴あけ加工を行なう．それらを連続して加工するために，M120とM125の待合わせMコードの機能を使って，O2000 ⟶ O3000の順に加工している．

さらにメインプログラムは各工具の加工プログラムだけでは不十分で，これらの加工プログラムの前後には，**図12.10**のようにプログラム開始部とプログラム終了部を追加している．

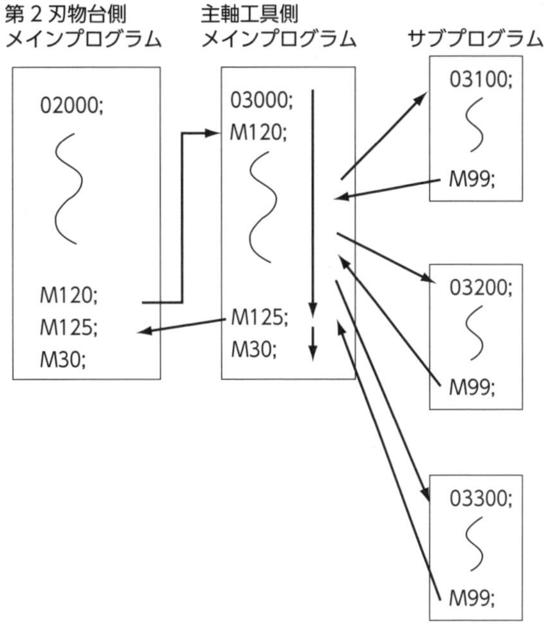

図12.9　プログラムの構成図

プログラムの開始部には

①プログラム番号

②レファレンス点復帰

③主軸最高速度設定

④工具選択

⑤インデックス点に移動

などがプログラムされ，旋削加工の初期状態を指令する．

回転工具による加工の場合は

①プログラム番号

②レファレンス点復帰

③工具交換

などで開始部を構成し，工具選択ごとに初期状態にしてから，工具をスタートさせる．

また旋削加工のプログラム終了部には

①主軸回転停止

②クーラント停止

③周速一定制御キャンセル

④刃先R補正キャンセル

⑤レファレンス点復帰

⑥エンドオブデータ（M30）

などをプログラムする．

なお工具主軸の場合は，レファレンス点復帰，C軸連結解除，エンドオブデータなどを指令する．

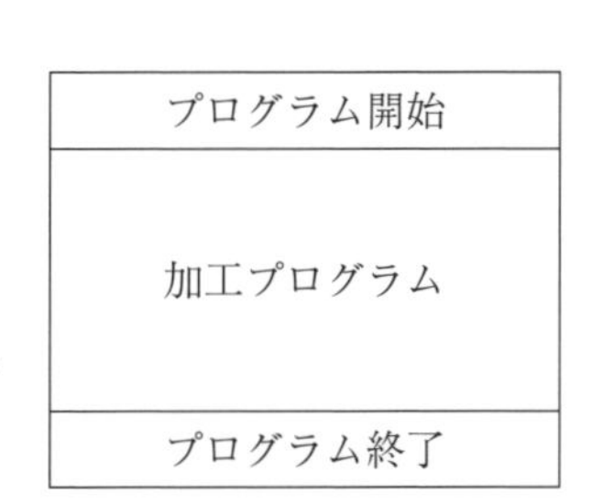

図12.10　プログラムの開始部，終了部

12.4.2加工プログラムパターン

(1) 旋削加工プログラム

図12.11に旋削の場合のプログラムパターンを示す.

①工具補正を入れながら工具を選択し,主軸ブレーキを解除する.

②送り速度の単位,平面選択,刃先R補正キャンセル,C軸連結の解除など,旋削加工必要な状態にする.

③G54～G59に設定されているワーク座標系設定値とTコードの補正量とが合算されて,ワーク座標系が確立される.その座標系に従って工具を加工物にアプローチする.

④必要があれば周速一定制御を指令して,加工物にアプローチする.

⑤加工を開始する.

⑥加工が終わったら周速一定制御機能,刃先R補正などをキャンセルする.

⑦インデックス点に戻し,その加工工程を終了する.

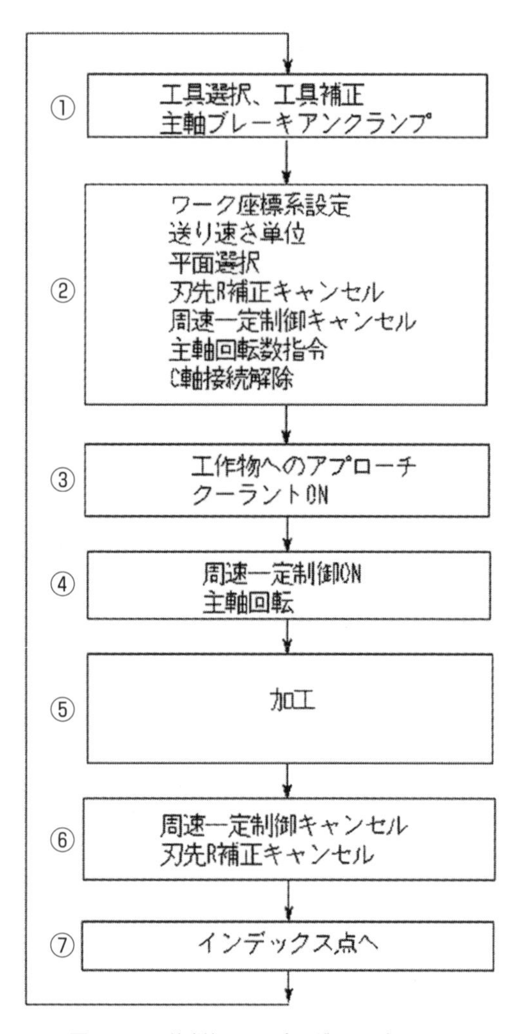

図12.11 旋削加工のプログラムパターン

(2) 工具主軸による回転工具加工のプログラム

図12.12に工具主軸の回転工具によるプログラムパターンを示す．

①主軸ブレーキをアンクランプ．

②X方向のレファレンス点に復帰させ，次にY，Z方向のレファレンス点に復帰させる．

③送り速さの単位，平面選択，工具径補正キャンセル，周速一定制御キャンセル，C軸接続など機械を初期状
態にする．G54～G59のワーク座標系を選択する．

④C軸のレファレンス点に復帰させる．

⑤工具を交換し，B軸の角度を割出す．さらに次の工具を呼出す．

⑥割出した角度で工具補正を有効にし，ワーク座標系設定値と合算されてワーク座標系が確立される．その座標系に従って工作物にアプローチする．

⑦加工に従いC軸で主軸を割出し加工を行なう．主軸のブレーキを必要とする場合はブレーキクランプを指令する．

⑧加工を開始する．

⑨加工が終わったらX軸方向のレファレンス点に復帰させ，次にY，Z方向のレファレンス点に復帰させる．

⑩回転工具を停止する．

⑪C軸接続を解除する．

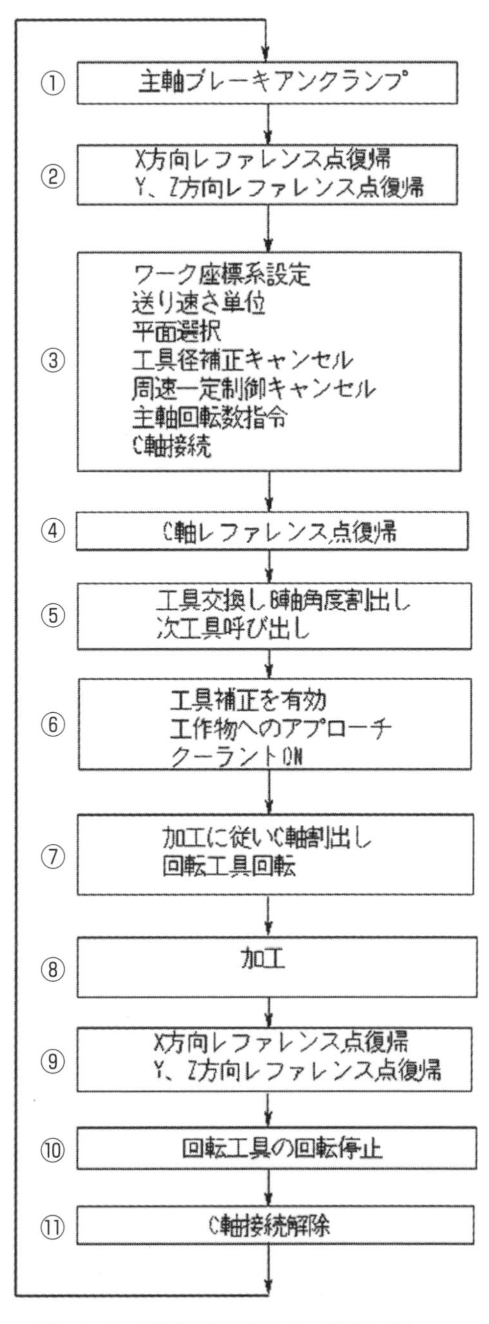

図12.12　回転工具加工のプログラムパターン

12.4.3 旋削加工プログラム例

旋削加工O2000のプログラムを**表12.1**に示す．概説と後述する詳細説明をあわせて読んでいただければ，プログラムを理解できると思われる．

プログラム	概　説
O2000 (MODEL WORK1);	プログラム番号2000．モデルワーク１．
N10 G28 U0 M09;	X方向レファレンス点復帰．クーラントOFF.
N11 G28 W0 M05;	Z方向レファレンス点復帰．主軸停止.
N12 M26;	心押台後退.
N13 G00 G53 X0 Z－200.0;	早送りで機械座標系のX0　Z－200.0へ移動（刃物台のインディックス点に設定）.
N14 G50 S2000;	主軸最高回転速度2000min^{-1}.
N15 M01;	オプショナルストップ
;	
N100 (GAIKEI ARA);	シーケンス番号100．外径荒加工.
N101 T0101 M69;	工具番号01．工具番号01．主軸ブレーキアンクランプ.
N102 G54 G99 G18 G40 G97 S550 M46;	ワーク座標系設定．主軸1回転当たりの送り．X－Z平面選択. 刃先R補正キャンセル. 周速一定制御キャンセル．主軸回転数550min^{-1}．C軸接続解除.
N103 G00 X110.0 Z20.0 M08;	早送りでX110.0　Z20.0へ．クーラントON.
N104 G01 G96 Z0.2 S200 F1.0 M03;	送り速さ1.0mm/revでZ0.2へ．周速一定制御ON. 周速は200m/min．主軸正転.
N105 X35.0 F0.2;	送り速さ0.2mm/revでX35.0へ.
N106 Z2.0;	Z2.0へ逃げ.
N107 G00 X100.4;	早送りでX100.4へ.
N108 G01 Z－28.0 F0.3;	送り速さ0.3mm/revでZ－28.0へ.
N109 X105.0;	X105.0へ逃げ.
N110 G00 G97 Z20.0 S600;	早送りでZ20.0へ．周速一定制御キャンセル．主軸回転数600min^{-1}.
N111 G53 X0 Z－200.0;	機械座標系のX0　Z－200.0へ.
N112 M01;	オプショナルストップ.
;	
N400 (NAIKEI ARA);	シーケンス番号400．内径荒加工.
N401 T0404 M69;	工具番号04，工具番号04，主軸ブレーキアンクランプ
N402 G54 G99 G18 G40 G97 S1200 M46;	ワーク座標系設定．主軸1回転当たりの送り．X－Z平面選択. 刃先R補正キャンセル. 周速一定制御キャンセル．主軸回転数1200min^{-1}．C軸接続解除.
N403 G00 X42.0 Z20.0 M08;	早送りでX42.0　Z20.0へ．クーラントON.
N404 G01 Z2.0 F1.0 M03;	送り速さ1.0mm/revでZ2.0へ．主軸正転.

N405 Z－4.8 F0.25;	送り速さ0.25mm/revでZ－4.8へ.
N406 X39.6;	X39.6へ.
N407 Z－63.0;	Z－63.0へ.
N408 X37.0;	X37.0へ逃げ.
N409 G00 Z2.0;	早送りでZ2.0へ.
N410 X49.6;	X49.6へアプローチ.
N411 G01 Z－4.8;	送り速さ0.25mm/revでZ－4.8へ.
N412 X40.0;	X40.0へ.
N413 G00 Z20.0;	早送りでZ20.0へ.
N414 G53 X0 Z－200.0;	機械座標系のX0　Z－200.0へ.
N415 M01;	オプショナルストップ.
;	
N900 (GAIKEI SHIAGE);	シーケンス番号900. 外径仕上げ加工.
N901 T0909 M69;	工具番号09. 工具番号09. 主軸ブレーキアンクランプ.
N902 G54 G99 G18 G40 G97 S750 M46;	ワーク座標系設定. 主軸1回転当たりの送り. X－Z平面選択. 刃先R補正キャンセル. 周速一定制御キャンセル. 主軸回転数750min^{-1}. C軸接続解除.
N903 G00 X105.0 Z20.0 M08;	早送りでX150.0　Z20.0へ. クーラントON.
N904 G01 G96 Z0 S250 F1.0 M03;	送り速さ1.0mm/revでZ0へ. 周速一定制御ON. 周速は250m/min. 主軸正転.
N905 X46.0 F0.15;	送り速さ0.15mm/revでX46.0へ.
N906 Z2.0;	Z2.0へ逃げ.
N907 G00 G42 X94.0;	早送りでX94.0へ. 刃先R補正右. スタートアップ.
N908 G01 X100.0 Z－1.0;	X100.0　Z－1.0へ（面取り）.
N909 Z－28.0;	Z－28.0へ.
N910 X105.0;	X105.0へ逃げ.
N911 G00 G40 G97 Z20.0 S750;	早送りでZ20.0へ. 刃先R補正キャンセル. 周速一定制御キャンセル. 主軸回転数750min^{-1}.
N912 G53 X0 Z－200.0;	機械座標系のX0　Z－200.0へ.
N913 M01;	オプショナルストップ.
;	
N1000 (NAIKEI SHIAGE);	シーケンス番号1000. 内径仕上げ加工.
N1001 T1010 M69;	工具番号10. 工具番号10, 主軸ブレーキアンクランプ.
N1002 G54 G99 G18 G40 G97 S1600 M46;	ワーク座標系設定. 主軸1回転当たりの送り. X－Z平面選択. 刃先R補正キャンセル. 周速一定制御キャンセル. 主軸回転数1600min^{-1}. C軸接続解除.
N1003 G00 X56.0 Z20.0 M08;	早送りでX56.0　Z20.0へ. クーラントON.

N1004 G01 G41 Z2.0 F1.0 M03;	送り速さ1.0mm/revでZ2.0へ．刃先R補正左．スタートアップ．主軸正転．
N1005 X50.0 Z－1.0 F0.15;	送り速さ0.15mm/revでX50.0　Z－1.0へ（面取り）．
N1006 Z－5.0;	Z－5.0へ．
N1007 X42.0;	X42.0へ．
N1008 X40.0 Z－6.0;	X40.0　Z－6.0へ（面取り）．
N1009 Z－63.0;	Z－63.0へ．
N1010 X36.0;	X36.0へ逃げ．
N1011 G00 G40 Z20.0 M09;	早送りでZ20.0へ．刃先R補正キャンセル．クーラントOFF．
N1012 G53 X0 Z－200.0 M05;	機械座標系のX0　Z－200.0へ．主軸停止．
N1013 M01;	オプショナルストップ．
;	
N15 G28 U0;	X方向レファレンス点復帰．
N16 G28 W0;	Z方向レファレンス点復帰．
N17 M120;	待合わせ番号120．
N18 M125;	待合わせ番号125．
N19 M30;	エンドオブデータ．

表12.1　O2000のプログラム例

12.4.4　回転工具によるプログラム例

回転工具による加工O3000のプログラムを**表12.2**に示す．

プログラム	概　説
O3000 (MODEL WORK1);	プログラム番号3000．モデルワーク１．
N30 M26;	心押台後退．
N31 M120;	待合わせMコード120．
;	
N100 (D20 ENDMILL 80KAKU);	シーケンス番号100．φ20エンドミル．80角加工．
N101 T1001 M69;	工具番号1001を工具交換位置へ．主軸ブレーキアンクランプ．
N102 G28 U0 M09;	X方向レファレンス点復帰．クーラントOFF．
N103 G28 V0 W0 M05;	Y,Z方向レファレンス点復帰．工具主軸停止．
N104 G55 G98 G17 G40 G97 S400 M45;	ワーク座標系設定．毎分送り．X－Y平面．工具径補正キャンセル．周速一定制御キャンセル．工具回転数400min^{-1}．C軸接続．
N105 G28 H0;	C軸レファレンス点復帰．
N106 G361 B－90.0 D0.;	工具交換（T1001を主軸へ）．B－90.0°．回転工具選択．

N107 T1002;	工具番号1002（次工具）を工具交換位置へ.
N108 G43 H1.;	工具補正有効．工具補正番号1.
N109 G00 X200.0 Y0 Z20.0 M08;	早送りでX200.0 Y0 Z20.0へ．クーラントON.
N110 C0;	C軸の0°に割出し.
N111 X140.0 Y40.0 M13;	X140.0 Y40.0へ．回転工具正転.
N112 G01 Z－30.0 F500;	切削送りでZ－30.0へ．送り速さ500mm/min.
N113 M98 P3100;	サブプログラムO3100へ移行.
N114 G00 C90.0;	早送りでC90.0に割出し.
N115 M98 P3100;	サブプログラムO3100へ移行.
N116 G00 C180.0;	早送りでC180.0に割出し.
N117 M98 P3100;	サブプログラムO3100へ移行.
N118 G00 C270.0;	早送りでC270.0に割出し.
N119 M98 P3100;	サブプログラムO3100へ移行.
N120 G00 X200.0 M09;	早送りでX200.0へ．クーラントOFF.
N121 G28 U0 M05;	X方向レファレンス点復帰．回転工具停止.
N122 G28 V0 W0;	Y，Z方向レファレンス点復帰.
N123 M46;	C軸接続解除.
N124 M01;	オプショナルストップ.
;	
N150 (D20 ENDMILL SHAMEN);	シーケンス番号150．φ20エンドミル．斜面加工.
N151 M69;	主軸ブレーキアンクランプ.
N152 G28 U0 M09;	X方向レファレンス点復帰．クーラントOFF.
N153 G28 V0 W0 M05;	Y，Z方向レファレンス点復帰．工具主軸停止.
N154 G55 G98 G17 G40 G97 S400 M45;	ワーク座標系設定．毎分送り．X－Y平面．工具径補正キャンセル．周速一定制御キャンセル．工具回転数400min^{-1}．C軸接続.
N155 G28 H0;	C軸レファレンス点復帰.
N156 G00 B－30.0;	早送りでB－30.0へ.
N157 G43 H1.;	工具補正有効．工具補正番号1.
N158 G00 X200.0 Y45.0 Z20.0 M08;	早送りでX200.0 Y45.0 Z20.0へ．クーラントON.
N159 C0;	C軸の0°に割出し.
N160 X140.0 M13;	X140.0へ．工具主軸正転.
N161 G49;	工具補正無効.
N162 G68.1 X80.0 Y0 Z－30.0 I0 J1 K0 R60.0;	3次元座標変換．変換後のワーク座標系原点はX80.0 Y0 Z－30.0，B－30.0°との直角平面がX－Y平面.
N163 G43 H1.;	工具補正有効．工具補正番号1.
N164 M68;	主軸ブレーキクランプ.

N165 G00 X20.0 Y45.0 Z30.0;	早送りで3次元座標系のX20.0 Y45.0 Z30.0へ.
N166 G01 Z0 F300;	切削送りでZ0へ. 送り速さ300mm/min.
N167 Y−45.0 F48;	送り速さ48mm/minでY−45.0へ加工.
N168 G42 X0;	工具径補正右. X0へアプローチ.
N169 Y45.0;	Y45.0へ加工.
N170 G00 Z50.0;	早送りでZ50.0へ.
N171 G40 X20.0;	工具径補正キャンセル. X20.0へ.
N172 G49;	工具補正無効.
N173 G69.1;	3次元座標変換キャンセル.
N174 G00 X200.0 M09;	早送りでX200.0へ. クーラントOFF.
N175 G28 U0 M05;	X方向レファレンス点復帰. 回転工具停止.
N176 G28 V0 W0;	Y, Z方向レファレンス点復帰.
N177 M69;	主軸ブレーキアンクランプ.
N178 M46;	C軸接続解除.
N179 M01;	オプショナルストップ.
;	
N200 (CENTER DRILL TANMEN);	シーケンス番号200. センタドリル. 端面加工.
N201 M69;	主軸ブレーキアンクランプ.
N202 G28 U0 M09;	X方向レファレンス点復帰. クーラントOFF.
N203 G28 V0 W0 M05;	Y, Z方向レファレンス点復帰. 工具主軸停止.
N204 G55 G98 G17 G40 G97 S1000 M45;	ワーク座標系設定. 毎分送り. X−Y平面. 工具径補正キャンセル. 周速一定制御キャンセル. 工具回転数1000min^{-1}. C軸接続.
N205 G28 H0;	C軸レファレンス点復帰.
N206 G361 B−90.0 D0.;	工具交換(T1002を主軸へ). B−90.0°. 回転工具選択.
N207 T1003;	工具番号1003(次工具)を工具交換位置へ.
N208 G43 H2.;	工具補正有効. 工具番号2.
N209 G00 X200.0 Y0 Z20.0 M08;	早送りでX200.0 Y0 Z20.0へ. クーラントON.
N210 C0;	C軸の0°に割出し.
N211 G01 X75.0 Z10.0 F500 M13;	切削送りでX75.0 Z10.0へ. 送り速さ500mm/min. 工具主軸正転.
N212 G83 Z−3.0 R−7.0 P200 K0 F80;	端面ドリリングサイクル. R点Z3.0. 穴底位置Z−3.0. ドウェル0.2秒. K0の指令で穴あけしない. 送り速さ80mm/min.
N213 M98 P3200;	サブプログラム3200へ移行.
N214 G80;	穴あけ固定サイクルキャンセル.
N215 G00 X200.0 M09;	早送りでX200.0へ. クーラントOFF.
N216 G28 U0 M05;	X方向レファレンス点復帰. 回転工具停止.

N217 G28 V0 W0;	Y，Z方向レファレンス点復帰．
N218 M46;	C軸接続解除．
N219 M01;	オプショナルストップ．
;	
N230 (CENTER DRILL SOKUMEN);	シーケンス番号230．センタドリル側面加工．
N231 G28 U0 M09;	X方向レファレンス点復帰．クーラントOFF．
N232 G28 V0 W0 M05;	Y，Z方向レファレンス点復帰．工具主軸停止．
N233 G55 G98 G19 G40 G97 S1000 M45;	ワーク座標系設定．毎分送り．Y－Z平面．工具径補正キャンセル．周速一定制御キャンセル．工具回転数1000min^{-1}．C軸接続．
N234 G28 H0;	C軸レファレンス点復帰．
N235 G00 B0.;	早送りでB0°．
N236 G43 H2.;	工具補正有効．工具補正番号2．
N237 G00 X200.0 Y0 Z20.0 M08;	早送りでX200.0　Y0　Z20.0へ．クーラントON．
N238 C0;	C軸の0°に割出し．
N239 X120.0 M13;	X120.0へ．工具主軸正転．
N240 G01 Z－15.0 F500;	切削送りでZ－15.0へ．送り速さ500mm/min．
N241 G87 X74.0 R－17.0 P200 F80;	側面ドリリングサイクル．R点X86.0．穴底位置X74.0．ドウェル0.2秒．送り速さ80mm/min．
N242 G80;	穴あけ固定サイクルキャンセル．
N243 G00 X200.0 M09;	早送りでX200.0へ．クーラントOFF．
N244 G28 U0 M05;	X方向レファレンス点復帰．回転工具停止．
N245 G28 V0 W0;	Y，Z方向レファレンス点復帰．
N246 M46;	C軸接続解除．
N247 M01;	オプショナルストップ．
;	
N260 (CENTER DRILL SOKUMEN);	シーケンス番号260．センタドリル．斜面加工．
N261 G28 U0 M09;	X方向レファレンス点復帰．クーラントOFF．
N262 G28 V0 W0 M05;	Y，Z方向レファレンス点復帰．工具主軸停止．
N263 G55 G98 G17 G40 G97 S1000 M45;	ワーク座標系設定．毎分送り．X－Y平面．工具径補正キャンセル．周速一定制御キャンセル．工具回転数1000min^{-1}．C軸接続．
N264 G28 H0;	C軸レファレンス点復帰．
N265 G00 B－30.0;	早送りでB－30.0°．
N266 G43 H2.;	工具補正有効．工具補正番号2．
N267 G00 X200.0 Y0 Z20.0 M08;	早送りでX200.0　Y0　Z20.0へ．クーラントON．
N268 C0;	C軸の0°に割出し．
N269 X140.0 M13;	X140.0へ．工具主軸正転．

N270 G49;	工具補正無効.
N271 G68.1 X80.0 Y0 Z－30.0 I0 J1 K0 R60.0;	3次元座標変換. 変換後のワーク座標系原点はX80.0 Y0 Z－30.0. B－30.0°との直角平面がX－Y平面.
N272 G43 H2.;	工具補正有効. 工具補正番号2.
N273 G00 X8.0 Y0;	早送りで3次元座標系のX8.0 Y0へ.
N274 G01 Z10.0 F500;	切削送りでZ10.0へ. 送り速さ500mm/min.
N275 G83 Z－3.0 R－7.0 P200 F80;	端面ドリリングサイクル. R点Z3.0. 穴底位置Z－3.0. ドウェル0.2秒. 送り速さ80mm/min.
N276 G80;	穴あけ固定サイクルキャンセル.
N277 G00 Z50.0;	早送りでZ50.0へ.
N278 G49;	工具補正無効.
N279 G69.1;	3次元座標変換キャンセル.
N280 G00 X200.0 M09;	早送りでX200.0へ. クーラントOFF.
N281 G28 U0 M05;	X方向レファレンス点復帰. 回転工具停止.
N282 G28 V0 W0;	Y, Z方向レファレンス点復帰.
N283 M46;	C軸接続解除.
N284 M01;	オプショナルストップ.
;	
N300 (D10 DRILL SOKUMEN);	シーケンス番号300. φ10ドリル. 側面加工.
N301 M69;	主軸ブレーキアンクランプ.
N302 G28 U0 M09;	X方向レファレンス点復帰. クーラントOFF.
N303 G28 V0 W0 M05;	Y, Z方向レファレンス点復帰. 工具主軸停止.
N304 G55 G98 G19 G40 G97 S650 M45;	ワーク座標系設定. 毎分送り. Y－Z平面. 工具径補正キャンセル. 周速一定制御キャンセル. 工具回転数650min^{-1}. C軸接続.
N305 G28 H0;	C軸レファレンス点復帰.
N306 G361 B0. D0.;	工具交換（T1003を主軸へ）. B0°. 回転工具選択.
N307 T1004;	工具番号1004（次工具）を工具交換位置へ.
N308 G43 H3.;	工具補正有効. 工具補正番号3.
N309 G00 X200.0 Y0 Z20.0 M08;	早送りでX200.0 Y0 Z20.0へ. クーラントON.
N310 C0;	C軸の0°に割出し.
N311 X90.0 M13;	X90.0へ. 工具主軸正転.
N312 G01 Z－15.0 F500;	切削送りでZ－15.0へ. 送り速さ500mm/min.
N313 G87.5 X30.0 R－3.0 Q5000 F70;	側面高速ドリリングサイクル. R点X84.0. 穴底位置X30.0. 1回の切込み量5.0mm. 送り速さ70mm/min.
N314 G80;	穴あけ固定サイクルキャンセル.
N315 G00 X200.0 M09;	早送りでX200.0へ. クーラントOFF.
N316 G28 U0 M05;	X方向レファレンス点復帰. 回転工具停止.

N317 G28 V0 W0;	Y，Z方向レファレンス点復帰.
N318 M46;	C軸接続解除.
N319 M01;	オプショナルストップ.
;	
N400 (D8 DRILL SHAMEN);	シーケンス番号400．ϕ8ドリル．斜面加工.
N401 M69;	主軸ブレーキアンクランプ.
N402 G28 U0 M09;	X方向レファレンス点復帰．クーラントOFF.
N403 G28 V0 W0 M05;	Y，Z方向レファレンス点復帰．工具主軸停止.
N404 G55 G98 G17 G40 G97 S800 M45;	ワーク座標系設定．毎分送り．X－Y平面．工具径補正キャンセル．周速一定制御キャンセル．工具回転数800min^{-1}．C軸接続.
N405 G28 H0;	C軸レファレンス点復帰.
N406 G361 B－30.0 D0.;	工具交換（T1004を主軸へ）．B－30.0°．回転工具選択.
N407 T1005;	工具番号1005（次工具）を工具交換位置へ.
N408 G43 H4.;	工具補正有効．工具補正番号4.
N409 G00 X200.0 Y0 Z20.0 M08;	早送りでX200.0　Y0　Z20.0へ．クーラントON.
N410 C0;	C軸の0°に割出し.
N411 X140.0 M13;	X140.0へ．工具主軸正転.
N412 G49;	工具補正無効.
N413 G68.1 X80.0 Y0 Z－30.0 I0 J1 K0 R60.0;	3次元座標変換．変換後のワーク座標系原点はX80.0 Y0 Z－30.0．B－30.0°との直角平面がX－Y平面.
N414 G43 H4.;	工具補正有効．工具補正番号4.
N415 G00 X8.0 Y0;	早送りでX8.0　Y0へ.
N416 G01 Z10.0 F500;	切削送りでZ10.0へ．送り速さ500mm/min.
N417 G83.5 Z－35.0 R－7.0 Q3000 F80;	端面高速深穴ドリリングサイクル．R点Z3.0．穴底位置Z－35.0. 1回の切込み量3.0mm．送り速さ80mm/min.
N418 G80;	穴あけ固定サイクルキャンセル.
N419 G00 Z50.0;	早送りでZ50.0へ.
N420 G49;	工具補正無効.
N421 G69.1;	3次元座標変換キャンセル.
N422 G00 X200.0 M09;	早送りでX200.0へ．クーラントOFF.
N423 G28 U0 M05	X方向レファレンス点復帰．回転工具停止.
N424 G28 V0 W0;	Y，Z方向レファレンス点復帰.
N426 M46;	C軸接続解除.
N427 M01;	オプショナルストップ.
;	
N500 (D16 ENDMILL SOKUMEN);	シーケンス番号500．ϕ16エンドミル．側面加工.

N501 M69;	主軸ブレーキアンクランプ．
N502 G28 U0 M09;	X方向レファレンス点復帰．クーラントOFF.
N503 G28 V0 W0 M05:	Y，Z方向レファレンス点復帰．工具主軸停止.
N504 G55 G98 G19 G40 G97 S400 M45;	ワーク座標系設定．毎分送り．Y－Z平面．工具径補正キャンセル．周速一定制御キャンセル．工具回転数400min^{-1}．C軸接続.
N505 G28 H0;	C軸レファレンス点復帰.
N506 G361 B0. D0.;	工具交換（T1005を主軸へ）．B0°，回転工具選択.
N507 T1006;	工具番号1006（次工具）を工具交換位置へ.
N508 G43 H5.;	工具補正有効．工具補正番号5.
N509 G00 X200.0 Y0 Z20.0 M08;	早送りでX200.0　Y0　Z20.0へ．クーラントON.
N510 C0;	C軸の0°に割出し.
N511 X90.0 M13;	X90.0へ．工具主軸正転.
N512 G01 Z－15.0 F500;	切削送りでZ－15.0へ．送り速さ500mm/min.
N513 X74.0 F40;	X74.0へ．送り速さ40mm/min.
N514 G42 Z－27.5 F20;	工具径補正右．Z－27.5へスタートアップ．送り速さ20mm/min.
N515 G02 K12.5;	時計方向回転で1周加工.
N516 G01 G40 Z－15.0;	直線補間でZ－15.0へ．工具径補正キャンセル.
N517 X90.0 F500;	X90.0へ逃げ.
N518 G00 X200.0 M09;	早送りでX200.0へ．クーラントOFF.
N519 G28 U0 M05;	X方向レファレンス点復帰．回転工具停止.
N520 G28 V0 W0;	Y，Z方向レファレンス点復帰.
N521 M46;	C軸接続解除.
N522 M01;	オプショナルストップ.
;	
N600 (D6.8 DRILL TANMEN);	シーケンス番号600．φ6.8ドリル．端面加工.
N601 M69;	主軸ブレーキアンクランプ.
N602 G28 U0 M09;	X方向レファレンス点復帰．クーラントOFF.
N603 G28 V0 W0 M05;	Y，Z方向レファレンス点復帰．工具主軸停止.
N604 G55 G98 G17 G40 G97 S930 M45;	ワーク座標系設定．毎分送り．X－Y平面．工具径補正キャンセル．周速一定制御キャンセル．工具回転数930min^{-1}．C軸接続.
N605 G28 H0;	C軸レファレンス点復帰.
N606 G361 B－90.0 D0.;	工具交換（T1006を主軸へ）．B－90.0°．回転工具選択.
N607 T1007;	工具番号1007（次工具）を工具交換位置へ.
N608 G43 H6.;	工具補正有効．工具補正番号6.
N609 G00 X200.0 Y0 Z20.0 M08;	早送りでX200.0　Y0　Z20.0へ．クーラントON.
N610 C0;	C軸の0°に割出し

N611 G01 X75.0 Z10.0 F500 M13;	切削送りでX75.0　Z10.0へ．送り速さ500mm/min．工具主軸正転．
N612 G83 Z－22.0 R－7.0 P200 K0 F90;	端面ドリリングサイクル．R点Z3.0．穴底位置Z－22.0. ドウェル0.2秒．K0の指令で穴あけしない．送り速さ90mm/min.
N613 M98 P3200;	サブプログラムO3200へ移行.
N614 G80;	穴あけ固定サイクルキャンセル.
N615 G00 X200.0 M09;	早送りでX200.0へ．クーラントOFF.
N616 G28 U0 M05;	X方向レファレンス点復帰．回転工具停止.
N617 G28 V0 W0;	Y，Z方向レファレンス点復帰.
N618 M46;	C軸接続解除.
N619 M01;	オプショナルストップ.
;	
N700 (D16 MENTORI SOKUMEN);	シーケンス番号700．ϕ16面取り．側面加工.
N701 M69;	主軸ブレーキアンクランプ.
N702 G28 U0 M09;	X方向レファレンス点復帰．クーラントOFF.
N703 G28 V0 W0 M05;	Y，Z方向レファレンス点復帰．工具主軸停止.
N704 G55 G98 G19 G40 G97 S630 M45;	ワーク座標系設定．毎分送り．Y－Z平面．工具径補正キャンセル．周速一定制御キャンセル．工具回転数630min^{-1}．C軸接続.
N705 G28 H0;	C軸レファレンス点復帰.
N706 G361 B0. D0.;	工具交換（T1007を主軸へ）．B0°．回転工具選択.
N707 T1008;	工具番号1008（次工具）を工具交換位置へ.
N708 G43 H7.;	工具補正有効．工具補正番号7.
N709 G00 X200.0 Y0 Z20.0 M08;	早送りでX200.0　Y0　Z20.0へ．クーラントON.
N710 C0;	C軸の0°に割出し.
N711 X140.0 Y40.0 M13；	X140.0 Y40.0へ．工具主軸正転.
N712 G01 Z4.0 F500;	切削送りでZ4.0へ．送り速さ500mm/min.
N713 M98 P3300;	サブプログラムO3300へ移行.
N714 G00 C90.0;	C軸の90°に割出し.
N715 M98 P3300;	サブプログラムO3300へ移行.
N716 G00 C180.0;	C軸の180°に割出し.
N717 M98 P3300;	サブプログラムO3300へ移行.
N718 G00 C270.0;	C軸の270°に割出し.
N719 M98 P3300;	サブプログラムO3300へ移行.
N720 G00 X200.0 M09;	早送りでX200.0へ，クーラントOFF
N721 G28 U0 M05;	X方向レファレンス点復帰．回転工具停止.
N722 G28 V0 W0;	Y，Z方向レファレンス点復帰.
N723 M46;	C軸接続解除.

N724 M01;	オプショナルストップ.
;	
N800 (M8 TAP TANMEN);	シーケンス番号800. M8同期タップ. 端面加工.
N801 M69;	主軸ブレーキアンクランプ.
N802 G28 U0 M09;	X方向レファレンス点復帰. クーラントOFF.
N803 G28 V0 W0 M05;	Y, Z方向レファレンス点復帰. 工具主軸停止.
N804 G55 G98 G17 G40 G97 M45;	ワーク座標系設定. 毎分送り. X−Y平面. 工具径補正キャンセル. 周速一定制御キャンセル. C軸接続
N805 G28 H0;	C軸レファレンス点復帰.
N806 G361 B−90.0. D0.;	工具交換（T1008を主軸へ）. −90.0°. 回転工具選択.
N807 T1001;	工具番号1001を工具交換位置へ.
N808 G43 H8.;	工具補正有効. 工具補正番号8.
N809 G00 X200.0 Y0 Z20.0 M08;	早送りでX200.0　Y0　Z20.0へ. クーラントON.
N810 C0;	C軸の0°に割出し
N811 G01 X75.0 F500；	切削送りでX75.0へ, 送り速さ500mm/min
N812 M329 S280;	同期式タップ指令. 工具の回転数280min^{-1}　.
N813 G84 Z−12.5 R−10.0 K0 F350;	側面タッピングサイクル. 穴底位置Z−12.5. R点Z10.0. K0の指令で穴あけしない. 送り速さ350mm/min.（自動的に工具主軸が回転）
N814 M98 P3200;	サブプログラムO3200へ移行.
N815 G80;	穴あけ固定サイクルキャンセル.
N816 G00 X200.0 M09;	早送りでX200.0へ. クーラントOFF.
N817 G28 U0 M05;	X方向レファレンス点復帰. 回転工具停止.
N818 G28 V0 W0;	Y, Z方向レファレンス点復帰.
N819 M46;	C軸接続解除.
N820 M01;	オプショナルストップ.
;	
N35 M125;	待合わせMコード125.
N36 M30;	エンドオブデータ.

O3100 (80 KAKU SUB);	プログラム番号3100. 80角サブプログラム.
N3101 M68;	主軸ブレーキクランプ.
N3102 G01 X101.0 F500;	X101.0へアプローチ（仕上げしろ0.5mm）. 送り速さ500mm/min.
N3103 Y−40.0 F48;	Y−40.0へ. 送り速さ48mm/min.
N3104 G42 X80.0;	工具径補正右. X80.0へ.
N3105 Y40.0;	Y40.0へ.
N3106 G00 G40 X140.0;	早送りでX140.0へ. 工具径補正キャンセル.

N3107 M69;	主軸ブレーキアンクランプ.
N3108 M99;	メインプログラムへ復帰.

O3200 (M8 TAP SUB);	プログラム番号3200. M8タップサブプログラム.
N3201 C45.0;	C軸の45.0°に割出し.
N3202 C135.0;	C軸の135.0°に割出し.
N3203 C225.0;	C軸の225.0°に割出し.
N3204 C315.0;	C軸の315.0°に割出し.
N3205 M99;	メインプログラムへ復帰.

O3300 (80KAKU MENTORI SUB);	プログラム番号3300. 80角面取りサブプログラム.
N3301 G01 X70.0 F500;	切削送りでX70.0へ. 送り速さ500mm/min.
N3302 Y－40.0 F95;	Y－40.0へ. 送り速さ95mm/min.
N3303 G00 X140.0;	早送りでX140.0へ.
N3304 Y40.0;	Y40.0へ.
N3305 M99;	メインプログラムへ復帰.

表12.2 回転工具によるプログラム例

12.4.5 O2000のプログラムの詳細

O2000は旋削加工のプログラムである. 旋削加工は第2刃物台で行なうものとする. 旋削加工のプログラムは通常のNC旋盤と同様なので, ここでは簡単に説明する.

(1) N10 ～ N15

①N10, N11

G28によるレファレンス点復帰指令である. U, WはX, Zのインクレメンタル指令であり, N10でまずX方向のレファレンス点に, N11でZ方向のレファレンス点に復帰する. ここが機械のスタート点となる.

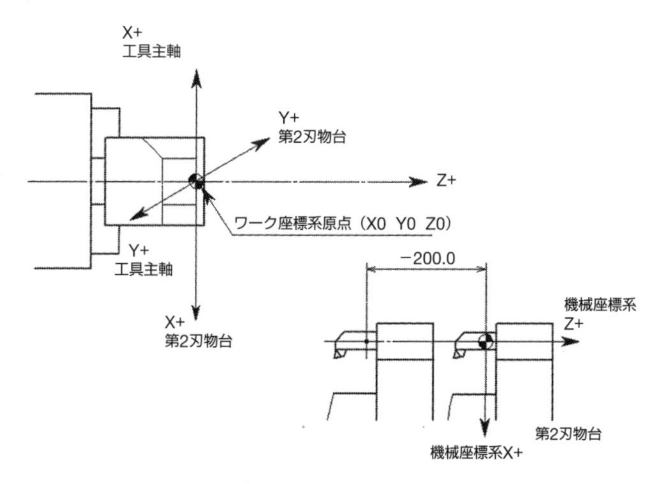

図12.13 機械座標系でのインディックス位置

②N12

M26は心押台の後退指令である. 手動操作などで心押台が前進している場合, 刃物台と干渉する危険性があるため，一応M26を指令した．

③N13

G53は機械座標系である．X，Zで示された座標値は機械座標値におけるX，Zであり，ここではX方向は機械原点の位置，Z方向は機械原点からマイナス200mmの位置をインディックス点（工具交換位置）としている（**図12.13**）．

外径工具，内径工具などすべての工具はこの点で交換されるので，インディックス時にほかに干渉しない点を選択することが重要である．

④N14

ここでのG50は，主軸最高速度設定の機能を持つ．S2000によって主軸が2000min^{-1}以上にならないようにロックする．

(2) N100～N112　外径荒加工

①N101

工具番号01，工具補正番号01を指令し，同時に主軸のブレーキを解除する．主軸にブレーキがかかっていると主軸を回転させることが出来ない．N401，N901，N1001ブロックも同様，工具を呼出して，主軸ブレーキを解除する．

②N102

G54ワーク座標系を選択する．この指令と工具補正量とが合算されてワーク座標系が確立される．工具のスタート点で，NCを初期状態にする．旋削加工なので工具の送り速さは主軸1回転当たりの単位，平面指定，主軸回転数などを指令し，同時にC軸の接続を解除する．C軸が連結されていると主軸は回転できない．

N402，N902，N1002ブロックも同様な指令となる．

③N103

G54と工具補正番号01で確立された座標系のX110.0　Z20.0へアプローチする．同時にクーラントをONする．N403，N903，N1003も同様な指令となる．

④N104

さらに工作物にアプローチし，同時に主軸を回転する．N404，N904，N1004も同様な指令となる．

⑤N105～N110

このブロックで外径加工を行なう．**図12.14**に工具経路を示す．加工が終わったN110ブロックで周速一定制御をキャンセルする．N911も同様な指令となる．

⑥N111

機械座標系のX0　Z－200.0（インデックス点）へもどる．N414，N912，N1012も同様な指令となる．

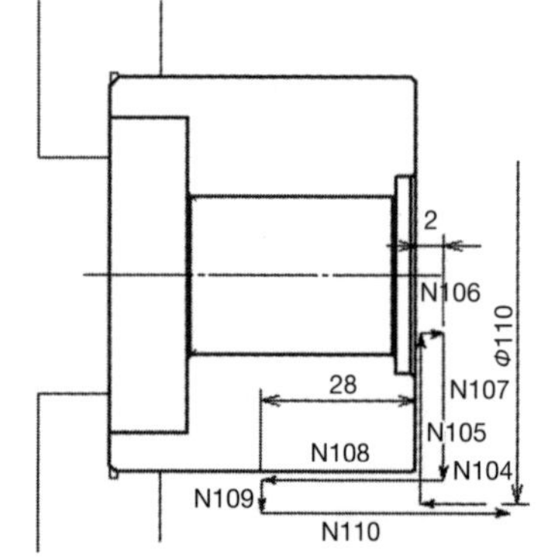

図12.14　N104～N110工具経路

(3) N405～N413

工具経路を**図12.15**に示す.

(4) N904 ~ N911

工具経路を**図12.16**に示す.

(5) N1004 ~ N1011

工具経路を**図12.17**に示す.

(6) N15 ~ N19

①N15 ~ N16

X, Zの順にレファレンス点に復帰する.

②N17 ~ N18

待合わせのMコードである. 工具主軸側の待合わせMコードと一致すると次のブロックに進む. 第2刃物台側と工具主軸側の待合わせ関連を**図12.18**に示す.

操作盤の「起動」ボタンを押すとO2000とO3000のプログラムが同時にスタートし (a), 第2刃物台側はそのまま加工を続けるが, 工具主軸側はN31のブロックM120で待機する. 第2刃物台側の加工が終了し, N17 M120 ; の指令で工具主軸側のM120と一致する (b) ので工具主軸側がスタートを開始する (c) が, 第2刃物台側はN18で待機の状態になる. 工具主軸側の加工が終了しN35 M125 ; が指令されると第2刃物台側のMコードと一致する (d) ので, 第2刃物台側, 工

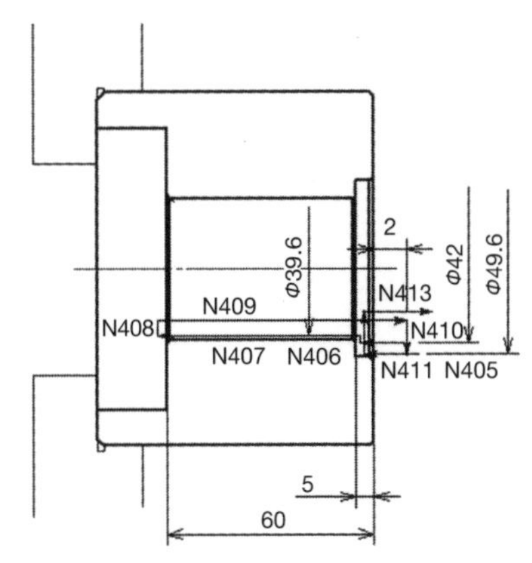

図12.15 N405 ~ N413工具経路

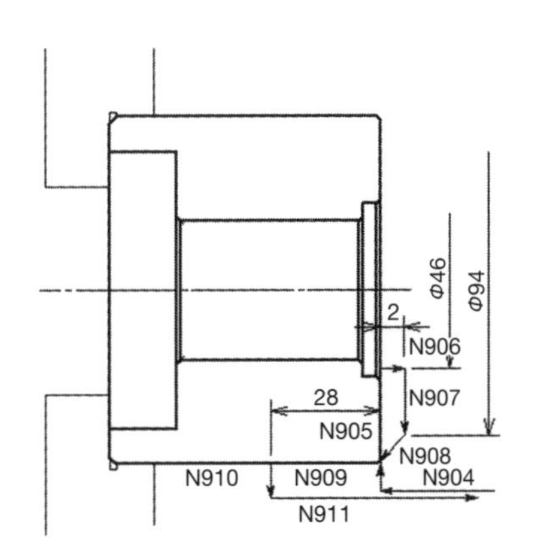

図12.16 N904 ~ N911工具経路

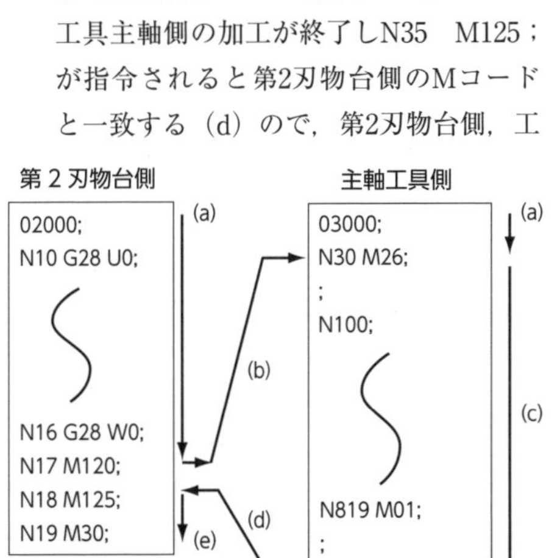

図12.18 待合わせ

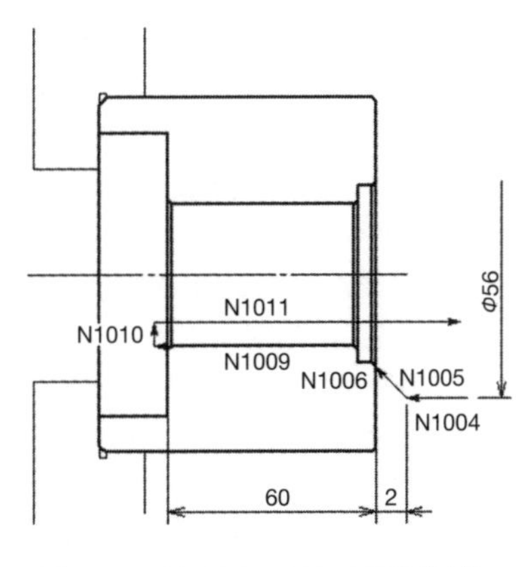

図12.17 N1004 ~ N1011工具経路

具主軸側ともに次ブロックに進み（e），M30で加工完了となる．

12.4.6 O3000のプログラムの詳細

O3000のプログラムは工具主軸の回転工具による加工プログラムである．平面加工や穴あけ加工を行なう．

(1) N30 ～ N31

心押台の後退指令とMコードよる待合わせ指令である．待合わせ関連の説明は前項を参照していただきたい．

(2) N100 ～ N124

φ20エンドミルで80角の加工を行なう．

①N101

最初の工具T1001をマガジン内の工具交換位置に呼び出す．同時に主軸のブレーキをアンクランプする．

②N102 ～ N103

工具主軸による加工の場合には，加工の前に必ず工具主軸に工具を装着しなければならない．工具交換はX，Zのレファレンス点から開始されるので，このブロックでX，Y，Zのレファレンス点復帰を行ない，工具交換の準備を行なう．

③N104

G55ワーク座標系の選択を行なう．G98で工具の送り速さをmm/minの単位にする．80角の平面加工はB－90.0°の状態で加工するので，加工平面はX－Y平面，つまりG17となる．同時に主軸のC軸を接続する．

④N105 ～ N107

N105でC軸のレファレンス点復帰を行なう．この位置をC軸のゼロ度とする．N106で工具主軸にT1001の工具を装着し，B－90.0°の位置に工具を割出す．N107で次工具T1002を工具交換位置に呼出す．アドレスB，Cの指令には小数点を忘れないこと．

⑤N108 ～ N109

N108で工具補正番号１の工具補正を有効にする．N104のG55とH1とで確立されたワーク座標系のX200.0 Y0Z20.0に移動する．

⑥N111 ～ N120

工具経路を**図12.19**に示す．C軸を90°，180°，270°に割出すごとにサブプログラムを使って加工する．

C軸をゼロ度の面にしておき，N112ブロックでZ－30.0に移動する．ここからサブプログラムO3100に移行し，N3102ブロックでX101.0に下降し（ここで仕上げしろが0.5mmとなる），N3103ブロックでY－40.0へ加工する．仕上げ加工を行なうために，N3104ブロックのG42によって工具径補正を右側にしてX80.0へ下降し，N3105ブロックでY40.0へ仕上げ加工をし，N3106ブロックでX140.0へ逃げ，

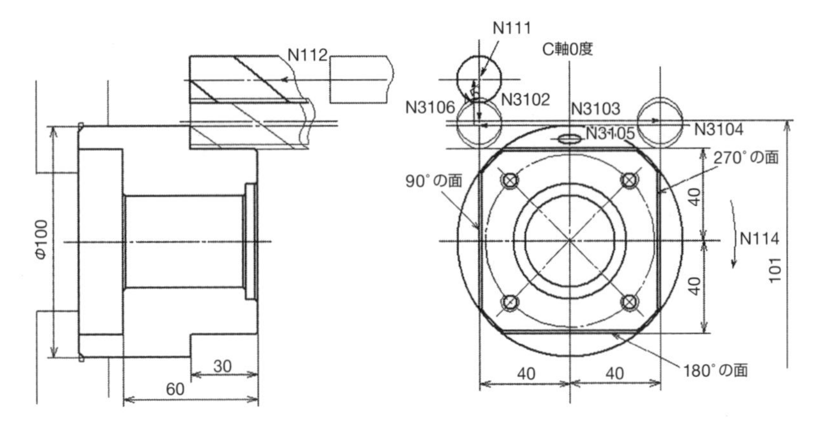

図12.19　80角工具経路

N3108　M99;の指令でメインプログラムに戻る．ここでC0°の面の加工が終了する．さらにN114ブロックで90°旋回しN115ブロックでサブプログラムO3100移行して0°の面と同じように90°の面を加工する．このようにメインプログラムではC軸の旋回を，サブプログラムでは面の加工を行なう．この場合の加工では，主軸が切削力によって動かされないようM68の指令で主軸にブレーキを掛ける．

⑦N121 ～ N122

X，Y，Z軸のレファレンス点復帰である．工具交換はX，Zのレファレンス点復帰から始まるので，加工終了後はレファレンス点に戻すことにする．

⑧N123

M46の指令でC軸接続を解除する．これで主軸はフリーとなり，初期の状態に戻る．各工程の加工が終わるごとにC軸をフリーの状態にしておく．N318，N426，N521，N618，N723，N819も同様である．

(3)　N150 ～ N179

φ20エンドミルで斜面加工を行なう．

①N151

C軸の接続を行なうために主軸のブレーキを解除する．

②N152 ～ N153

工具主軸をB－30.0°に旋回するため，このブロックでX，Y，Z軸のレファレンス点復帰を行なう．工具主軸が旋回したとき，何も干渉がなければレファレンス点に復帰しなくとも良いが，安全のためレファレンス点に復帰させた．

③N154

G55ワーク座標系選択を行なう．G98で工具の送り速さをmm/minの単位にする．工具主軸がB－30.0°に旋回しても，**図12.20**のように加工平面はX－Y平面，つまりG17となる．同時に主軸のC軸を接続する．

④N156～N160

N156のブロックで工具主軸がB－30.0°に旋回する．旋回するといままでの座標値と異なるので，N157ブロックでG43　H1；読み込むことによって，新たな補正量に変換される．N154のG55とH1の補正量で確立されたX200.0 Y45.0 Z20.0へ移動する．

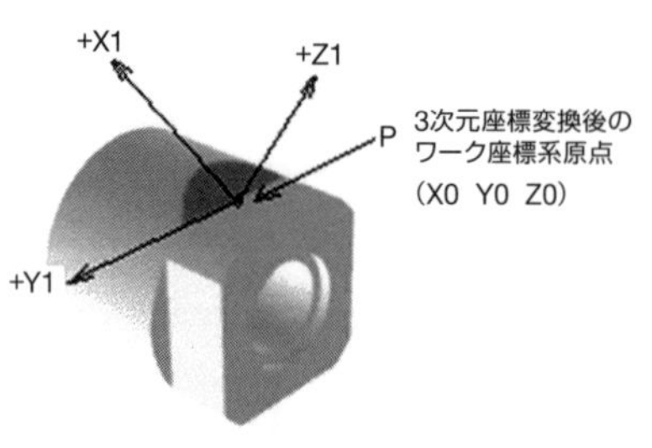

図12.20　3次元座標変換後のワーク座標系原点

さらにN160のブロックでX140.0へ移動し，M13の指令で回転工具が回転する．

⑤N161～N163

G49の指令で，今までの工具補正を無効にし，N162ブロックで3次元座標変換を行なう．座標変換するときのワーク座標系原点は**図12.20**に示すように，主軸中心線をZ軸とする直交座標系のX80.0　Y0　Z－30.0の点Pとなる．N162ブロックのR60.0はB軸が－30.0に傾いているので，R60.0は90+（－30）＝60の計算から求める．この3次元座標変換によって**図12.20**のP点を回転中心，Y軸を旋回軸として30°旋回した新しい座標系（X1　Y1　Z1）ができあがる．その座標系は工具主軸の中心線がZ軸となるX－Y平面となる．次のブロックからは新しい座標系での動きとなる．

⑥N163～N164

N163ブロックの指令で新しい座標系での工具補正を有効にする．さらにエンドミルで加工の最中に工作物が動かないよう，主軸にブレーキをかける．

⑦N165～N171

工具の動きを**図12.21**に示す．ここでプログラムされた座標値は，3次元座標変換された後の新しい座標系での座標値となる．ϕ20のエンドミルで30°傾いた面を１パスでは加工できないので，2パスで加工することにする．N165のブロックでX20.0　Y45.0に移動し，N166のブロックでZ0（X－Y平面）にアプローチしY－45.0へ加工を行なう．N168ブロックでG42によって右側に工具径補正をかけ，Y45.0まで加工する．N170ブロックでZ50.0へ逃げて，N171ブロックで工具径補正をキャンセルする．

⑧N172～N173

3次元座標変換をキャンセルためにG49で工具補正を無効にする．さらにN173ブロックで3次元座標変換をキャンセルして，以前のワーク座標系に戻す．

このパターンは，**図12.22**に示すように，3次元座標変換，復元のパターンはG68.1とG69.1とのブロックの間にG43とG49を指令するという入れ子の関係をつくる．

(4) N200～N284

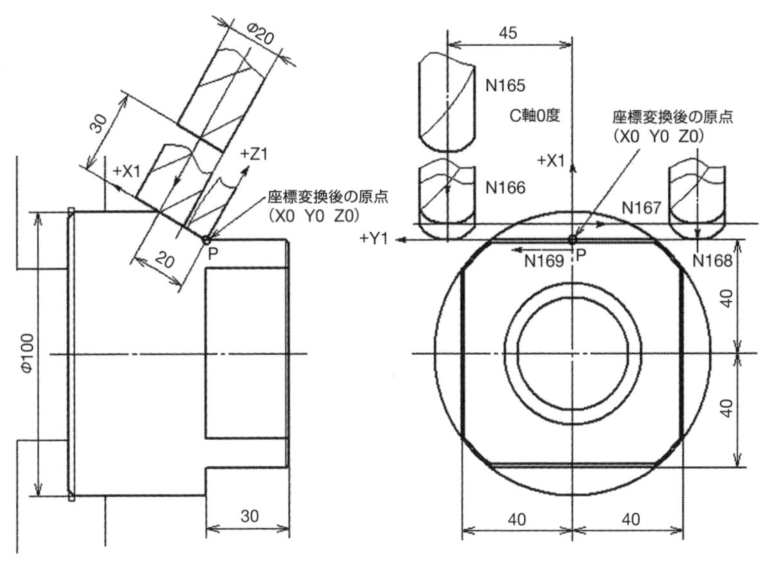

図12.21　3次元座標変換後の工具経路

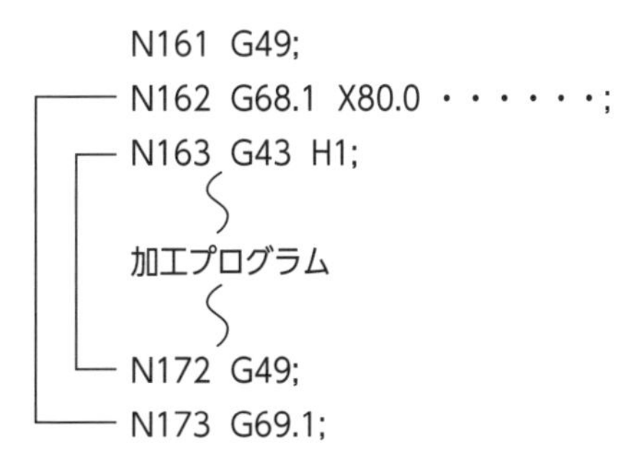

図12.22　3次元座標変換，復元のパターン

このプログラムはセンタツールによるセンタ加工である．端面，側面および斜面の穴加工前にセンタ加工を行なう．N200 ～ N219は端面のセンタ加工，N230 ～ N247は側面のセンタ加工，N260 ～ N284は斜面のセンタ加工である．どの穴も穴あけ固定サイクルを使用して加工する．側面加工の時はXの座標値は直径値であることに注意が必要である．

①N201 ～ N203

N201ブロックのM69の指令で主軸のブレーキをアンクランプする．センタ加工時は主軸に加わる回転力が低いとみなして，ブレーキをアンクランプしたままで加工する．

センタ工具に工具交換のため，X，Y，Zのレファレンス点復帰を行なう．

②N204

G55ワーク座標系選択を行なう．G98で工具の送り速さをmm/minの単位にする．端面の穴あけ加工はB－90.0°の状態で加工するので，加工平面はX－Y平面，つまりG17となる．同時に主軸のC軸を接続する．

③N205 ～ N207

N205ブロックでC軸のレファレンス点復帰を行なう．この位置がC0°の位置になる．N206ブロックで工具主軸にT1002センタ工具を装着し，B－90.0°の位置に工具を割り出す．D0.で回転工具を認識させる．N207のブロックで次工具T1003を工具交換位置に呼び出す．

④N208 ～ N211

N208のブロックで工具補正番号2の工具補正を有効にする．N204ブロックのG55とH2とで確立されたワーク座標系のX200.0 Y0 Z20.0に移動する．センタ加工は工具をY0の位置に置いたままにし，C軸を旋回させて位置決めを行ない加工する．N210ブロックでC0に割出し，N211ブロックでX75.0　Z10.0へアプローチする．この位置がセンタ加工のイニシャル点となる．

⑤N212 ～ N214

N212ブロックのG83は端面ドリリングサイクルである．このブロックのZ－3.0は穴底の位置，R－7.0はイニシャル点からマイナス7.0mmの点，つまりZ3.0の点がR点となる．P200の指令は穴底位置でのドウェル時間で，ここでは0.2秒とした．Kは固定サイクルの繰返し回数であるが，K0の指令でこのブロックでは加工を行わない．

G83はモーダルなので，G80（穴あけ固定サイクルキャンセル）が指令されるまでNCに記憶される．

N213ブロックでサブプログラムO3200へ移行する．O3200ではC軸の旋回角度を指令する．N3201ブロックのC45.0の指令で主軸が45°旋回するとG83の穴あけ固定サイクルがスタートし，1個目の穴を加工してイニシャル点に戻る．さらにN3202のブロックで主軸が135°に旋回すると2個目の穴が加工される．このように主軸が旋回するごとに**図12.23**のイ，ロ，ハ，ニの順に加工が行なわれ4個の穴の加工が終了するとN3205ブロックのM99の指令でメインプログラムに復帰する．N214ブロックのG80で穴あけ固定サイクルをキャンセルする．

センタ加工の工具経路を**図12.23**に示す．

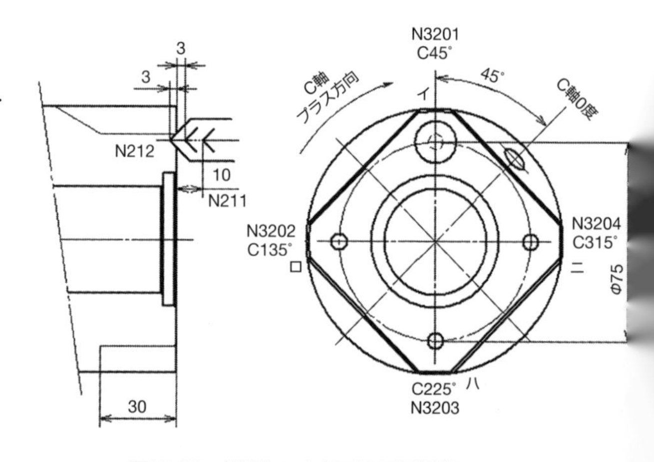

図12.23　端面センタ加工の工具経路

⑥N216 ～ N218

次のセンタ穴加工は側面の穴になるので，工具主軸はB0°の位置に旋回する．旋回時に工具が他のものと干渉しないように，N216, N217ブロックでまず，

X方向のレファレンス点復帰，次に，Y，Z方向のレファレンス点復帰を行なう．さらにN218ブロックでC軸の連結を解除して，初期の状態に戻す．

⑦N233 ～ N237

端面のセンタ加工と同様なプログラムパターンであるが，側面のセンタ加工なのでN233ブロックではG19の指令でY－Z平面を指令した．N235ブロックでB0.を指令して工具主軸を加工物の側面に向け，N236ブロックでB0°の状態における工具補正を有効にする．N237ブロックでG55とH2とで確立されたワーク座標系のX200.0 Y0 Z20.0に移動する．

⑧N238 ～ N240

N238ブロックでC軸のレファレンス点復帰を行なう．この角度が穴位置である．N239ブロックでX120.0へ移動し，さらにN240ブロックでZ－15.0へアプローチする．この位置がセンタ加工のイニシャル点となる．

⑨N241 ～ N242

N241ブロックのG87は側面ドリリングサイクルである．X74.0は穴底の直径値を指令している．ここでは直径80mmの点から半径で3mm切込むとして，80－6＝74mmとなる．R－17.0はR点を示し，イニシャル点から半径で17mm下がった位置を指令している．

つまり120－17×2＝86の計算から，R点はX86.0の位置となる．ドリリングサイクルが終了するとドリルはイニシャル点に戻る．

N242ブロックのG80の指令でドリリングサイクルをキャンセルする．工具の経路を**図12.24**に示す．

⑩N263 ～ N269

N263ブロックのG17で平面選択をX－Y平面を選択しているが，**図12.20**に示すように，工具主軸がB－30.0°に旋回しても平面はX－Y平面である．工具主軸がB－30.0°に旋回した状態で，N266のブロックのG43　H2；の指令で工具補正を有効にすると，新たな補正量に変換される．N263ブロックのG55とH2で新たに座標系が確立され，X200.0　Y0，Z20.0

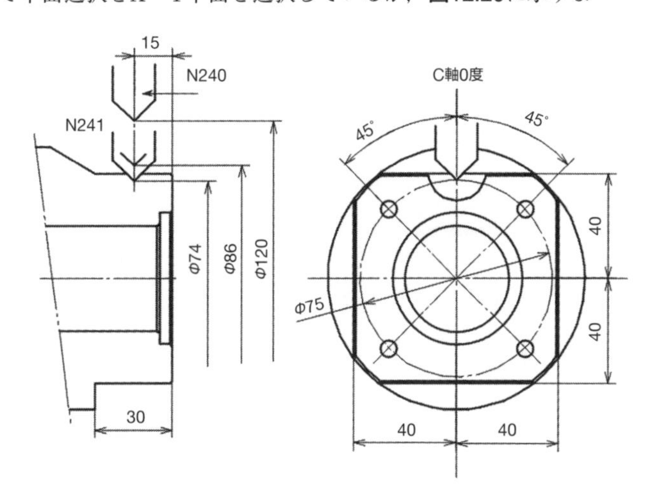

図12.24　側面センタ加工の工具経路

に移動する．さらにN269ブロックでX140.0に移動する．

⑪N270 ～ N279

N271ブロックは3次元座標変換である．3次元座標系変換のプログラムパターンは，**図12.22**に示したようにG68.1・・・・；とG69.1；の間にG43・・；とG49；のプログラムが入れ子の関係になくてはならない．まずN270ブロックで以前の工具補正を無効にし，N271ブロックでX80.0 Y0 Z－30.0の位置をワーク座標系原点とし，Y軸を旋回軸として30°旋回した新しい座標系（X1　Y1　Z1）が作成される．つまり**図12.20**のP点が新しいワーク座標系原点となり，傾斜した面がX－Y平面となる．以降の座標値はこの原点を起点にした座標値となる．

N272ブロックで新しい座標系での工具補正を有効にする．N273ブロックでX8.0に移動し，さらにN274ブロックでZ10.0に近づく．つまり斜面から10mm上方に位置する．ここがセンタ加工のイニシャル点である．N275ブロックで端面ドリリングサイクルのプログラムが実行され，Z－3.0は斜面から穴底までが3.0mm，R－7.0はイニシャル点からマイナス方向に7mm進んだ点，つまり斜面から3mmの点がR点となる．ドリリングサイクルが終了するとドリルはイニシャル点に戻る．N276ブロックのG80の指令でドリリングサイクルをキャンセルする．

N269 ～ N276の工具の移動を，**図12.25**に示す．

⑫N278 ～ N283

N278，N279は3次元座標変換終了部のパターンである．ここで以前の座標系に変換され，N280ブロックでX200.0へ上昇する．N281，N282ブロックでそれぞれのレファレンス点に復帰し，次工具の工具交換を待つ．さらにN283ブロックでC軸の連結を解除して，初期の状態に戻す．

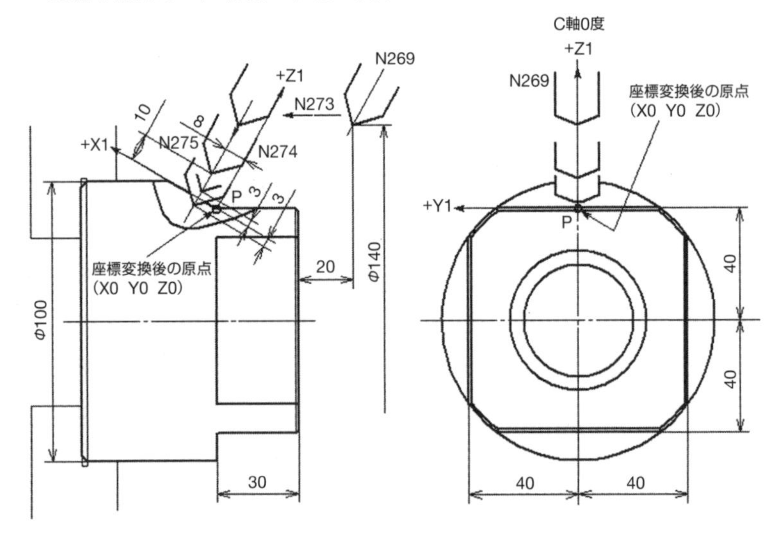

図12.25　斜面のセンタ加工の工具経路

(5) N300 ～ N319

このブロックでは，側面にφ10の穴あけを行なう.

①N304

側面の穴加工なので平面はY－Z平面となる．したがってG19を指令する.

②N305 ～ N307

N305ブロックでC軸のレファレンス点復帰を行なう．この位置がC0°の位置になる．N306ブロックで工具主軸にT1003のφ10ドリルを装着し，B0°の位置に工具を割出す．N307のブロックで次工具T1004を工具交換位置に呼出す．B，Dの指令には少数点を忘れないよう注意が必要である.

③N308 ～ N312

N308のブロックで工具補正番号3の工具補正を有効にする．N304ブロックのG55とH3とで確立されたワーク座標系のX200.0 Y0 Z20.0に移動する．N310ブロックでC0°に割り出し，N311ブロックでX90.0へ移動し，さらにZ－15.0へアプローチする．この位置が穴加工のイニシャル点となる.

④N313 ～ N314

N313ブロックのG87.5は側面高速ドリリングサイクルである．高速ドリリングサイクルとは，指令された長さを切込んでからパラメータで設定された長さだけ戻り，再度指令された長さを切込んでいく加工で，切りくずを分断する目的で利用される.

この動きをステップフィードといい，穴底に達するとドリルは，イニシャル点に戻る．このブロックのX30.0は穴底の位置，R－7.0はイニシャル点からマイナス7.0mmの点，つまり90－3×2＝84（X84.0）の点がR点となる.

Q5000の指令は各回の切込み量で，半径で5.0mmを意味する．つまり5mm加工したら，パラメータ設定値（0.5mm）だけ戻り，再度5mm切込む．Qはつねにプラスで指令し小数点は使えない．1/1000mm単位で間違えのないよう指令する.

G87.5はモーダルなので，G80（穴あけ固定サイクルキャンセル）が指令されるまでNCに記憶される.

工具の移動を**図12.26**に示す.

(6) N400 ～ N427

このブロックでは，斜面にφ8の穴あけを行なう.

①N404

G98で工具の送り速さをmm/minの単位にする．斜面の穴あけ加工はB－30.0°の状態で加工するので，加工平面はX－Y平面，つまりG17となる．同時に主軸のC軸を接続する.

②N405 ～ N407

N405ブロックでC軸のレファレンス点復帰を行なう．この位置がC0°の位置になる．N406ブロックで工具主軸にT1004のφ8ドリルを装着し，B－30.0°の位置に工具を割り出す．D0.の指令で回転工具を認識させる．N407のブロックで次工具T1005を工具交換位置に呼出す．

③N408～N411

N408のブロックで工具補正番号4の工具補正を有効にする．N404ブロックのG55とH4とで確立されたワーク座標系のX200.0 Y0 Z20.0に移動する．さらにN411ブロックでX140.0へアプローチする．

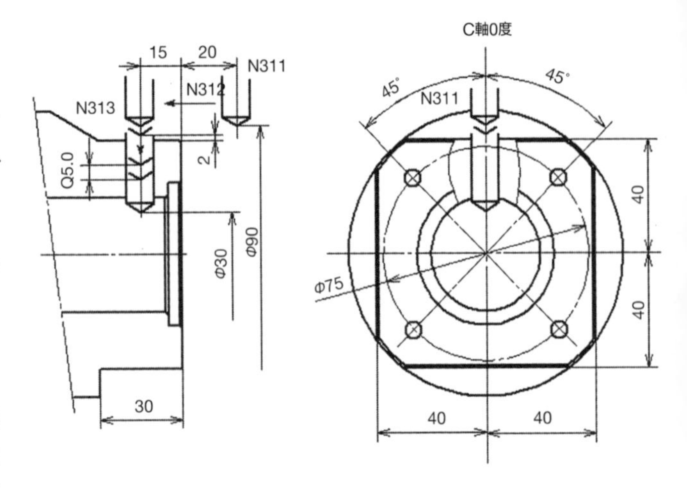

図12.26　側面高速穴あけ加工の工具経路

④N412～N416

N412ブロックで現在の工具補正を無効にする．N413ブロックのG68.1は3次元座標変換の機能を持ち，**図12.22**のように，N413 G68.1とN421 69.1；の間にG43 H4；・・・・G49；を入れ子の状態になるようプログラムをつくる．

N413ブロックではG68.1によりY80.0　Y0　Z－30.0をワーク座標系の原点とし，Y軸を旋回軸として30°旋回した新しい座標系（X1　Y1　Z1）が作成される．つまり**図12.20**のP点が新しいワーク座標系原点となり，傾斜した面がX－Y平面となる．以降の座標値はこの原点を起点にした座標値となる．N414でブロックのH4で新しい座標系での工具補正を有効にする．N415ブロックでX8.0に近づき，N416ブロックでZ10.0に移動する．つまり斜面から10mm上方に位置することになる．ここが穴あけ加工のイニシャル点である．

⑤N417～N419

N417ブロックで端面高速ドリリングサイクルのプログラムが実行され，Z－35.0は斜面から穴底までが35.0mm，R－7.0はイニシャル点からマイナス方向に7mm進んだ点，つまり斜面から3mmの点がR点となる．Q3000の指令は各回の切込み量で，3mmを意味する．つまり3mm加工したらパラメータ設定値（0.5mm）だけ戻り再度3mm切込む．Qはつねにプラスで指令し小数点は使えない．1/1000mm単位で間違えのないよう指令する．G83.5はモーダルなので，G80（穴あけ固定サイクルキャンセル）が指令されるまでNCに記憶される．

ドリリングサイクルが終了するとドリルはイニシャル点（斜面座標系のZ10.0）に戻る．N418ブロックのG80の指令でドリリングサイクルをキャンセルし，N419のブロックでZ50.0へ逃げる．

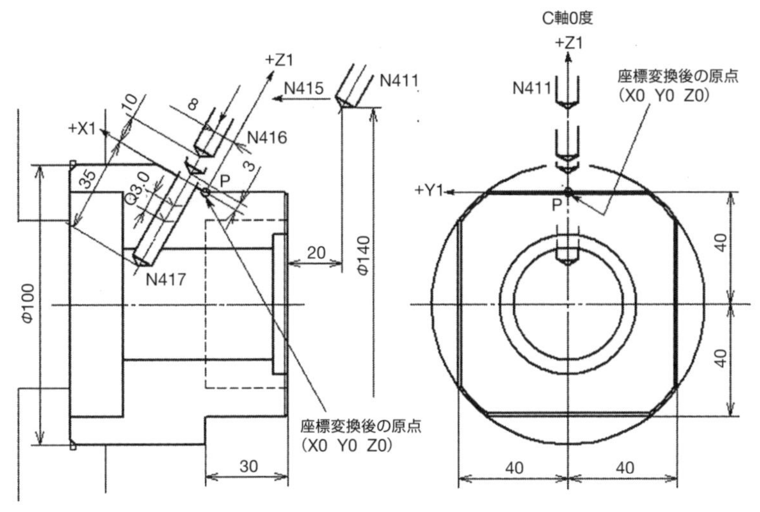

図12.27　斜面穴あけ加工の工具経路

N411 ～ N417の工具の移動を**図12.27**に示す.

(7) N500 ～ N522

このブロックでは, φ16のエンドミルで側面にφ25のくぼみを加工する. くぼみの中心でZ方向に切込み, 1周して加工を完了する.

①N504

側面の加工なので平面はY－Z平面となる. したがってG19を指令する.

②N505 ～ N507

N505ブロックでC軸のレファレンス点復帰を行なう. この位置がC0°の位置になる. N506ブロックで工具主軸にT1005のエンドミルを装着し, B0°の位置に工具を割出すと同時にD0.で回転工具を認識する. B, Dの指令に少数点を忘れないよう注意が必要である. N507のブロックで次工具T1006を工具交換位置に呼出す.

③N508 ～ N512

N508のブロックで工具補正番号5の工具補正を有効にする. N504ブロックのG55とH5とで確立されたワーク座標系のX200.0 Y0 Z20.0に移動する. N510ブロックでC0°に割出し, N511ブロックでX90.0へ移動し, さらにZ－15.0へアプローチする.

④N513 ～ N517

N513ブロックのX74.0の指令でくぼみの底に到達する. 右回転で1周円を動かすため, N514ブロックのG42で右方向の工具径補正をかけながらZ－27.5に移動する. この数値は　－15－25/2＝－27.5の計算による. N515ブロックは1周するプログラムであるが, 円の始点と終点は同じ位置なのでY, Zの指令は不要である. ただ円の中心位置を指示すればよいので, 始点 (Y0　Z－27.5) から見てZプラス方向12.5mmにある中心の位置をZのインクレメンタルアドレスKを使ってK12.5

を指令する．

N516ブロックのG40で工具径補正をキャンセルし，Z－15.0の位置，すなわち円の中心へ移動させ，N517ブロックでX90.0へ逃げる．くぼみ加工の工具経路を**図12.28**に示す．

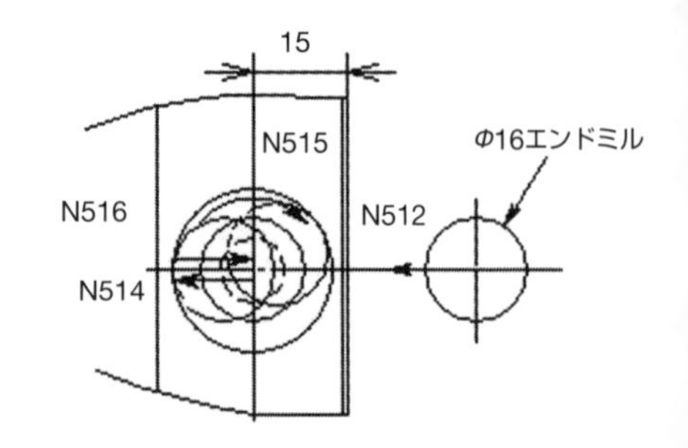

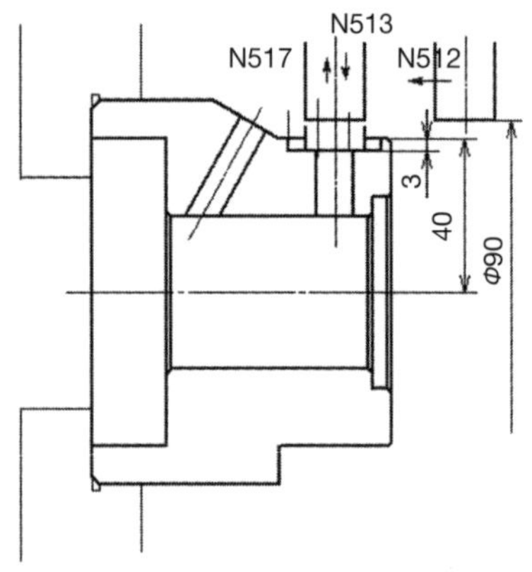

図12.28　くぼみ加工の工具経路

(8) N600～N619

このブロックでは，端面にM8用タップの下穴を加工する．M8タップの下穴はφ6.8のドリルで加工するが，穴あけのプログラムはセンタ加工と同じように，端面穴あけ固定サイクルを使用し，プログラムパターンはセンタ加工の場合と同様である．

①N601～N603

N601ブロックのM69の指令で主軸のブレーキをアンクランプする．穴あけはブレーキをアンクランプしたままで加工する．N602，N603ブロックで，ドリルの工具交換のためX，Y，Zのレファレンス点復帰を行なう．

②N604

G98で工具の送り速さをmm/minの単位にする．端面の穴あけ加工は，B－90.0°の状態で加工するので，加工平面はX－Y平面，つまりG17となる．同時に主軸のC軸を接続する．

③N605～N607

N605ブロックでC軸のレファレンス点復帰を行なう．この位置がC0°の位置になる．N606ブロックで工具主軸にT1006のφ6.8ドリルを装着し，B－90.0°の位置に工具を割出す．D0.で回転工具を認識させる．N607のブロックで次工具T1007を工具交換位置に呼出す．

④N608～N611

N608のブロックで工具補正番号6の工具補正を有効にする．N604ブロックでG55とH6とで確立されたワーク座標系のX200.0 Y0 Z20.0に移動する．穴あけは工具をY0の位置に置いたままにし，C軸を旋回させて位置決めを行ない加工する．N610ブロックでC0に割出し，N611ブロックでX75.0　Z10.0へアプローチする．この位置が穴あけ加工のイニシャル点となる．

⑤N612～N614

N612ブロックのG83は端面ドリリングサイクルである．このブロックのZ－22.0

は穴底の位置，R－7.0はイニシャル点からマイナス7.0mmの点，つまりZ3.0の点がR点となる．穴底の位置は，ドリルの有効深さよりも先端角度を持つ切れ刃の部分だけ深く指令しなければならないことはいうまでもない．

先端角度が118度の標準ドリルにおいては，ドリル直径の約0.3倍が切れ刃の長さになる．P200の指令は穴底位置でのドウェル時間で，ここでは0.2秒とした．Kは固定サイクルの繰り返し回数であるが，K0の指令でこのブロックでは加工を行なわない．G83はモーダルなので，G80（穴あけ固定サイクルキャンセル）が指令されるまでNCに記憶される．

N613ブロックでサブプログラムO3200へ移行する．O3200ではC軸の旋回角度を指令する．N3201ブロックのC45.0の指令で主軸が45°旋回するとG83の穴あけ固定サイクルがスタートし，1個目の穴を加工してイニシャル点に戻る．さらにN3202のブロックで主軸が135°に旋回すると2個目の穴が加工される．

このように主軸が旋回するごとに，G83による穴あけ加工が行なわれ，**図12.29**のイ，ロ，ハ，ニの順に4個の穴の加工が終了するとN3205ブロックのM99の指令で，メインプログラムに復帰する．N614ブロックのG80で穴あけ固定サイクルをキャンセルする．穴あけ加工の工具経路を**図12.29**に示す．

⑥N615～N618

N615ブロックでX200.0へ上昇しクーラントをOFFする．N616，N617ブロックでそれぞれのレファレンス点に復帰し，次工具の工具交換を待つ．さらにN618ブロックでC軸の連結を解除して，初期の状態に戻す．

(9) N700～N721

このブロックでは，側面に加工した80角の平面と端面とのエッジの部分の面取りを行なう．工具は面取りミルを使用し，C軸制御を使って工作物を0°，90°・・・と割出し，工具はY軸に沿って加工を行なう．加工部分のプログラムはサブプログラムを使うことにする．

① N704

G98で工具の送り速さをmm/minの単位にする．側面の面取り加工は，B0°の状態で加工するので，加工平面はY－Z平面，つまりG19となる．同時に主軸のC軸を接続する．

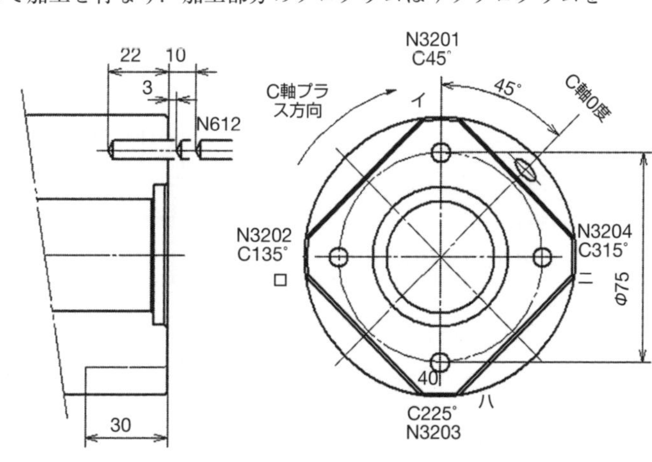

図12.29　φ6.8ドリル加工の工具経路

②N705 ～ N707

N705ブロックでC軸のレファレンス点復帰を行なう．この位置がC0°の位置になる．N706ブロックで工具主軸にT1007面取りミルを装着し，B0°の位置に工具を割出す．D0.で回転工具を認識させる．N707のブロックで次工具T1008を工具交換位置に呼び出す．

③N708 ～ N711

N708のブロックで工具補正番号7の工具補正を有効にする．N704ブロックのG55とH7とで確立されたワーク座標系のX200.0 Y0 Z20.0に移動する．面取り加工はC軸を旋回させて位置決めを行ない，Y軸の移動によって行なう．N710ブロックでC0に割り出し，N711ブロックでX140.0　Y40.0へアプローチする．もちろんZの位置はZ20.0である．

④N712 ～ N719

このプログラムは面取り加工のプログラムである．C1の面取りを行なうため，90°の刃先角度を持つϕ16面取りミルの約ϕ10の位置で，加工するようプログラムしている．つまりX70.0　Z4.0の位置でY軸方向に加工している．面取りミルは通常のドリルと同じように先端には平坦な部分があるため，最初は面取り寸法を小さく加工し，その面取りした寸法を測定した結果に基づいてプログラムを修正するのが一般的である．

X140.0 Y40.0　Z4.0の位置でサブプログラムO3300へ移行する．N3301ブロックではX70.0へ下降しN3302ブロックでY－40.0へ面取り加工を行なう．N3303ブロックで工具がX140.0へ上昇し，N3304ブロックでY40.0に戻って，0°の面の面取り加工を終了する．N3305ブロックのM99の指令でメインプログラムに復帰し，N714ブロックでC軸を90°旋回させ，再びサブプログラムO3200へジャンプして90°の面の面取りを行なう．

同様にして，180°，270°の面の面取り加工を行ない，メインプログラムN720へ移行し，X200.0へ逃げる．面取り加工の工具経路を**図12.30**に示す．

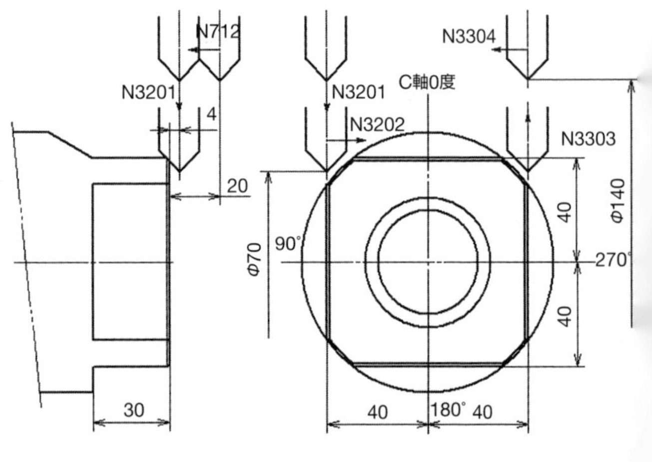

図12.30　面取り加工の工具経路

（10）N800 ～ N819

このブロックはM8のタップ加工である．タップ加工用のタップホルダは，通常フロート式（軸方向に伸縮するタップホルダ）のホルダを使うことが多いが，ここでは端面同期式タッピングサイクルで加工するので，固定式のホルダ（軸方向に伸縮しないホルダ）使うことにする．同期式タッピングサイクルでの加工は次のような利点がある．

（イ）タップの深さは，プログラムの指令通りの深さに安定する．したがって，止まり穴の場合は下穴の穴底に干渉する心配は少ない．フロート式の場合，加工材質や送り速さなどによってタップの深さがばらつくので，下穴の穴底に干渉する危険がある．最悪タップの破損にもつながる．

（ロ）タップが軸方向に引張られないので，正確なねじ山の形状が得られ，ねじ面の面粗度がフロート式よりは良好である．

①N804

G98で工具の送り速さをmm/minの単位にする．側面の穴あけ加工はB－90.0°の状態で加工するので，加工平面はX－Y平面，つまりG17となる．同時に主軸のC軸を接続する．

②N805～N807

N805ブロックでC軸のレファレンス点復帰を行なう．この位置がC0°の位置になる．N806ブロックで工具主軸にT1008タップホルダを装着し，B－90.0°の位置に工具を割出す．D0.で回転工具を認識させる．N807のブロックで最初の工具T1001を工具交換位置に呼出す．

③N808～N811

N808のブロックで工具補正番号8の工具補正を有効にする．N804ブロックのG55とH8とで確立されたワーク座標系のX200.0 Y0 Z20.0に移動する．タップ加工は工具をY0の位置に置いたままにし，C軸を旋回させて位置決めを行ない加工する．N810ブロックでC0°に割り出し，N811ブロックでX75.0へアプローチする．この位置はX75.0　Y0　Z20.0である．この位置が同期式タッピングサイクルのイニシャル点となる．同期式タッピングの場合，主軸の回転は停止したままにしておくことが重要で，他の固定サイクルのパタンーンと異なる．次ブロックのR点で工具が回転する．

④N812～N814

N812とN813のブロックが１組になって端面同期式タッピングサイクルとなる．N812ブロックのS280は，工具の回転数が280min^{-1}を表わしている．N813ブロックのZ－12.5はねじ深さを12.5mmとしたもので，不完全ねじ部を2山（ピッチ1.25×2=2.5mm）として，図面深さ10mmより2.5mm深くした．R－10.0はR点を表わし，イニシャル点Z20.0からマイナス10mmの点，つまりZ10.0がR点となる．タップ加工では通常のねじ切り加工と同様，ねじ切り時の加速の距離を考慮する必要があり，R点を長めに設定している．K0のKは繰り返し回数であるが，K0の指令でこのブロックでは加工を行なわない．

次ブロックのサブプログラムを実行することによって，タップ加工を開始する．

F350は毎分あたりの送り速さを表わし，次式で求める．

送り速さ＝回転数×リード＝280×1.25＝350mm/min

N814ブロックでサブプログラムO3200へ移行して，C軸制御により主軸を規定の角度に割出す．

O3200のプログラムは主軸の割出プログラムである．N3201ブロックで主軸を45.0°に割出すと同期式固定サイクルのプログラムが開始され，最初のタップ加工が行なわれる．イニシャル点からスタートし，R点で工具主軸が正方向に回転してタップが穴に入り込む．タップ加工中は工具主軸と送り速さが同期する．タップの穴底で規定のドウェル後工具主軸が逆転し，R点に戻って工具主軸が停止した後イニシャル点に戻り，タップ加工が終了する．

さらに，N3202ブロックで主軸が135°に割出されると，N813ブロックの端面同期式タッピングサイクルが行なわれ，2個目のタップが加工される．このように，主軸が割出されるたびに**図12.31**のイ，ロ，ハ，ニの順にタップ加工が行なわれ，すべてのタップが加工されると，N3205ブロックのM99でメインプログラムに復帰し，メインプログラムのN815ブロックのG80で端面同期式タッピングサイクルをキャンセルする．

タップ加工の工具経路を**図12.31**に示す．

⑤N816 ～ N819

タップ加工後X200.0へ逃げ，さらにN817，N818ブロックで各軸のレファレンス点に戻り，M05で工具主軸の回転が停止する．N819ブロックのM46で主軸のC軸連結を解除し，初期の状態に戻す．

(11) N35 ～ N36

プログラムの最後の部分である．N35のM125は待合わせMコードといい，第2刃物台側のM125に一致すると工具主軸側のプログラムと第2刃物台側のプログラムが同時にスタートし，工具主軸側および第2刃物台側のプログラムが共にM30となって，すべてのプログラムが終了する．

待合わせの具体的なプログラムの動きは**図12.18**に示してある．

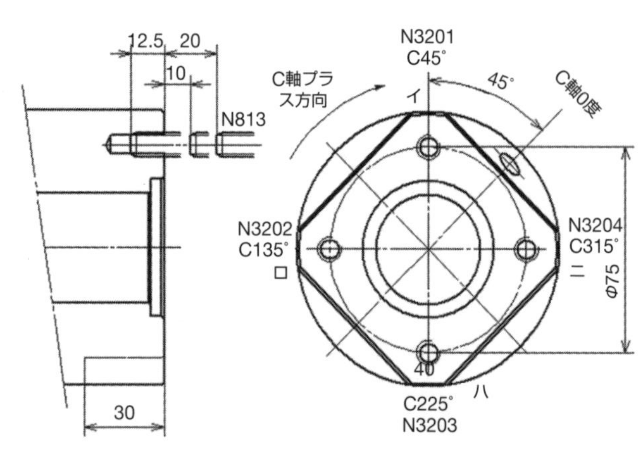

図12.31　タップ加工の工具経路

第13章 加工の段取り

工具レイアウトに基づきNCプログラムが作成された後は，加工の段取りに入る．段取り作業にはいろいろあるが，主に**図13.1**の順序で行なう．ここでは加工を始める前の段階について述べることにする．

13.1 工具の取付け

ターニングセンタには，工具主軸側と第2刃物台との2か所の工具取付け場所があるので，それぞれの工具取付けについて述べる．

13.1.1 工具主軸側の取付け

工具主軸側には旋削工具および回転工具を取付けることができる．**図13.2**はCapto方式の

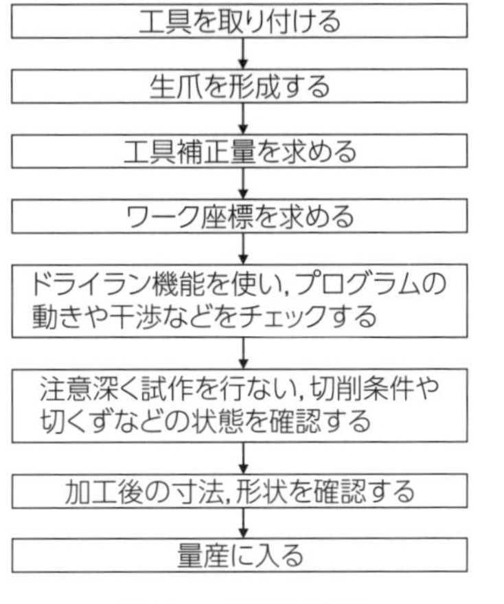

図13.1 段取り手順

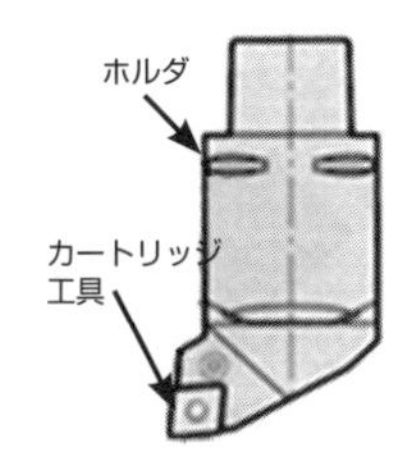

図13.2 外径工具(Capto)

図13.3 回転工具

図13.4 コレット

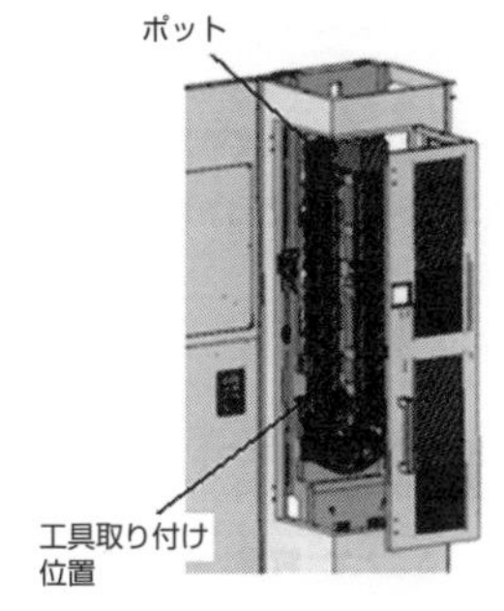

図13.5 工具マガジン

マガジンNo.	工具No.	工具名
01	1001	旋削
02	1002	ミーリング
03	1003	旋削
04	****	
05	1005	ミーリング
06	****	

図13.6 工具登録例

外径工具の例である．ショートテーパを持つホルダ部とカートリッジ形式の工具部を交換することによって，さまざまな種類の工具に変更することができる．

図13.3は回転工具を取付けた例で，工具をホルダに取付けるには，

図13.4に示すコレットを使うことが多い．これらの工具はすべて**図13.5**に示すような工具マガジンに取付けられ，プログラムの指令によって工具主軸に装着される．

工具取付けには次の点に注意が必要である．

①カートリッジをホルダに取り付ける時，取付ける方向を間違わないよう注意する．

②コレットで工具を固定する場合は，コレットの内面および外面を清浄にし，適正な締め付け工具を使って締めつける．

③工具の突出し量をチェックする．

④工具マガジンに工具を取り付けるときは，工具ホルダのショートテーパ部，端部および工具マガジンポット内面の傷などの有無を確認し，さらにこの部分を清浄にする．

⑤工具マガジンのポットに工具を挿入するときは，工具取付け位置で挿入する．

⑥工具マガジンに工具を取り付けるときは，工具マガジン内にバランスよく取り付ける．

⑦工具マガジンに工具を取り付けるとき，ツールレイアウトと工具マガジンのポット番号に間違いがないよう注意する．

工具マガジンに工具を取り付けるとき，NC装置の画面で工具の登録をしなければならない．**図13.6**は工具登録の例を示す．

13.1.2　第2刃物台側の取付け

本機の第2刃物台には旋削工具を取付ける．12角タレット面に外径，内径のベースホルダを取付け，外径工具は**図13.7**に示す，くさび形状の締付けブロックで固定する．内径工具はベースホルダの側面からサイドロック方式で固定する．

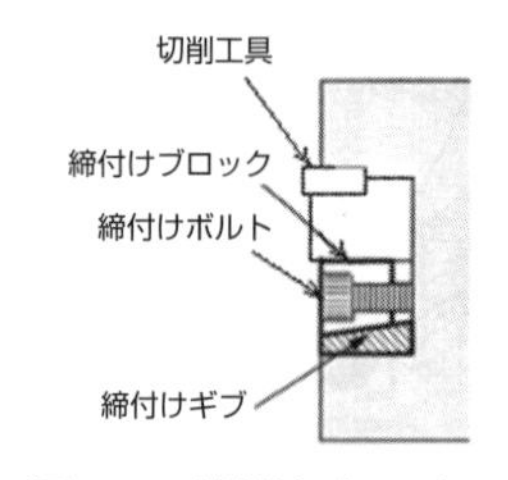

図13.7　締付けブロック

工具取付けには次の点に注意が必要である．

①外径工具をベースホルダに固定するときは，2か所のボルトで締め付けブロックを均等に締め付ける．

②内径工具を固定するボルトがシャンクの平坦部に直角に当たるようにシャンクの位置を調整する．

③ベースホルダからの工具の突出し量は最小限にとどめる．

④内径工具のシャンク部がタレット後部から飛び出ないように取付ける（**図13.8**）．

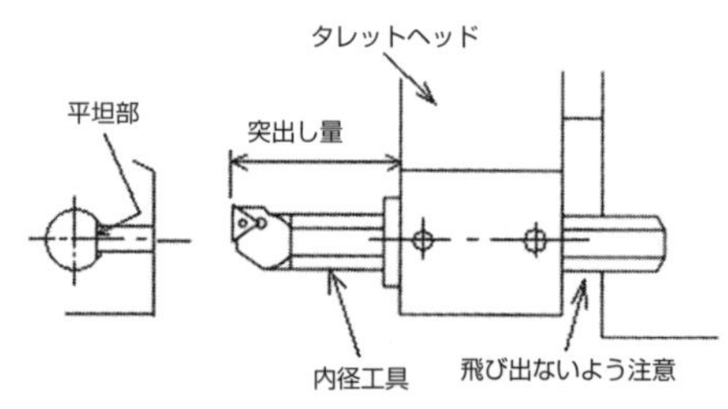

図13.8　内径工具の取付け

13.2　生爪の成形

仕上げ加工の場合，加工物の把握する形状に合わせて爪を成形することが多い．生爪の成形作業では次の点に注意する．

①生爪の材質は工作物よりもやわらかい材料を選ぶ．

②生爪のセレーション部に傷，錆がないように注意する．

③生爪には生爪成形リング（**図13.9**）や内張りリングなどを挟み込み，工作物を把持するときと同じ力で締め付けて爪を成形する．

④工作物に接する爪の部分の面粗度は上仕上げにする．

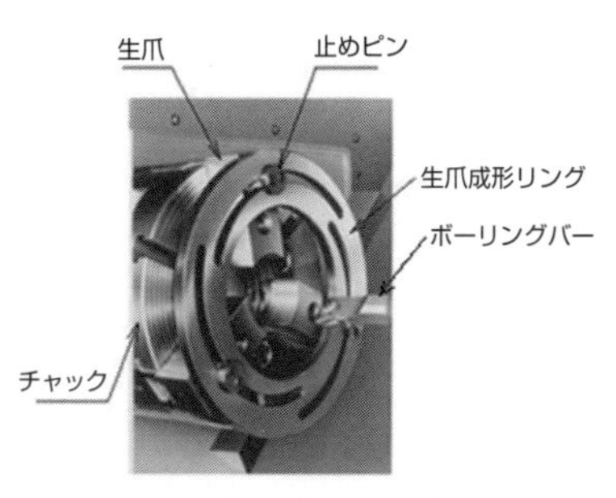

図13.9　生爪成形リング

X方向の補正量が求められている工具を使用すれば，成形時に刃先位置をNC画面で見ることができるため，直径方向の寸法を出すのが容易である．またZ方向の深さは爪の端面をZ0として加工するとわかりやすい．

13.3　工具形状補正量を求める

工具補正には，工具形状補正と工具摩耗補正があるが，ここでは工具形状補正を工具補正として説明する．

第5章で述べたように，工具補正量は機内のツールプリセッタに工具刃先を当てることによって求められる．ツールプリセッタのスタイラス（測定子）は，XとZ方向から刃先を当てる構造になっており，工具補正量はスタイラスを基準にして設定される．

13.3.1　工具主軸の工具形状補正量

プリセッタのスタイラスが上を向くように，主軸側にあるベースに取付けるとプリセッタモードになり測定可能となる．**図13.10**のように，計測する工具をハンドルモードでスタイラス手前2mmに近づけ，ジョグ送りで軸送りボタンを押すと，自動的にスタイラスに接触し工具補正量が求まる．

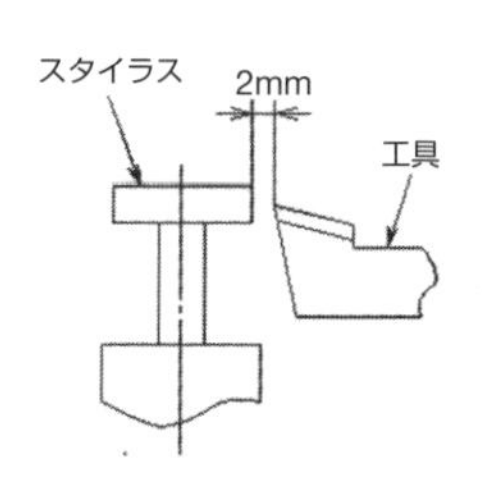

図13.10　補正量の計測

図13.11はワーク座標系設定と工具補正量の関係を示した図で，図中のPRMはパラメータに設定された既定値を示す．

工具主軸の回転工具のX工具補正量はゼロである．Z工具補正量は工具の先端QをスタイラスのZ側（d面）に当てることによって**図13.12**の形状オフセット画面には工具補正量L2が入力される．

旋削工具の場合は刃先PをスタイラスのX側（a面またはc面）に当てると，形状オフセット画面にはL1の工具補正量が入力される．Z工具補正量は回転工具の場合と同

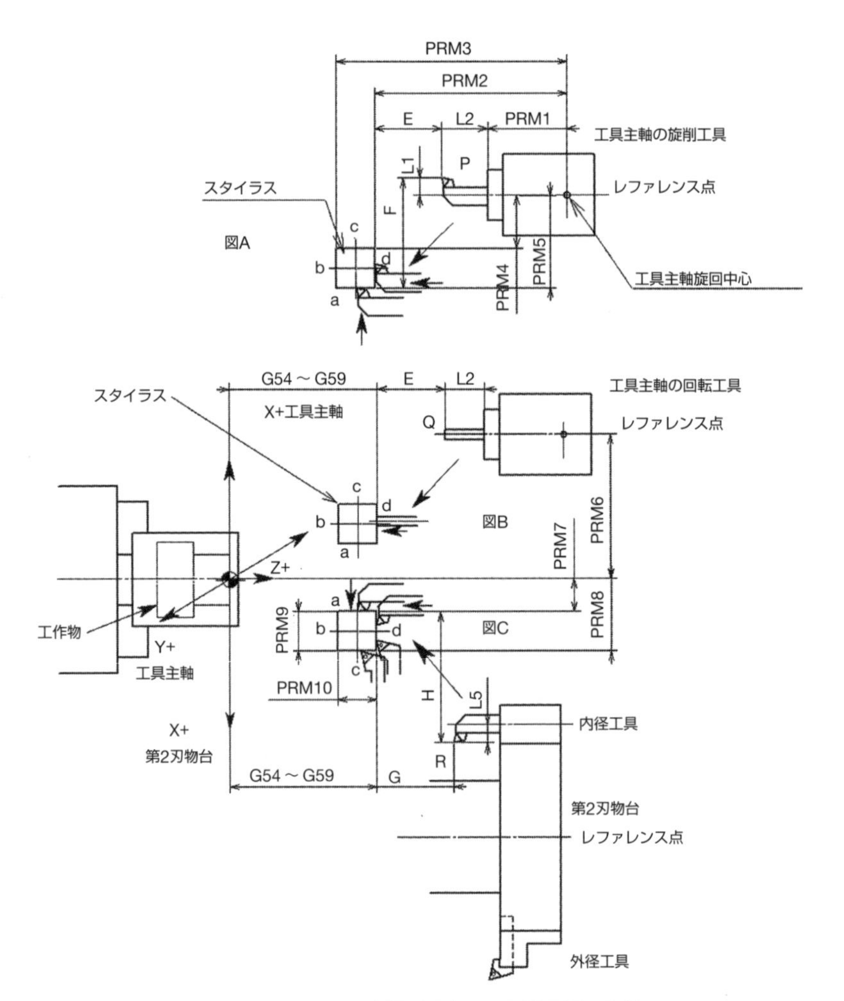

図13.11　ワーク座標系設定と工具補正量の関係

形状オフセット

No.	種別	X	Z	Y	R	C
1	ミーリング	0.000	0.000	0.000	0.000	0
2	旋削	0.000	0.000	0.000	0.000	0
3	旋削	0.000	0.000	0.000	0.000	0
4		0.000	0.000	0.000	0.000	0
5		0.000	0.000	0.000	0.000	0
6		0.000	0.000	0.000	0.000	0

L2の値
L1の値

図13.12　工具主軸側の工具補正量

形状オフセット

No.	種別	X	Z	R	C
1	----	0.000	0.000	0.000	0
2	----	0.000	0.000	0.000	0
3	----	0.000	0.000	0.000	0
4	----	0.000	0.000	0.000	0
5	----	0.000	0.000	0.000	0
6	----	0.000	0.000	0.000	0

移動距離G
移動距離H

図13.13　第2刃物台側の工具補正量

様にL2が入力される.

13.3.2　第2刃物台の工具形状補正量

第2刃物台のX工具補正量は，工具先端Rを外径工具はスタイラスのc面に，内径工具はa面に当てることによって，工具の移動距離Hが**図13.13**の形状補正画面のX欄に入力される．Z工具補正量も同じようにd面に当てることによって，工具の移動量GがZ欄に入力される.

13.4　ワーク座標系設定値の求め方

ワーク座標系設定値は**図13.11**のスタイラスから工作物の原点までの距離である.

ワーク座標系設定値を求める前にすべての工具の補正量を求めておく必要がある.

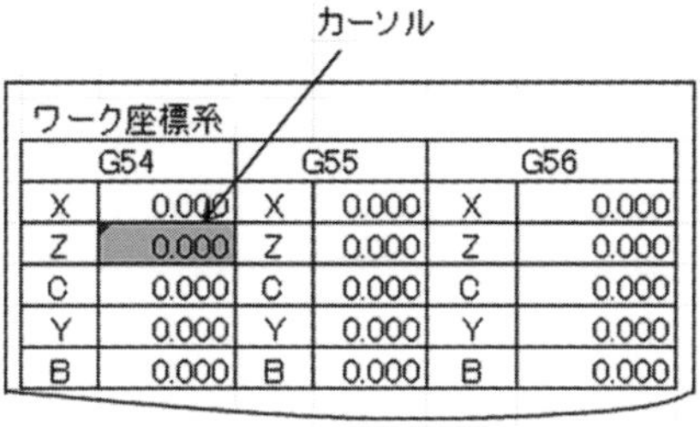

ワーク座標系

G54		G55		G56	
X	0.000	X	0.000	X	0.000
Z	0.000	Z	0.000	Z	0.000
C	0.000	C	0.000	C	0.000
Y	0.000	Y	0.000	Y	0.000
B	0.000	B	0.000	B	0.000

図13.14　ワーク座標系選択

①工作物の端面を加工し，端面の取りしろを計算しておく.

②ワーク座標系設定値を求めるために使用する工具を呼出し，MDI操作で工具補正量を読み込ませる.

③工具の先端を工作物の端面に軽く当てる.

④ワーク座標系選択画面（**図13.14**）で使用する座標系にカーソルを合わせ，「Z0」→「測定」キーを押す.

この操作でスタイラスのZ面から工作物の端面までの距離が，ワーク座標系のZ欄に入力される.

⑤工作物端面の取りしろをマイナス値で入力し，「+入力」キーを押す.

操作はごく簡単であるが，この操作でワーク座標系の設定値が求まる.

機内のツールプリセッタを使って工具補正量やワーク座標系の設定値を求める概略を説明したが，それぞれの機械特有の操作があるので，操作を間違わないよう慎重に，作業を進めなければならない.

〈参考文献〉

◆第1章

(1)「NC旋盤カタログ」日立精機
(2)「機械加工プログラミングシリーズ　NC旋盤」伊藤勝夫著　日刊工業新聞社(1998)
(3)「NC旋盤の基礎知識Q＆A」伊藤勝夫著　日刊工業新聞社(2011)
(4)「プログラミング説明書」DMG森精機
(5)「マシニングセンタ　基礎のきそ」関口博、高下二郎著　日刊工業新聞社(2008)
(6)「旋盤ベースの5軸複合加工機の適用ワーク」日置公　ツールエンジニア(2009)
(7)「BIG　総合カタログツーリング編」大昭和精機

◆第2章

(1)「イゲタロイ　切削工具カタログ」住友電工
(2)「三菱　切削工具カタログ」三菱マテリアル
(3)「テクニカルデータ　ドリル」OSG (2007)

◆第3章

(1)「イゲタロイ切削工具カタログ」住友電工
(2)「三菱切削工具カタログ」三菱マテリアル
(3)「穴あけ・中ぐり作業法」小林広　理工学社(2009)
(4)「BIG　切削工具編カタログ」大昭和精機
(5)「ミーリング加工工具カタログ」OSG

◆第4章

(1)「機械加工プログラミングシリーズ　NC旋盤」伊藤勝夫著　日刊工業新聞社(1998)
(2)「NC旋盤の基礎知識Q＆A」伊藤勝夫著　日刊工業新聞社(2011)
(3)「プログラミング説明書」DMG森精機

◆第5章

(1)「プログラミング説明書」DMG森精機
(2)「FANUC　Series　30iモデルB　取扱説明書」FANUC

◆第6章

(1)「プログラミング説明書」DMG森精機
(2)「FANUC　Series　30iモデルB　取扱説明書」FANUC
(3)「機械加工プログラミングシリーズ　NC旋盤」伊藤勝夫著　日刊工業新聞社(1998)

◆第7章

(1)「プログラミング説明書」DMG森精機
(2)「FANUC　Series　30iモデルB　取扱説明書」FANUC

(3)「機械加工プログラミングシリーズ　NC旋盤」伊藤勝夫著　日刊工業新聞社(1998)

◆第8章

(1)「プログラミング説明書」DMG森精機
(2)「FANUC　Series　30iモデルB　取扱説明書」FANUC
(3)「機械加工プログラミングシリーズ　NC旋盤」伊藤勝夫著　日刊工業新聞社(1998)
(4)「NC旋盤プログラミング　基礎のきそ」伊藤勝夫著　日刊工業新聞社(2014)

◆第9章

(1)「プログラミング説明書」DMG森精機
(2)「FANUC　Series　30iモデルB　取扱説明書」FANUC
(3)「ターンミリング加工資料」サンドビック
(4)「テクニカルガイド」サンドビック
(5)「NT　シリーズ　カタログ」DMG森精機
(6)「旋盤マニュアル」大河出版(1974)

◆第10章

(1)「機械加工プログラミングシリーズ　NC旋盤」伊藤勝夫著　日刊工業新聞社(1998)
(2)「プログラミング説明書」DMG森精機
(3)「FANUC　Series　30iモデルB　取扱説明書」FANUC

◆第11章

(1)「機械加工プログラミングシリーズ　NC旋盤」伊藤勝夫著　日刊工業新聞社(1998)
(2)「プログラミング説明書」DMG森精機
(3)「FANUC　Series　30iモデルB　取扱説明書」FANUC

◆第12章

(1)「機械加工プログラミングシリーズ　NC旋盤」伊藤勝夫著　日刊工業新聞社(1998)
(2)「プログラミング説明書」DMG森精機
(3)「機械操作説明書」DMG森精機
(4)「FANUC　Series　30iモデルB　取扱説明書」FANUC

〈索　引〉

番号

欧字

A

B

C

F

G

M

R

S

T

X

Y

Z

かな

あ

い

う

え

お

か

き

こ

伊藤(いとう)　勝夫(かつお)

1944年生まれ．1967年に芝浦工業大学の機械工学科を卒業．日立精機（株）に入社し，設計部，システム技術部において，工作機械のシステム構築，機械加工による加工法分析，プログラミングの指導などを担当した．その期間に，1995年より機械加工（普通旋盤，NC旋盤）の中央技能検定委員として5年間活動し，その後もNC加工技術の教育支援を行なってきた．

・主な著書

絵とき「NC旋盤プログラミング」基礎のきそ：ISBN 9784526069871　2012年12月
NC旋盤作業の基礎知識Q&A：ISBN 9784526068003　2011年12月
MCのマクロプログラム例題集：ISBN 9784886613318　2010年07月
MCのカスタムマクロ入門：ISBN 9784886613295　2008年05月
マシニングセンタのプログラム入門：ISBN 9784886613257　2004年04月
NC旋盤：ISBN 9784526041464　1998年03月
NC旋盤のプログラミング（絶版）：ISBN 9784526017667　1984年09月

ターニングセンタのNCプログラミング入門
NC Programming Guide for Turning Center

初版発行・2015年3月20日
著　　者・伊藤　勝夫
発 行 人・金井　實

発行所・株式会社大河(たいが)出版
〒101-0046　東京都千代田区神田多町2-9-6 田中ビル
☎(03) 3253-6282・6283・6444・6687
FAX (03) 3253-6448　Eメール：info@taigashuppan.co.jp
振替口座番号　00120-8-155239
組　版・MLS
表紙カバー製作・ダイワ企画
印　刷・奥村印刷

ISBN978-4-88661-555-8 C3053